Jennifer Salau

Minimale Bahnen in klassischen hyperbolischen Räumen

Jennifer Salau

Minimale Bahnen in klassischen hyperbolischen Räumen

Existenz und Eindeutigkeit minimaler Gruppenbahnen in Damek-Ricci-Räumen und Iwasawa-Typ-Lie-Gruppen

Südwestdeutscher Verlag für Hochschulschriften

Impressum/Imprint (nur für Deutschland/only for Germany)
Bibliografische Information der Deutschen Nationalbibliothek: Die Deutsche Nationalbibliothek verzeichnet diese Publikation in der Deutschen Nationalbibliografie; detaillierte bibliografische Daten sind im Internet über http://dnb.d-nb.de abrufbar.

Coverbild: www.ingimage.com

Verlag: Südwestdeutscher Verlag für Hochschulschriften GmbH & Co. KG
Heinrich-Böcking-Str. 6-8, 66121 Saarbrücken, Deutschland
Telefon +49 681 37 20 271-1, Telefax +49 681 37 20 271-0
Email: info@svh-verlag.de

Zugl.: Kiel, CAU, Diss., 2009

Herstellung in Deutschland (siehe letzte Seite)
ISBN: 978-3-8381-3304-1

Imprint (only for USA, GB)
Bibliographic information published by the Deutsche Nationalbibliothek: The Deutsche Nationalbibliothek lists this publication in the Deutsche Nationalbibliografie; detailed bibliographic data are available in the Internet at http://dnb.d-nb.de.

Cover image: www.ingimage.com

Publisher: Südwestdeutscher Verlag für Hochschulschriften GmbH & Co. KG
Heinrich-Böcking-Str. 6-8, 66121 Saarbrücken, Germany
Phone +49 681 37 20 271-1, Fax +49 681 37 20 271-0
Email: info@svh-verlag.de

Printed in the U.S.A.
Printed in the U.K. by (see last page)
ISBN: 978-3-8381-3304-1

Für meine Familie

Zusammenfassung

Auf der Grundlage des Artikels [AD03] von Dmitri V. Alekseevskii und Antonio J. DiScala befasst sich diese Arbeit mit Lie-Untergruppen der Isometriegruppe der Rang 1-symmetrischen Räume vom nicht-kompakten Typ und allgemeiner mit Lie-Untergruppen von Iwasawa-Typ Lie-Gruppen. Dies sind auflösbare Lie-Gruppen mit linksinvarianter Riemannscher Metrik, deren assoziierte Lie-Algebren in die orthogonale direkte Summe ihrer Derivierten und eines abelschen Komplements zerfallen. Die adjungierten Darstellungen der Elemente aus dem abelschen Summanden sind alle selbstadjungiert. Es existiert außerdem ein Vektor für den die adjungierte Darstellung positiv definit auf der Derivierten ist. Es wird untersucht, wann solche Lie-Untergruppen minimale oder total geodätische Orbits besitzen. Eine Untermannigfaltigkeit heißt minimal, falls der mittlere Krümmungsvektor in jedem ihrer Punkte verschwindet, und total geodätisch, falls dies sogar für die zweite Fundamentalabbildung gilt. In [AD03] wird für $\mathbb{C}H^{n+1}$ ein Kriterium angegeben, wann Lie-Untergruppen des auflösbaren Teils der Iwasawa-Zerlegung der (Zusammenhangskomponente der Identität der) Isometriegruppe einen minimalen Orbit besitzen. Dies sind gerade die Konjugierten von Lie-Untergruppen, deren zugehörige Lie-Unteralgebra den abelschen Summanden der Iwasawa-Zerlegung enthält. Unter einer zusätzlichen Bedingung ist dieser Orbit auch total geodätisch. Die Aussage wird auf die Klasse der Damek-Ricci-Räume und anschließend auf Iwasawa-Typ Lie-Gruppen verallgemeinert. Ein solcher minimaler Orbit ist eindeutig. Mit Hilfe dieses Resultats klassifizieren wir alle minimalen Lie-Unteralgebren der Iwasawa-Lie-Algebren der hyberbolischen Räume $\mathbb{C}H^{n+1}$, $\mathbb{H}H^{n+1}$ und $\mathbb{O}H^2$.

Abstract

Based on the paper [AD03] by Dmitri V. Alekseevskii and Antonio J. DiScala this doctoral thesis deals with Lie-subgroups of the isometry group of rank one non-compact symmetric spaces and more generally with Lie-subgroups of Iwasawa-type Lie-groups. By that we mean solvable Lie-groups whose associated Lie-algebras can be written as the orthogonal direct sum of the derived Lie-algebra and an abelian complement. For elements from the abelian part the adjoint representations are symmetric with respect to the scalar product and there is one vector for which the adjoint representation is positive definite on the derived Lie-algebra. We try to figure out, when such Lie-subgroups have a minimal or totally geodesic orbit. A submanifold is called minimal, if the mean curvature vector vanishes at any point, and totally geodesic, if this is true even for the second fundamental mapping. In [AD03] for $\mathbb{C}H^{n+1}$ a criterion is given, when subgroups of the solvable part of the Iwasawa decomposition of (the connected component of the Identity of) the isometry group exhibit a minimal orbit. These are exactly the groups, which are conjugated to a subgroup, whose Lie-algebra contains the Abelian part of the Iwasawa decomposition. If the orbit fulfills an additional condition it is totally geodesic. In this thesis we show, that this theorem also holds for Damek-Ricci-spaces and for Iwasawa-type Lie-groups, and we proof, that the minimal orbit is unique. Furthermore, we give a classification of the minimal subalgebras of the Iwasawa-Lie-algebras of $\mathbb{C}H^{n+1}$, $\mathbb{H}H^{n+1}$ and $\mathbb{O}H^2$.

Inhaltsverzeichnis

Einleitung und Danksagung

Einleitung

Dadurch, dass man einen geschlossenen Draht in Seifenlauge eintaucht, entstehen bekanntermaßen Flächen, deren Inhalt für die vorgegebenen Konturen ein relatives Minimum annimmt. Solche Flächen bezeichnet man als Minimalflächen. Ihr Studium hat in der Mathematik und auch in benachbarten Gebieten eine lange Geschichte und große Bedeutung. Nur wenige Jahre nach ihrer Entdeckung durch J.L. Lagrange 1768 bewies G. Monge 1776, dass die mittlere Krümmung von Minimalflächen in jedem Punkt gleich 0 ist.
Als Verallgemeinerung der Minimalflächen nennt man eine Untermannigfaltigkeit B einer Riemannschen Mannigfaltigkeit (M, g^M) minimal, falls diese Krümmungsbedingung erfüllt ist, d.h. falls der mittlere Krümmungsvektor in jedem Punkt von B verschwindet.
Eine Untermannigfaltigkeit, für die alle Geodätische auch Geodätische in der umgebenden Mannigfaltigkeit sind, nennt man total geodätisch. Dies sind genau die zusammenhängenden Untermannigfaltigkeiten, deren zweite Fundamentalabbildung in jedem Punkt die Nullabbildung ist. Daher ist jede total geodätische Untermannigfaltigkeit auch eine minimale Untermannigfaltigkeit. Die Umkehrung gilt im Allgemeinen nicht.
S.B. Myers und N.E. Steenrod bewiesen 1939 in [MS39], dass die Menge der differenzierbaren Abbildungen einer zusammenhängenden Riemannschen Mannigfaltigkeit (M, g^M) in sich, welche die Riemannsche Metrik respektieren - sogenannte Isometrien von (M, g^M) - die Struktur einer Lie-Gruppe besitzen. Diese wird die Isometriegruppe $\mathrm{Iso}(M)$ von M genannt. Von besonderer geometrischer Bedeutung sind solche Mannigfaltigkeiten, in welchen je zwei Punkte durch eine Isometrie ineinander überführt werden können. Man spricht dann davon, dass $\mathrm{Iso}(M)$ - oder eine Lie-Untergruppe $G \leq \mathrm{Iso}(M)$ - transitiv operiert und nennt M einen Riemannschen homogenen Raum. Homogene Räume können als Quotient von Lie-Gruppen $M = G/K$, für eine Lie-Untergruppe $K \leq G$, dargestellt werden.
Es gibt eine Vielzahl von unterschiedlichen homogenen Räumen. So bilden etwa auflösbare Lie-Gruppen eine Beispielklasse homogener Räume, in der die wichtigen Damek-Ricci-Räume (Kapitel 3) oder auch die allgemeineren Iwasawa-Typ Lie-Gruppen (Kapitel 5) enthalten sind.
Spezieller noch sind Riemannsche Mannigfaltigkeiten M, für welche zu jedem Punkt $p \in M$ eine Punktspiegelung von M an p existiert. Diese bezeichnet man als (Riemannsche) symmetrische Räume. Sie sind insbesondere homogen und heißen „vom kompakten“ bzw. „vom

nicht-kompakten“ Typ sofern ihre Isometriegruppe halbeinfach ist und sie Schnittkrümmung $\kappa \geq 0$ bzw. $\kappa \leq 0$ aufweisen. Als Rang eines symmetrischen Raums bezeichnet man die maximal vorkommende Dimension einer total geodätischen Untermannigfaltigkeit mit verschwindendem Krümmungstensor. Die symmetrischen Räume vom nicht-kompakten Typ mit Rang 1 sind genau die hyperbolischen Räume über den reellen Divisionsalgebren $\mathbb{R}$,$\mathbb{C}$, $\mathbb{H}$ und den Oktonionen $\mathbb{O}$ (Abschnitte 2.3 und 4.1).
Man bezeichnet Orbits einer Lie-Untergruppe $H \leq G$ oder Lie-Untergruppen selber als minimal oder total geodätisch, wenn sie es als Untermannigfaltigkeiten von $M = G/K$ sind.

Ausgehend von der Frage, unter welchen Bedingungen Lie-Untergruppen von Iso(M) minimale Orbits besitzen, die nicht total geodätisch sind, beschäftigt sich die vorliegende Arbeit im Rahmen der genannten Beispielklassen mit der Abgrenzung dieser beiden Begriffe voneinander.

Hauptresultate dieser Arbeit

Es werden zwei Hauptresultate präsentiert:

1. Wir geben eine Bedingung an, die sowohl für Standard-Erweiterungen von zweischritt nilpotenten Lie-Algebren (Kapitel 3) als auch für die größere Klasse der Lie-Algebren vom Iwasawa-Typ mit algebraischem Rang 1 (Kapitel 5) charakterisierend für die Minimalität einer Lie-Unteralgebra ist:
   „Eine Lie-Unteralgebra ist genau dann minimal, wenn sie das orthogonale Komplement der Derivierten enthält.“
   Genau die Lie-Untergruppen besitzen einen eindeutig bestimmten minimalen Orbit, deren zugehörige Lie-Unteralgebra nicht vollständig in der Derivierten liegt.

2. Für die hyperbolischen Räume $\mathbb{C}H^{n+1}$, $\mathbb{H}H^{n+1}$ und $\mathbb{O}H^2$ klassifizieren wir alle minimalen nicht total geodätischen Lie - Unteralgebren der jeweiligen Iwasawa-Lie-Algebra, d.h. der Lie-Algebra die zu dem auflösbaren Teil der Iwasawa-Zerlegung der Isometriegruppe assoziiert ist (Kapitel 4).

Hierbei sei unter einer minimalen oder total geodätischen Lie-Unteralgebra eine solche verstanden, deren assoziierte zusammenhängende Lie-Untergruppe diese Eigenschaft hat.

Zur Historie des Problems

J.A. Wolf hat in [Wol63] die total geodätischen Untermannigfaltigkeiten der Rang 1 - symmetrischen Räume vom kompakten Typ klassifiziert. Da zwischen dem kompakten und dem nicht-kompakten Typ ein Dualitätszusammenhang (Abschnitt V.2 in [Hel01]) besteht, sind seitdem insbesondere die total geodätischen Untermannigfaltigkeiten der Rang 1-symmetrischen Räume vom nicht-kompakten Typ bekannt.

Erst seit 2001 weiß man, dass jeder minimale Orbit einer Lie-Untergruppe von $\mathrm{Iso}_0(\mathbb{R}H^{n+1})$ total geodätisch ist. Dies wurde von Antonio J. DiScala und Carlos Olmos in [DSO01] als eine Konsequenz (Korollar 1.4) aus ihrer geometrischen Charakterisierung der homogenen Untermannigfaltigkeiten von $\mathbb{R}H^{n+1}$ (Theorem 1.3) bewiesen.
Nur ein Jahr später veröffentlichte DiScala ein entsprechendes Resultat für alle euklidischen Räume (Theorem 1.1 in [DS02]): Im $\mathbb{R}^n$ mit euklidischer Metrik ist jede minimale homogene Untermannigfaltigkeit total geodätisch. Für jedes $x \in \mathbb{R}^n$ ist der Orbit $G \cdot x$ einer Lie-Untergruppe $G \leq \mathrm{Iso}_0(\mathbb{R}^n)$ von der Form $G \cdot x = x + \mathfrak{v}$ für einen Untervektorraum $\mathfrak{v} \subseteq \mathbb{R}^n$ (Theorem 4.1 in [AD03]).
Dies legte die Frage nahe, ob überhaupt bzw. in welchen Räumen Beispiele für Gruppen mit minimalem aber nicht total geodätischem Orbit existieren.

Jürgen Berndt und Martina Brück gelang es in einer Veröffentlichung aus dem Jahr 2001 ([BB01]), für die hyperbolischen Räume über $\mathbb{C}$ und $\mathbb{H}$ sowie für die hyperbolische Cayley-Ebene $\mathbb{O}H^2$ ganze Beispielklassen solcher Gruppen anzugeben. Der Artikel beschreibt eine Konstruktion von Lie-Untergruppen der Isometriegruppe der Rang 1-symmetrischen Räume vom nicht-kompakten Typ, die mit Kohomogenität 1 operieren. Das bedeutet, dass die Hauptorbits einkodimensional sind. Ziel des Artikels war unter anderem die Beantwortung der Frage, ob singuläre Orbits einer solchen Operation, die automatisch minimal sind, auch schon total geodätisch sind, was zu verneinen ist.
In Abschnitt 4.2 der vorliegenden Arbeit wird ihre Konstruktionsmethode kurz vorgestellt und ihre Beispiele werden mit den Ergebnissen der vorliegenden Klassifikation verglichen.
Im Jahr 2003 gelang Dimitri V. Alekseevskii und Antonio J. DiScala in [AD03] schließlich die Charakterisierung aller Lie-Untergruppen der Iwasawa-Lie-Gruppe von $\mathbb{C}H^{n+1}$, welche einen minimalen Orbit besitzen. Gleichzeitig arbeiteten sie eine notwendige und hinreichende Bedingung heraus, unter welcher ein solcher Orbit total geodätisch ist.
In den Abschnitten 5 und 6 des Artikels beweisen die Autoren einige Aussagen über minimale Orbits von Lie-Untergruppen der Isometriegruppe einer Riemannschen Mannigfaltigkeit mit nichtpositiver Schnittkrümmung und untersuchen anschließend die Existenz von Fixpunkten im Unendlichen für Lie-Untergruppen der Isometriegruppe der Rang 1-symmetrischen Räume vom nicht-kompakten Typ. Das Fazit ist, dass nur solche Lie-Untergruppen einen minimalen nicht total geodätischen Orbit besitzen können, die einen Punkt im Unendlichen fixieren. Wir liefern in Abschnitt 4.2 eine Zusammenfassung der Resultate. Der siebente Abschnitt des Artikels von Alekseevskii und DiScala enthält schließlich den folgenden Satz:

Theorem 7.1. in [AD03]
Sei $n \in \mathbb{N}$. Sei $M = \mathbb{C}H^{n+1} = \mathbf{SU}(1, n+1)/\mathbf{S}(\mathbf{U}(1) \cdot \mathbf{U}(n+1))$ der komplexe hyperbolische Raum, welchen wir mit seiner Iwasawa-Lie-Gruppe $F = A \cdot N$ identifizieren. Es seien hierbei $\mathbf{SU}(1, n+1) = \mathbf{U}(n+1) \cdot A \cdot N$ eine Iwasawa-Zerlegung und $\mathfrak{f} = \mathfrak{a} \oplus \mathfrak{n}_1 \oplus \mathfrak{n}_2$ die zu F gehörige graduierte Lie-Algebra. Eine zusammenhängende auflösbare Untergruppe $H \leq \mathbf{SU}(1, n+1)$, die spaltet, hat genau dann einen minimalen Orbit, wenn sie zu einer

Untergruppe $H' \leq F$ konjugiert ist, deren assoziierte Lie-Unteralgebra $\mathfrak{h}'$ den Summanden $\mathfrak{a}$ enthält.
Zusätzlich ist der Orbit $H' \cdot e_F$ minimal und genau dann total geodätisch, wenn $[\mathfrak{h}'_+, \mathfrak{d}] \subseteq \mathfrak{d}$, wobei $\mathfrak{d}$ den Senkrechtraum von $\mathfrak{h}'$ bezeichnet.

Die in [AD03] bereitgestellten Mittel (Abschnitt 2 und 3) erlaubten es nicht, dieses Resultat für die hyperbolischen Räume über $\mathbb{H}$ oder $\mathbb{O}$ zu formulieren. Dies wird nun in der vorliegenden Arbeit nachgeholt und liefert dann sogar Verallgemeinerungsmöglichkeiten über die Rang 1 - symmetrischen Räume vom nicht-kompakten Typ hinaus.

Zur Vorgehensweise

Die zum Verständnis dieser Arbeit benötigten Grundlagen aus der Differentialgeometrie und der Lie-Theorie befinden sich in Kapitel 1. Die Abschnitte 2.1 und 2.3 enthalten eine Einführung in die homogenen sowie die symmetrischen Räume.

In Abschnitt 2.2 werden bereits wichtige Vorbereitungen für die Hauptresultate dieser Arbeit getroffen. Wir stellen zunächst aus [AD03] entnommene Kriterien vor, die notwendig und hinreichend dafür sind, dass ein Orbit in einem beliebigen homogenen Raum $M = G/K$ minimal bzw. total geodätisch ist.
In [Wol64] wird bewiesen, dass es zu jeder zusammenhängenden homogenen Mannigfaltigkeit mit nichtpositiver Schnittkrümmung eine auflösbare Lie-Gruppe gibt, welche isometrisch und einfach transitiv operiert. Fortan identifizieren wir (M, g^M) mit einer solchen auflösbaren Lie-Gruppe G. Hierbei sei G mit einer linksinvarianten Metrik g^G ausgestattet. Das bedeutet, dass alle Linksmultiplikationen $\mathcal{L}_X$ mit Gruppenelementen $X \in G$ Isometrien bezüglich g^G sind. Zusätzlich setzen wir voraus, dass es eine endliche Teilmenge $\Omega_0 \subseteq \mathbb{R}$ mit $0 \in \Omega_0$ gibt, über welcher die zu G assoziierte Lie-Algebra $\mathfrak{g}$ graduiert ist: $\mathfrak{g}$ kann als orthogonale direkte Summe von Untervektorräumen $\mathfrak{g}_\omega \leq \mathfrak{g}$ mit $\omega \in \Omega_0$ geschrieben werden und die Lie-Klammer-Bedingung $[\mathfrak{g}_\omega, \mathfrak{g}_{\omega'}] \subset \mathfrak{g}_{\omega+\omega'}$ ist für alle $\omega, \omega' \in \Omega_0$ erfüllt.
Die oben erwähnten Kriterien werden nun - ebenso bei [AD03] - diesem speziellen Fall angepasst. Damit die von Alekseevskii und DiScala aufgestellten Bedingungen tatsächlich gleichbedeutend dazu sind, dass eine Lie-Untergruppe total geodätisch ist, ist es aber leider nötig, eine weitere Voraussetzung (siehe Satz 2.2.7) an die Lie-Klammer von $\mathfrak{g}$ hinzuzunehmen. Beispiel 2.2.8 zeigt, dass ohne die von uns zusätzlich gemachte Voraussetzung keine Äquivalenz gilt.
Das aus Abschnitt 2.2 gezogene Korollar 2.2.9 formuliert bereits eine Implikation des späteren Hauptresultats aus Kapitel 3 bzw. 5: Enthält eine Lie-Unteralgebra den Summanden $\mathfrak{g}_0$ der orthogonalen direkten Zerlegung, so ist die assoziierte zusammenhängende Lie-Untergruppe zwingend minimal.

Unter einer Lie-Algebra vom Iwasawa-Typ wird in dieser Arbeit eine auflösbare Lie-Algebra $\mathfrak{g}$ mit Skalarprodukt $\langle ., .. \rangle$ und den folgenden Eigenschaften verstanden:

Die Derivierte $\mathfrak{n} := [\mathfrak{g}, \mathfrak{g}]$ besitze ein abelsches orthogonales Komplement $\mathfrak{a}$ derart, dass alle adjungierten Darstellungen von Elementen aus $\mathfrak{a}$ selbstadjungiert sind. Es gebe außerdem einen Vektor $a_0 \in \mathfrak{a}$ derart, dass $\langle \mathrm{ad}(a_0)(x), x\rangle > 0$ für alle $x \in \mathfrak{n}$ gilt. Die zusammenhängende einfach zusammenhängende Lie-Gruppe ausgestattet mit einer linksinvarianten Metrik, die zu einer Lie-Algebra vom Iwasawa-Typ assoziiert ist, bezeichnen wir als Iwasawa-Typ Lie-Gruppe.
Diese Lie-Algebren sind eine Verallgemeinerung des auflösbaren Anteils der Iwasawa - Zerlegung einer halbeinfachen Lie-Gruppe und kamen 1991 definiert von Thomas Wolter in [Wol91] erstmalig vor. Seitdem sind sie in den Arbeiten verschiedener Autoren zu unterschiedlichen Themen aufgetaucht (z.B. [Heb97], [Tam08], [Dru01], [Dru02]). In dem einleitenden Text zu Kapitel 5 geben wir einen kurzen Abriss ihres Vorkommens.
Für Lie-Algebren vom Iwasawa-Typ werden in Kapitel 5 dann die nachfolgend aufgeführte Charakterisierung 5.1.3 und das Existenz und Eindeutigkeitsresultat 5.1.7 bewiesen, die gemeinsam alle Lie-Untergruppen von Iwasawa-Typ Lie-Gruppen, die einen minimalen Orbit besitzen, beschreiben:

Charakterisierung. (Satz 5.1.3)
Sei $\mathfrak{g} = \mathfrak{a} \oplus \mathfrak{n}$ eine Lie-Algebra vom Iwasawa-Typ. Es gelte $\dim_{\mathbb{R}}(\mathfrak{a}) = 1$. Sei $\mathfrak{h} \leq \mathfrak{g}$ eine Lie-Unteralgebra. Dann sind äquivalent

1. $\mathfrak{h}$ ist minimal.

2. $\mathfrak{a} \subseteq \mathfrak{h}$.

Gelten eine und damit beide der obigen Aussagen, so ist $\mathfrak{h}$ genau dann total geodätisch, wenn $[\mathfrak{h}_+, \mathfrak{d}] \subseteq \mathfrak{d}$, wobei $\mathfrak{h}_+ := \mathfrak{h} \cap \mathfrak{n}$ ist und $\mathfrak{d}$ den Senkrechtraum von $\mathfrak{h}$ in $\mathfrak{g}$ bezeichne.

Die Idee zum Beweis der noch fehlenden Implikation ist die folgende: Von einer minimalen Lie-Unteralgebra $\mathfrak{h}$ nehmen wir $a \notin \mathfrak{h}$ für ein $a \in \mathfrak{a}$ an und konstruieren einen Lie-Automorphismus φ, der $a \in \varphi^{-1}(\mathfrak{h})$ erfüllt. Aufgrund der Diagonalisierbarkeit lässt sich $\mathfrak{h}$ orthogonal in $\mathrm{ad}(\varphi(a))|_{\mathfrak{h}}$-Eigenräume zerlegen. Indem wir nun die Spur der adjungierten Darstellung $\mathrm{ad}(a)$ auf zwei verschiedene Weisen berechnen, erzielen wir einen Widerspruch. Im Anschluss folgt das Existenz- und Eindeutigkeitsresultat:

Existenz- und Eindeutigkeitsresultat. (Satz 5.1.7)
Es gelte $\dim(\mathfrak{a}) = 1$. Die zusammenhängende Lie-Untergruppe $H \leq G$ einer Lie - Unteralgebra $\mathfrak{h} \leq \mathfrak{g}$ besitzt genau dann einen minimalen Orbit, wenn $\mathfrak{h} \nleq \mathfrak{n}$. Dieser ist dann eindeutig.

Für dieses Resultat benötigt man, dass eine minimale Lie-Untergruppe keine weiteren minimalen Orbits besitzt (Korollar 5.1.10).

In Kapitel 3 formulieren und beweisen wir die obige Charakterisierung minimaler Lie-Unteralgebren zunächst etwas weniger allgemein für Standard-Erweiterungen von zweischritt nilpotenten Lie-Algebren (Satz 3.2.2). Damit sind Lie-Algebren gemeint, die durch Hinzunahme eines eindimensionalen Summanden und geeignete Erweiterung des Skalarproduktes und der Lie-Klammer aus zweischritt nilpotenten Lie-Algebren gewonnen werden. So entstehen stets Lie-Algebren vom Iwasawa-Typ. Da in diesem Fall die Lie-Klammer und das Skalarprodukt bekannt sind, lässt sich der benötigte Lie-Automorphismus φ konkret angeben und auch die Spur explizit berechnen. Auf diese Weise gewinnen wir für eine große Beispielklasse innerhalb der Lie-Algebren vom Iwasawa-Typ Kenntnis über das Element, durch welches der minimale Orbit im Falle $a \notin \mathfrak{h}$ und $\mathfrak{h} \not\leq \mathfrak{n}$ verläuft und geben einen anschaulichen Leitfaden für den Beweis des allgemeineren Falls.
Insbesondere haben wir damit alle minimalen Lie-Untergruppen von Damek-Ricci-Räumen klassifiziert. Damek-Ricci-Räume sind Standard-Erweiterungen von verallgemeinerten Heisenberg - Gruppen. Diesen Räumen wird Abschnitt 3.1 gewidmet, wo wir auch festhalten werden, dass die symmetrischen Damek-Ricci-Räume isometrisch zu den hyperbolischen Räumen über $\mathbb{C}$, $\mathbb{H}$ und $\mathbb{O}$ sind.

Hieraus lassen sich die Iwasawa-Lie-Algebren der genannten hyperbolischen Räume leicht bestimmen (Abschnitt 4.1). Diese sind für jedes $\mathbb{K} \in \{\mathbb{C}, \mathbb{H}, \mathbb{O}\}$ von der Gestalt

$$\mathfrak{f}_{\mathbb{K}} = \mathfrak{a} \oplus \mathbb{K}^n \oplus \Im(\mathbb{K}) \ .$$

Hierbei ist $\mathbb{K}^n \oplus \Im(\mathbb{K})$ die zu Grunde liegende verallgemeinerte Heisenberg-Algebra mit Zentrum $\Im(\mathbb{K})$. Es gilt $n = 1$, falls $\mathbb{K} = \mathbb{O}$ ist. Aufgrund der Charakterisierung aus Kapiel 3 (Satz 3.2.2) wissen wir, dass die minimalen Lie-Unteralgebren $\mathfrak{h} \leq \mathfrak{f}_{\mathbb{K}}$ genau diejenigen sind, die den Summanden $\mathfrak{a}$ enthalten. Dies erlaubt uns, in Abschnitt 4.2 die direkte Verallgemeinerung von Theorem 7.1 aus [AD03] nicht länger nur für $\mathbb{C}H^{n+1}$, sondern zusätzlich auch für $\mathbb{H}H^{n+1}$ und $\mathbb{O}H^2$ zu formulieren und eine Klassifikation aller minimalen Lie-Unteralgebren von $\mathfrak{f}_{\mathbb{K}}$ anzugeben. Die Bedingung $[\mathfrak{h}_+, \mathfrak{d}] \subseteq \mathfrak{d}$ charakterisiert die total geodätischen unter den minimalen Lie-Unteralgebren. Sie ist ein wichtiges Hilfsmittel, um bei den Ergebnissen der Klassifikation zwischen total geodätischen und minimalen nicht total geodätischen Lie-Unteralgebren zu unterscheiden.
Wir möchten uns in der Klassifikation auf Lie-Unteralgebren $\mathfrak{h} \leq \mathfrak{f}_{\mathbb{K}}$ mit $\mathfrak{a} \subseteq \mathfrak{h}$ beschränken, die Normalform haben. Dafür ist es notwendig sich mit den $\mathfrak{a}$-fixierenden orthogonalen Lie-Automorphismen von $\mathfrak{f}_{\mathbb{K}}$ zu befassen. Diese werden durch die Gruppe der orthogonalen Lie-Automorphismen $\mathrm{Aut}_a(\mathbb{K}^n \oplus \Im(\mathbb{K})) \cap \mathbf{O}(\mathbb{K}^n \oplus \Im(\mathbb{K}))$ festgelegt. Für $\mathfrak{f}_{\mathbb{H}}$ und $\mathfrak{f}_{\mathbb{O}}$ greifen wir hierzu auf Resultate aus [Pan89] zurück. Es gelten

$$\begin{aligned} & \mathrm{Aut}_a(\mathbb{H}^n \oplus \Im(\mathbb{H})) \cap \mathbf{O}(\mathbb{H}^n \oplus \Im(\mathbb{H})) \cong \mathbf{Sp}(1) \times \mathbf{Sp}(n) \\ \text{und} \quad & \mathrm{Aut}_a(\mathbb{O} \oplus \Im(\mathbb{O})) \cap \mathbf{O}(\mathbb{O} \oplus \Im(\mathbb{O})) \cong \mathbf{Spin}(7) \ . \end{aligned}$$

Für $\mathbb{K} \in \{\mathbb{C}, \mathbb{H}\}$ machen wir eine Fallunterscheidung nach der Dimension des im Zentrum $\Im(\mathbb{K})$ liegenden Anteils eines $\mathrm{ad}(\mathfrak{a})$-invarianten Untervektorraums $\mathfrak{a} \oplus \mathfrak{v} \oplus \mathfrak{w}$ und bestimmen zu gegebenem $\mathfrak{w}$ die Untervektorräume $\mathfrak{v}$ mit der Eigenschaft, dass $[\mathfrak{v}, \mathfrak{v}] \subseteq \mathfrak{w}$. Da die fehlende Assoziativität der Oktonionenmultiplikation das konkrete Berechnen von Lie-Klammer-Ausdrücken sehr aufwendig macht, behandeln wir den Fall $\mathbb{K} = \mathbb{O}$ auf andere Weise. Wir unterscheiden hier nach der Dimension $\dim_{\mathbb{R}}(\mathfrak{v})$ des in $\mathbb{O}$ liegenden Anteils unter der Voraussetzung $1 \in \mathfrak{v}$. Es gelingt in allgemeiner Form eine Obermenge aller Lie-Klammerausdrücke anzugeben, mit Hilfe der wir in diesem Fall zu gegebenem $\mathfrak{v}$ die Untervektorräume $\mathfrak{w} \subseteq \Im(\mathbb{O})$ angeben können, für welche $\mathfrak{a} \oplus \mathfrak{v} \oplus \mathfrak{w}$ eine minimale Lie-Unteralgebra ist.

Danksagung

An dieser Stelle gilt mein besonderer Dank zuerst Herrn Professor Doktor Jens O. Heber, der mir vorgeschlagen hat, mich im Rahmen einer Dissertation mit minimalen Orbits in homogenen Räumen zu beschäftigen. Ich bedanke mich für die Aufnahme als Doktorand und für ebenso fachkundige wie freundliche Betreuung. Während der Promotion hat er mir geduldig zur Beantwortung von Fragen und bei Problemen zur Seite gestanden. Seine Unterstützung und neuen Anregungen waren stets sehr wertvoll für mich.
Danke sagen möchte ich außerdem Herrn Professor Doktor Wilderich Tuschmann sowie den Oberseminaren des Fachbereichs Geometrie, die mir eine Gelegenheit gaben, meine Ergebnisse vor kritischen und fachkundigen Zuhören auf den Prüfstand zu stellen.
Insbesondere sei hierbei meinen Kollegen Doktor Ralf Zimmermann, Dipl. Math. Julka Deimling und Dipl. Math. Sebastian Grensing für sowohl fachliche als auch nicht fachliche Gespräche oder Hilfe bei der Revision der Arbeit gedankt.
In diesem Zusammenhang habe ich dankend auch meine Freunde Dipl. Inf. Jan Hendrik Palic, Britta Brüdigam und Sandra Lenz zu erwähnen, deren kritischen Blicken ich Teile des Manusskripts ausgesetzt habe. Meinem Freund Christoph Scheel gebührt mein Dank für seine Geduld und unerschütterliche Gelassenheit.
Diese Arbeit wäre nicht ohne den beständigen Rückhalt durch meine Familie und Freunde fertig geworden. Euch allen mein ganz spezieller Dank für die vielfältigen Arten Eurer Unterstützung.

Bezeichnungen

GV kennzeichnet Generalvoraussetzungen, die für den Rest des jeweils aktuellen Kapitels gelten. Sie heben sich zusätzlich durch Wahl einer größeren Schrift vom übrigen Text ab. Wir bezeichnen Lie-Gruppen durchgehend mit lateinischen Großbuchstaben (G, K, H, A, N) und ebenso die daraus entnommenen Elemente (X, Y, X_A,...) abgesehen vom neutralen Element e_G. Die (assoziierten) Lie-Algebren sowie Vektorräume werden mit (kleinen) Frakturbuchstaben ($\mathfrak{g}$, $\mathfrak{k}$, $\mathfrak{h}$,...) bezeichnet. Die Elemente von Lie-Algebren und Vektorräumen werden im Allgemeinen mit kleinen lateinischen Buchstaben bezeichnet (x, y, u, v,...) Skalarprodukte bezeichnen wir mit $\langle .,..\rangle$ eventuell mit zusätzlichem Index. Den rellen Aufspann einer Teilmenge notieren wir mit span, ebenso wie den Aufspann in Gruppen (span_F) oder projektiven Räumen ($\mathrm{span}_{\mathcal{P}}$).

$\delta_{r,s}$	Kronecker-Symbol: $=1$, für $r=s$; $=0$, für $r \neq s$
I_n	$n \times n$ – Einheitsmatrix
$\mathbb{R}$, $\mathbb{C}$, $\mathbb{H}$	reeller bzw. komplexer Zahlenkörper, Quaternionen-Schiefkörper
$\mathbb{O}$	Divisionsalgebra der Cayley-Zahlen
$\Re$, $\Im$, $\bar{\cdot}$	Real- bzw. Imaginärteilbildung und Konjugation in $\mathbb{C}$, $\mathbb{H}$, $\mathbb{O}$
$\mathcal{Q}_{\mathrm{eukl}}$	quadratische Form des euklidischen Skalarprodukts
η	Standard Hermitesche Form auf $\mathbb{K}^{n+2}$, $\mathbb{K} \in \{\mathbb{R}, \mathbb{C}, \mathbb{H}\} : (x,y) \mapsto \sum_{l=1}^{n+2} x_l \overline{y_l}$
$\eta_{r,s}$	Stand. Hermit. F. mit Signatur (r,s) : $(x,y) \mapsto -\sum_{l=1}^{r} x_l \overline{y_l} + \sum_{l=r+1}^{r+s} x_l \overline{y_l}$
$\mathbf{U}(m)$, $\mathbf{Sp}(m)$	unitäre, symplektische Gruppe, η-erh. Abb auf $\mathbb{K}^m$ für $\mathbb{K} \in \{\mathbb{C}, \mathbb{H}\}$
$\mathbf{O}(\mathfrak{V})$ (, $\mathbf{O}(m)$)	Skalarprodukt-erhaltende Abb. auf $\mathfrak{V}$ (, $\mathbb{R}^m$ mit eukl. Skalarpr.)
$\mathbb{K}H^{n+1}$, $\mathbb{K}P^{n+1}$	hyperbolischer, projektiver Raum über $\mathbb{K} \in \{\mathbb{R}, \mathbb{C}, \mathbb{H}, \mathbb{O}\}$, $n=1$ im Falle $\mathbb{K} = \mathbb{O}$
TM, T_pM	Tangentialbündel von M und Tangentialraum an M im Punkt p
T_pf	Tangentialabbildung einer Funktion $f : M \to M'$ in $p \in M$
ν_pM	Normalraum an M im Punkt p
κ	Schnittkrümmung
$\mathrm{Iso}(M)$, $\mathrm{Iso}_0(M)$	Isometriegruppe von M, Zusammenhangskomponente von Id_M
$\gamma(\infty)$	Äquivalenzklasse aller zu γ parallelen Geodätischen
$M(\infty)$	$\{\gamma(\infty), \gamma$ Geodätische in $M\}$, Idealrand, Punkte im Unendlichen
Ad_G, $\mathrm{Ad}_G(g)$	adjungierte Darstellung von G, $g \in G$
$\mathrm{ad}_{\mathfrak{g}}$, $\mathrm{ad}_{\mathfrak{g}}(x)$	adjungierte Darstellung von $\mathfrak{g}$, $x \in \mathfrak{g}$
g^G	G – invariante Metrik auf G
H_y, $\mathfrak{h}_y$	Konjugierte von H unter $\exp(y)$, zugehörige Lie-Algebra
$[G,G]$, $[\mathfrak{g},\mathfrak{g}]$	Kommutator-Untergruppe von G, Derivierte von $\mathfrak{g}$

$Z(G)$, $Z(\mathfrak{g})$	Zentrum von G bzw. $\mathfrak{g}$
$Z_{\mathfrak{n}}(\mathfrak{h})$, $N_{\mathfrak{n}}(\mathfrak{h})$	Zentralisator und Normalisator von $\mathfrak{h}$ in $\mathfrak{n}$
$Z_N(H)$, $N_N(H)$	Zentralisator und Normalisator von H in N
$Cl(\mathfrak{V}, \mathcal{Q})$ (, Cl_m)	Clifford-Algebra von $\mathfrak{V}$ bzgl. $\mathcal{Q}$ (, falls $\mathfrak{V} = \mathbb{R}^m$, $\mathcal{Q} = \mathcal{Q}_{\text{eukl}}$)
$Cl^*(\mathfrak{V}, \mathcal{Q})$ (, Cl^*_m)	Einheitengruppe der Clifford-Algebra
$\breve{x}$, $\aleph(x) = x \cdot \breve{x}$	$x \in Cl(\mathfrak{V}, \mathcal{Q})$, Konjugierte , Normabbildung von x in $Cl(\mathfrak{V}, \mathcal{Q})$
$\Gamma(\mathfrak{V}, \mathcal{Q})$ (, Γ_m)	Clifford-Gruppe ($A.2.1$)
$\mathfrak{M}_3$	3×3 – Matrizen mit Einträgen aus $\mathbb{O}$
$\mathfrak{J}(\xi) = \mathfrak{J}(\xi_1, \xi_2, \xi_3)$	Jordan-Ausnahme-Algebra gebildet mit ξ_1, ξ_2, ξ_3 ($B.2.1$)
$\star$, $\circledast$	Multiplikation und Kreuzprodukt auf $\mathfrak{J}(\gamma)$ ($B.2.1$ und $B.2.3$)
$\overrightarrow{X}$	Gerade in $\mathbb{O}P^2$, $X \in \mathbb{O}P^2$ ($B.2.8$)
$(\mathcal{P}, \mathcal{G})$	projektiver Raum , Punkt- und Geradenmenge
$\Delta t, q, p$	Dreieck zwischen den Punkten t, q, p
$\overrightarrow{pq}$	Gerade, die p, q enthält

Kapitel 1

Grundlagen

Im ersten Kapitel werden die zum Verständnis dieser Arbeit erforderlichen Grundlagen bereitgestellt. Zunächst erinnern wir an einige Definitionen und Zusammenhänge aus dem Bereich der differenzierbaren Mannigfaltigkeiten. Hierbei werden die Begriffe „minimale" und „total geodätische" Untermannigfaltigkeit eingeführt, welche in den folgenden Kapiteln eine zentrale Rolle spielen.
Anschließend folgt ein Abschnitt mit Begriffen und Resultaten aus der Lie-Theorie. Nachdem wir Lie-Gruppen und Lie-Algebren und einige grundlegende Eigenschaften dieser Objekte eingeführt haben, erklären wir den engen Zusammenhang zwischen diesen beiden Konzepten.

1.1 Grundlagen aus der Differentialgeometrie

GV: Seien (M, g^M) eine Riemannsche Mannigfaltigkeit und $B \subseteq M$ eine Riemannsche Untermannigfaltigkeit.

Zweite Fundamentalabbildung und Hauptkrümmungsvektor. (1.10.5 in [Kli82]) Sei $p \in B$. Für alle $x, y \in T_pB$ seien $\overrightarrow{x}, \overrightarrow{y}$ Vektorfelder, welche auf einer M-Umgebung von p definiert und tangential an B sind sowie $\overrightarrow{x}(p) = x$ bzw. $\overrightarrow{y}(p) = y$ erfüllen. Die bilineare, symmetrische Abbildung

$$\alpha_p : T_pB \times T_pB \to \nu_pB, (x, y) \mapsto (\nabla^M_{\overrightarrow{x}}\overrightarrow{y} - \nabla^B_{\overrightarrow{x}}\overrightarrow{y})(p), \tag{1.1}$$

welche durch die an B normale Komponente des Levi-Civitat-Zusammenhangs gegeben ist, heißt *zweite Fundamentalabbildung* von B in p. Für jedes $z_\perp \in \nu_pB$ heißt dann

$$\alpha_{p,z_\perp} : T_pB \times T_pB \to \mathbb{R}, (x, y) \mapsto g^M_p(\alpha_p(x, y), z_\perp)$$

zweite Fundamentalform.
Sei $e_1, ..., e_r$ eine Orthonormalbasis von T_pB. Die Summe $\mathcal{H}_p := \sum_{l=1}^{r} \alpha_p(e_l, e_l)$ ist von der Wahl der Basis unabhängig, und wird als *mittlerer Krümmungsvektor* in p bezeichnet (5.21 in [GHL87]).

Die beiden folgenden Eigenschaften von Untermannigfaltigkeiten sind der Untersuchungsgegenstand dieser Arbeit.

Minimale/total geodätische Untermannigfaltigkeit. (1.10.12 [Kli82], 5.21 [GHL87])
Wenn für jedes $p \in B$ der mittlere Krümmungsvektor $\mathcal{H}_p$ verschwindet, nennt man B *minimal.*
Ist B zusammenhängend und jede Geodätische in B auch eine Geodätische in M, so heißt B *total geodätisch.*

Eine Untermannigfaltigkeit B ist genau dann total geodätisch, wenn ihre zweite Fundamentalabbildung für jedes $p \in B$ verschwindet (1.10.14 in [Kli82]). Damit ist klar, dass jede total geodätische Untermannigfaltigkeit schon minimal ist.

GV: Sei $\vec{x} \in C^\infty(TM)$ ein Vektorfeld auf M.

Integralkurven und Flüsse von Vektorfeldern. (3.5 bis 3.7 in [Mic08])
Eine glatte Kurve $\gamma : I \to M$ heißt *Integralkurve von* $\vec{x}$, falls $\gamma' = \vec{x} \circ \gamma$. Für jeden Punkt $p \in M$ gibt es ein offenes Intervall $I_p \ni 0$ und eine Integralkurve $\gamma_{\vec{x},p} : I_p \to M$ von $\vec{x}$ mit der Eigenschaft $\gamma_{\vec{x},p}(0) = p$. Ist das Intervall I_p maximal, so ist die Kurve $\gamma_{\vec{x},p}$ eindeutig bestimmt.
Setze $I_{\vec{x}} := \bigcup_{p\in M} I_p \times \{p\}$, wobei I_p das Definitionsintervall der maximalen Integralkurve $\gamma_{\vec{x},p}$ durch p sei. Dann ist $I_{\vec{x}}$ offen und

$$\mathbf{Fl}^{\vec{x}} : I_{\vec{x}} \to M\ ,\ (t,p) \mapsto \mathbf{Fl}_t^{\vec{x}}(p) = \mathbf{Fl}^{\vec{x}}(t,p) := \gamma_{\vec{x},p}(t)$$

eine C^∞-Abbildung, welche der *Fluss von* $\vec{x}$ genannt wird. Es gilt

$$\mathbf{Fl}^{\vec{x}}(t+s,p) = \mathbf{Fl}^{\vec{x}}(t, \mathbf{Fl}^{\vec{x}}(s,p)) \qquad \text{für alle} \quad t,s \in I_p\ .$$

Lie-Ableitung und Kommutator von Vektorfeldern. (3.4, 3.12 in [Mic08], [vG01])
Die sogenannte *Lie-Ableitung* $\partial_{\vec{x}} f$ *von* $f \in C^\infty(M)$ *in Richtung* $\vec{x}$ ist wie folgt definiert:

$$\partial_{\vec{x}} f : M \to \mathbb{R},\ p \mapsto T_pf(\vec{x}(p)).$$

Das Vektorfeld $\overrightarrow{x}$ ist durch den Operator $\partial_{\overrightarrow{x}} : C^\infty(M) \to C^\infty(M), f \mapsto \partial_{\overrightarrow{x}} f$ schon eindeutig festgelegt. Zwischen dem Fluss eines Vektorfelds und seiner Lie-Ableitung besteht folgender Zusammenhang:

$$(1.2) \qquad \partial_{\overrightarrow{x}} f\,(p) \;=\; \frac{d}{dt}\, f(\mathbf{Fl}^{\overrightarrow{x}}(t,p))\Big|_{t=0} \qquad \text{für alle} \qquad f \in C^\infty(M).$$

Als *Lie-Klammer oder Kommutator von Vektorfeldern* $[\overrightarrow{x}, \overrightarrow{y}] : M \to TM$ bezeichnet man das eindeutig bestimmte Vektorfeld mit der Eigenschaft

$$\partial_{[\overrightarrow{x},\overrightarrow{y}]} \;=\; \partial_{\overrightarrow{x}} \circ \partial_{\overrightarrow{y}} - \partial_{\overrightarrow{y}} \circ \partial_{\overrightarrow{x}}.$$

1-Parameteruntergruppen und Killing-Vektorfelder. (1.10.8 in [Kli82])
Eine differenzierbare Abbildung $\varrho : \mathbb{R} \times M \to M, (t,p) \mapsto \varrho_t(p)$ mit

$$\varrho_t(\varrho_s(p)) \;=\; \varrho_{t+s}(p)\;, \quad \varrho_0 \;=\; \mathrm{Id}_M \quad \text{für alle} \quad s,t \in \mathbb{R}\,,\; p \in M$$

und der Eigenschaft, dass für jedes $t \in \mathbb{R}$ die Abbildung ϱ_t ein Diffeomorphismus (eine Isometrie) ist, heißt 1-*Parameteruntergruppe von Diffeomorphismen (von Isometrien)* von M. Jede 1-Parameteruntergruppe ϱ definiert durch

$$\overrightarrow{x_\varrho}\,(p) \;:=\; \frac{d}{dt}\,\varrho_t(p)|_{t=0}$$

ein Vektorfeld $\overrightarrow{x_\varrho}$ auf M.
Ist ϱ eine 1-Parameteruntergruppe von Isometrien, so nennt man das assoziierte Vektorfeld $\overrightarrow{x_\varrho}$ ein *Killing-Vektorfeld* von M. Für jedes Killing-Vektorfeld $\overrightarrow{x_\varrho}$ und alle Vektorfelder $\overrightarrow{y}$, $\overrightarrow{z}$ auf M gilt die Killing-Gleichung (1.10.9 in [Kli82])

$$(1.3) \qquad g^M(\nabla_{\overrightarrow{y}}\overrightarrow{x_\varrho}, \overrightarrow{z}) \;+\; g^M(\overrightarrow{y}, \nabla_{\overrightarrow{z}}\overrightarrow{x_\varrho}) \;=\; 0.$$

Die Killing-Vektorfelder von M sind in $C^\infty(TM)$ unter dem Kommutator von Vektorfeldern abgeschlossen und damit eine Lie-Unteralgebra (Definition 1.2.3) von (1.10.11 in [Kli82]).

Asymptotische Geodätische und Punkte im Unendlichen. (1.7.1, 1.7.2 in [Ebe96])
Sei M vollständig und einfach zusammenhängend und habe nichtpositive Schnittkrümmung $\kappa \le 0$. Die Abstandsfunktion auf M sei mit dist(.,..) notiert. Geodätische γ_1, γ_2 mit $\|\gamma_1'\| = \|\gamma_2'\| = 1$ von M heißen *asymptotisch*, falls es ein $c > 0$ so gibt, dass für alle $t \in \mathbb{R}_{\ge 0}$

$$\mathrm{dist}(\gamma_1(t), \gamma_2(t)) \;\le\; c$$

gilt. Wir bezeichnen mit $\gamma_1(\infty)$ die Äquivalenzklasse aller zu γ_1 asymptotischen Geodätischen in M und definieren

$$M(\infty) := \{\gamma(\infty);\ \gamma \text{ Geodätische in } M,\ \|\gamma'\| = 1\}.$$

Man bezeichnet $M(\infty)$ als *die Menge aller zu M gehörigen Punkte im Unendlichen* oder auch *Idealrand von M*.

1.2 Grundlagen aus der Lie-Theorie

In diesem Abschnitt definieren wir die Begriffe Lie-Gruppe und Lie-Algebra und nennen zentrale Eigenschaften dieser Objekte.

1.2.1 Definition ((C^∞-)Lie-Gruppe).
Eine C^∞-Mannigfaltigkeit G mit einer Gruppenstruktur so, dass durch $(g, h) \mapsto gh^{-1}$ eine C^∞-Abbildung $G \times G \to G$ definiert wird, heißt *(C^∞-)Lie-Gruppe.*
Eine Untergruppe $K \leq G$, welche selber eine Lie-Gruppe ist, heißt *Lie-Untergruppe* von G.

Abgeschlossene Untergruppen $K \leq G$ sind wieder Lie-Gruppen.

Auf dem karthesischen Produkt von Lie-Gruppen G_1 und G_2 kann man mit Hilfe eines Homomorphismusses $\varepsilon : G_2 \to \mathrm{Aut}(G_1)$ mit der Eigenschaft, dass $(X_1, X_2) \to \varepsilon(X_2)(X_1)$ eine analytische Abbildung $G_1 \times G_2 \to G_1$ ist, eine Lie-Gruppen-Struktur etablieren: Auf der Menge $G_1 \times G_2$ definiert man hierzu die Verknüpfung

$$(X_1, X_2)(Y_1, Y_2) \mapsto (X_1\varepsilon(X_2)(Y_1), X_2Y_2).$$

Die entstehende Lie-Gruppe $G_1 \rtimes_\varepsilon G_2$ (häufig auch nur $G_1 \cdot G_2$ notiert) nennt man *das semidirekte Produkt von G_1 und G_2 bezüglich ε* (Abschnitt 3.15 in [Var74]). Ist $\varepsilon \equiv \mathrm{Id}_{G_1}$, so spricht man von dem direkten Produkt der Lie-Gruppen.

Die Gruppenmultiplikation einer Lie-Gruppe ist eine C^∞-Abbildung. Für jedes $X \in G$ sind auch die Linksverschiebung $\mathcal{L}_X(Y) = XY$ und die Rechtsverschiebung $\mathcal{R}_X(Y) = YX$ sowie die Inversionsabbildung C^∞-Diffeomorphismen.

GV: Sei ab sofort G eine C^∞-Lie-Gruppe. Mit $C^\infty(TG)$ sei der Vektorraum aller Vektorfelder auf G notiert.

1.2.2 Definition (Linksinvariante Vektorfelder auf G).
Ein Vektorfeld $\overrightarrow{x} \in C^\infty(TG)$ heißt *linksinvariant*, falls für alle $X \in G$ gilt:

$$\overrightarrow{x} \circ \mathcal{L}_X = T\mathcal{L}_X \circ \overrightarrow{x}.$$

Der Fluss zu einem linksinvarianten Vektorfeld ist stets global, d.h. auf ganz $\mathbb{R} \times G$ definiert (3.8 in [Mic08]).

Lie-Algebren

Auch wenn Lie-Algebren über beliebigen Körpern betrachtet werden können, beschränken wir uns bei der Definition und im Folgenden auf Lie-Algebren über $\mathbb{K} \in \{\mathbb{R}, \mathbb{C}\}$.

1.2.3 Definition (Lie-Algebra).
Sei $\mathbb{K} \in \{\mathbb{R}, \mathbb{C}\}$. Ein Paar $(\mathfrak{f}, [.,..])$ bestehend aus einem $\mathbb{K}$-Vektorraum $\mathfrak{f}$ und einer bilinearen, antisymmetrischen Abbildung $[.,..] : \mathfrak{f} \times \mathfrak{f} \to \mathfrak{f}$, welche die folgende Eigenschaft (Jakobi-Identität) erfüllt:

$$[x,[y,z]] + [z,[x,y]] + [y,[z,x]] = 0 \qquad \text{für alle} \qquad x, y, z \in \mathfrak{f},$$

heißt $\mathbb{K}$-*Lie-Algebra*. Man nennt dann $[.,..]$ die *Lie-Klammer* von $\mathfrak{f}$. Ein Untervektorraum $\mathfrak{h} \leq \mathfrak{f}$, welcher unter der Lie-Klammer abgeschlossen ist, heißt *Lie-Unteralgebra* von $\mathfrak{f}$.

Erfüllt eine Lie-Unteralgebra $\mathfrak{h} \leq \mathfrak{f}$ sogar $[\mathfrak{h}, \mathfrak{f}] \in \mathfrak{h}$, so nennt man $\mathfrak{h}$ ein *Ideal*. Indem man wiederholt Lie-Klammer-Ausdrücke ineinander einsetzt, entstehen zwei ausgezeichnete Folgen von Idealen:

1.2.4 Definition (Derivierte, auflösbare und nilpotente Lie-Algebra).
Sei $\mathfrak{f}$ eine Lie-Algebra. Es heißt $\mathfrak{f}^1 = \mathfrak{f}^{(1)} := [\mathfrak{f}, \mathfrak{f}]$ *die Derivierte oder auch der Kommutator von* $\mathfrak{f}$. Für jedes $l \in \mathbb{N}_{\geq 2}$ setze $\mathfrak{f}^{(l)} := [\mathfrak{f}^{(l-1)}, \mathfrak{f}^{(l-1)}]$ und $\mathfrak{f}^l := [\mathfrak{f}, \mathfrak{f}^{l-1}]$. Dann sind $\mathfrak{f}^{(l)}$ und $\mathfrak{f}^l$ für jedes $l \in \mathbb{N}$ Ideale von $\mathfrak{f}$.
Die Folge von Idealen $(\mathfrak{f}^l)_{l \in \mathbb{N}}$ $((\mathfrak{f}^{(l)})_{l \in \mathbb{N}})$ nennt man *die absteigende Zentralreihe (abgeleitete Reihe) von* $\mathfrak{f}$. Falls die abgeleitete Reihe abbricht, heißt $\mathfrak{f}$ *auflösbar*, und *nilpotent*, falls die absteigende Zentralreihe abbricht.

Genau dann, wenn $[\mathfrak{f}, \mathfrak{f}]$ nilpotent ist, ist $\mathfrak{f}$ auflösbar. Jede nilpotente Lie-Algebra ist auflösbar.
Es existiert stets ein größtes auflösbares Ideal in $\mathfrak{f}$. Dieses heißt *das Radikal von* $\mathfrak{f}$ und wird mit $\operatorname{rad}(\mathfrak{f})$ bezeichnet. Ist das Radikal von $\mathfrak{f}$ trivial, so heißt $\mathfrak{f}$ *halbeinfach*.

1.2.5 Definition (Cartan-Unteralgebra, algebraischer Rang (II.3.15-3.19 in [HN91])).
Sei $\mathfrak{f}$ eine endlichdimensionale Lie-Algebra über $\mathbb{K}$. Eine Lie-Unteralgebra $\mathfrak{h} \leq \mathfrak{f}$ heißt *Cartan-Unteralgebra*, falls $\mathfrak{h}$ nilpotent ist und $N_{\mathfrak{f}}(\mathfrak{h}) := \{x \in \mathfrak{f};\, \forall y \in \mathfrak{h} : [x,y] \in \mathfrak{h}\} = \mathfrak{h}$ erfüllt, d.h. $\mathfrak{h}$ ist sein eigener Normalisator. Es existieren stets Cartan-Unteralgebren und je zwei stimmen in ihrer Dimension überein. Die Dimension einer Cartan-Unteralgebra bezeichnet man als den *algebraischen Rang von* $\mathfrak{f}$.

Die Lie-Algebra von G

Mit der in Abschnitt 1.1 eingeführten Lie-Klammer von Vektorfeldern ausgestattet wird der Vektorraum $C^\infty(TG)$ zu einer Lie-Algebra. Daher ist zu jeder Lie-Gruppe auf natürliche Weise eine Lie-Algebra assoziiert:

1.2.6 Satz (Die zu einer Lie-Gruppe assoziierte Lie-Algebra).
Sei $\mathfrak{g} \leq C^\infty(TG)$ der Untervektorraum aller linksinvarianten Vektorfelder. Dann ist $\mathfrak{g}$ unter der Lie-Klammer von Vektorfeldern abgeschlossen, also eine Lie-Unteralgebra. Diese kann vermöge des Isomorphismusses

$$T_eG \to \mathfrak{g},\ x \mapsto \{(X, T_{e_G}\mathcal{L}_X(x));\ X \in G\}$$

mit dem Tangentialraum des neutralen Elements der Gruppe identifiziert werden.

GV: Ab sofort bezeichnet stets $\mathfrak{g}$ die zu der Lie-Gruppe G assoziierte Lie-Algebra linksinvarianter Vektorfelder.

Der folgende zentrale Satz rechtfertigt es, von der zu einer Lie-Algebra gehörigen Lie-Gruppe zu sprechen:

1.2.7 Satz (3. Fundamentalsatz von Lie (3.15.1 in [Var74])).
Sei $\mathfrak{f}$ eine $\mathbb{K}$-Lie-Algebra. Dann gibt es eine zusammenhängende, einfach zusammenhängende Lie-Gruppe F derart, dass die Lie-Algebra der linksinvarianten Vektorfelder auf F isomorph zu $\mathfrak{f}$ ist. Bis auf einen Lie-Gruppen-Isomorphismus ist F mit dieser Eigenschaft eindeutig bestimmt.

Die Lie-Gruppe G heißt *nilpotent* (*auflösbar*, *halbeinfach*), falls $\mathfrak{g}$ nilpotent (auflösbar, halbeinfach) ist.

Die Exponentialfunktion einer Lie-Gruppe

Für jedes $x \in \mathfrak{g}$ sei mit γ_x die Integralkurve bezeichnet, die im neutralen Element startet. *Die Exponentialabbildung der Lie-Gruppe G* ist dann folgendermaßen definiert:

$$\exp_G : \mathfrak{g} \to G\,,\ x \mapsto \exp_G(x) := \gamma_x(1) = \mathbf{Fl}^x(1, e_G).$$

Die Abbildung $\exp_G$ ist C^∞ und ein (lokaler) Diffeomorphismus einer Umgebung der $0 \in \mathfrak{g}$ auf eine Umgebung des neutralen Elements $e_G \in G$. Es gilt $\exp_G(tx) = \gamma_x(t)$ für alle $t \in \mathbb{R}$.

1.2.8 Satz (Die Exponentialfunktion einer nilpotente Lie-Gruppe (3.6.2 in [Var74])).
Sei G nilpotent und einfach zusammenhängend. Dann ist $\exp_G : \mathfrak{g} \to G$ ein C^∞- Diffeomorphismus.

Adjungierte Darstellung und Killing-Form

Die Darstellung einer Lie-Gruppe auf ihrer Lie-Algebra ist von großer Bedeutung:

1.2.9 Definition (Adjungierte Darstellung von G bzw. $\mathfrak{g}$).
Für jedes $X \in G$ ist $\mathrm{Ad}_G(X) := T_X\mathcal{R}_{X^{-1}} \circ T_{e_G}\mathcal{L}_X \in \mathrm{GL}(\mathfrak{g})$ und besitzt die folgende Eigenschaft:

$$\mathrm{Ad}_G(X)([x, y]) = [\mathrm{Ad}_G(X)(x), \mathrm{Ad}_G(X)(y)] \qquad \text{für alle} \quad x, y \in \mathfrak{g}.$$

Die Abbildung $\mathrm{Ad}_G : G \to \mathrm{GL}(\mathfrak{g})$ ist ein differenzierbarer Gruppen-Homomorphismus und wird *adjungierte Darstellung der Gruppe G* genannt.
Die Tangentialabbildung $T_{e_G}\mathrm{Ad}_G =: \mathrm{ad}_\mathfrak{g}$ der adjungierten Darstellung von G bezeichnet man als *adjungierte Darstellung der Lie-Algebra* $\mathfrak{g}$. Es gelten

$$(1.4)\quad \mathrm{ad}_\mathfrak{g}(x)y = [x, y] \qquad \text{und} \qquad \mathrm{Ad}_G \circ \exp_G = \exp_{L(\mathfrak{g},\mathfrak{g})} \circ \mathrm{ad}_\mathfrak{g} \qquad \text{für alle} \quad x, y \in \mathfrak{g}.$$

Die Lie-Algebra von $\mathrm{GL}(\mathfrak{g})$ ist der Raum aller Endomorphismen auf $\mathfrak{g}$ ausgestattet mit dem Kommutator $[\varphi, \psi] := \varphi \circ \psi - \psi \circ \varphi$ für alle $\varphi, \psi \in \mathrm{End}(\mathfrak{g})$ als Lie-Klammer. Die adjungierte Darstellung $\mathrm{ad} : \mathfrak{g} \to \mathrm{End}(\mathfrak{g})$ ist ein Homomorphismus auf eine Lie-Unteralgebra $\mathrm{ad}(\mathfrak{g})$. Es bezeichne $\mathrm{Int}(\mathfrak{g})$ die zusammenhängende Lie-Untergruppe von $\mathrm{GL}(\mathfrak{g})$ mit Lie-Algebra $\mathrm{ad}(\mathfrak{g})$.

1.2.10 Definition (Kompakte/kompakt eingebettete Lie-Algebra (II.5 in [Hel01])).
Die Lie-Algebra $\mathfrak{g}$ heißt *kompakt*, falls $\mathrm{Int}(\mathfrak{g}) \leq \mathrm{GL}(\mathfrak{g})$ eine kompakte Lie - Untergruppe

ist.
Sei $\mathfrak{k} \leq \mathfrak{g}$ eine Lie-Unteralgebra. Ferner sei $\mathrm{Int}_K \leq \mathrm{Int}(\mathfrak{g})$ die zusammenhängende Lie - Untergruppe mit Lie-Algebra $\mathrm{ad}_{\mathfrak{g}}(\mathfrak{k}) \leq \mathrm{ad}(\mathfrak{g})$. Dann heißt $\mathfrak{k}$ *kompakt eingebettet*, falls Int_K kompakt ist.

Über die Endomorphismen $\mathrm{ad}_{\mathfrak{g}}(x)$ kann ein sehr nützliches Kriterium für die Nilpotenz einer Lie-Algebra formuliert werden:

1.2.11 Satz (Satz von Engel (II.2.3, II.2.6 in [HN91])).
Es ist $\mathfrak{g}$ genau dann nilpotent, wenn $\mathrm{ad}_{\mathfrak{g}}(x)$ für jedes $x \in \mathfrak{g}$ nilpotent ist.

Mit Hilfe der adjungierten Darstellungen lässt sich auf $\mathfrak{g}$ eine Bilinearform definieren, die mit der Lie-Algebren-Struktur verträglich ist.

1.2.12 Definition (Killing-Form).
Durch

$$\mathrm{Kill}_{\mathfrak{g}}(x,y) := \mathrm{Spur}(\mathrm{ad}(x) \circ \mathrm{ad}(y)) \qquad \text{für alle} \quad x, y \in \mathfrak{g}$$

wird eine symmetrische Bilinearform $\mathrm{Kill}_{\mathfrak{g}} : \mathfrak{g} \to \mathfrak{g}$ definiert. $\mathrm{Kill}_{\mathfrak{g}}$ heißt *Killing-Form von* $\mathfrak{g}$ und ist in folgendem Sinne unter der Lie-Klammer invariant:

$$\mathrm{Kill}_{\mathfrak{g}}([x,y],z) = \mathrm{Kill}_{\mathfrak{g}}(x,[y,z]) \qquad \text{für alle} \qquad x, y, z \in \mathfrak{g}.$$

Außerdem gelten:

- Genau dann ist $\mathfrak{g}$ auflösbar, wenn für die Killing-Form $\mathrm{Kill}_{\mathfrak{g}}(x,y) = 0$ für alle $x \in [\mathfrak{g},\mathfrak{g}]$ und alle $y \in \mathfrak{g}$ gilt. Dies ist gleichbedeutend mit $[\mathfrak{g},\mathfrak{g}] \subseteq \mathrm{rad}(\mathrm{Kill}_{\mathfrak{g}})$ (II.3.5 in [HN91]).
- Es ist $\mathfrak{g}$ genau dann halbeinfach, wenn die Killing-Form nicht ausgeartet ist (II.3.6 in [HN91]).

Cartan- und Iwasawa-Zerlegung

Für halbeinfache reelle Lie-Algebren ohne kompakte Faktoren existiert eine Cartan - Zerlegung im Sinne der folgenden Definition (III.6.21 in [HN91]).

1.2.13 Definition (Cartan-Involution, Cartan-Zerlegung (III.6.1 in [HN91])).
Sei $\mathfrak{g}$ halbeinfach und besitze keine kompakten Faktoren. Dann heißt $\theta : \mathfrak{g} \to \mathfrak{g}$ *Cartan-Involution von* $\mathfrak{g}$, falls $\theta^2 = \mathrm{Id}_{\mathfrak{g}}$ gilt und:

1. $\mathrm{Kill}_{\mathfrak{g}}|_{\mathfrak{k}\times\mathfrak{k}}$ ist negativ definit, wobei $\mathfrak{k} := \{x \in \mathfrak{g}\,;\ \theta(x) = x\}$.

2. $\mathrm{Kill}_{\mathfrak{g}}|_{\mathfrak{p}\times\mathfrak{p}}$ ist positiv definit, wobei $\mathfrak{p} := \{x \in \mathfrak{g};\ \theta(x) = -x\}$.

Dann heißt $\mathfrak{g} = \mathfrak{k} \oplus \mathfrak{p}$ *Cartan-Zerlegung* von $\mathfrak{g}$.

Zu zwei Cartan-Zerlegungen von $\mathfrak{k} \oplus \mathfrak{p} = \mathfrak{g} = \mathfrak{k}' \oplus \mathfrak{p}'$ gibt es einen *inneren Automorphismus* $\varphi \in \mathrm{Int}(\mathfrak{g})$ von $\mathfrak{g}$ mit der Eigenschaft $\varphi(\mathfrak{k}) = \mathfrak{k}'$ und $\varphi(\mathfrak{p}) = \mathfrak{p}'$ (Korollar III.6.24 in [HN91]). Die Summanden einer Cartan-Zerlegung stehen bezüglich der Killing-Form senkrecht aufeinander. Außerdem gelten folgende Bedingungen für die Lie-Klammer:

$$[\mathfrak{k}, \mathfrak{k}] \subseteq \mathfrak{k}\,, \qquad [\mathfrak{k}, \mathfrak{p}] \subseteq \mathfrak{p}\,, \qquad [\mathfrak{p}, \mathfrak{p}] \subseteq \mathfrak{k}\,.$$

Die Killing-Form induziert ein Skalarprodukt auf $\mathfrak{g}$, welches die Cartan-Zerlegung respektiert:

1.2.14 Definition (Durch die Killing-Form induziertes Skalarprodukt (III.6.3 in [HN91])).
Durch

$$\langle x, y\rangle_{\mathrm{Kill}} := -\mathrm{Kill}_{\mathfrak{g}}(\theta(x), y) \qquad \text{für alle} \quad x, y \in \mathfrak{g}$$

wird ein Skalarprodukt auf $\mathfrak{g}$ definiert, welches folgende Eigenschaften hat:

1. $\mathfrak{k}$ und $\mathfrak{p}$ stehen bezüglich $\langle ., ..\rangle_{\mathrm{Kill}}$ senkrecht aufeinander.

2. Für jedes $x \in \mathfrak{k}$ ist $\mathrm{ad}(x)$ schiefsymmetrisch bezüglich $\langle ., ..\rangle_{\mathrm{Kill}}$, das heißt, für alle $y, z \in \mathfrak{g}$ gilt $\langle \mathrm{ad}(x)(y), z\rangle_{\mathrm{Kill}} = -\langle y, \mathrm{ad}(x)(z)\rangle_{\mathrm{Kill}}$.

3. Für jedes $x \in \mathfrak{p}$ ist $\mathrm{ad}(x)$ selbstadjungiert bezüglich $\langle ., ..\rangle_{\mathrm{Kill}}$, das heißt, für alle $y, z \in \mathfrak{g}$ gilt $\langle \mathrm{ad}(x)(y), z\rangle_{\mathrm{Kill}} = \langle y, \mathrm{ad}(x)(z)\rangle_{\mathrm{Kill}}$.

Man nennt $\langle ., ..\rangle_{\mathrm{Kill}}$ *das durch die Killing-Form induzierte Skalarprodukt.*

Um die Cartan-Zerlegung noch zu verfeinern, wollen wir die Lie-Algebra $\mathfrak{g}$ in simultane Haupträume der Endomorphismen $\{\mathrm{ad}(x);\ x \in \mathfrak{k}\}$ zerlegen (Abschnitt 4.3.1 in [Var74])).

1.2.15 Definition (Wurzeln von $\mathfrak{g}$).
Sei $\mathfrak{k} \leq \mathfrak{g}$ eine nilpotente Lie-Unteralgebra. Ein lineares Funktional $\alpha \in \mathfrak{k}^*$, wobei $\mathfrak{k}^*$ der Dualraum von $\mathfrak{k}$ sei, heißt *Wurzel von* $\mathfrak{g}$ *bezüglich* $\mathfrak{k}$, falls

$$\mathfrak{g}_\alpha := \left\{v \in \mathfrak{g}\,;\, \forall x \in \mathfrak{k}\ \exists t \in \mathbb{N} : v \in \mathrm{Kern}\left((\mathrm{ad}_{\mathfrak{g}}(x) - \alpha(x)\cdot \mathrm{Id}_{\mathfrak{g}})^t\right)\right\} \neq \{0\}.$$

Ist α eine Wurzel, so nennt man $\mathfrak{g}_\alpha$ den *Wurzelraum* zu α.

Ist Λ die Menge der Wurzeln von $\mathfrak{g}$ bezüglich $\mathfrak{k}$, so gilt $\mathfrak{g}_\alpha \cap \mathfrak{g}_\beta = \{0\}$ für alle $\alpha, \beta \in \Lambda$ mit $\alpha \neq \beta$. Falls $\mathrm{ad}_{\mathfrak{k}}(v)$ für jedes $v \in \mathfrak{g}$ *zerfallend* ist, also $\mathfrak{k}$ als die direkte Summe der Haupträume von $\mathrm{ad}_{\mathfrak{k}}(v)$ geschrieben werden kann, zerfällt auch $\mathfrak{g}$ in die direkte Summe der Wurzelräume $\mathfrak{g} = \bigoplus_{\alpha\in\Lambda} \mathfrak{g}_\alpha$ (Lemma II.3.11 in [HN91]).

1.2.16 Satz (Iwasawa-Zerlegung einer halbeinfachen Lie-Algebra (III.6.27 in [HN91])). *Sei $\mathfrak{g}$ halbeinfach und besitze keine kompakten Faktoren. Sei weiter $\mathfrak{g} = \mathfrak{k} \oplus \mathfrak{p}$ eine Cartan-Zerlegung von $\mathfrak{g}$. Sei $\mathfrak{a} \leq \mathfrak{p}$ eine maximale abelsche Lie-Unteralgebra. Dann ist $\mathrm{ad}(x)$ selbstadjungiert bezüglich $\langle .,..\rangle_{Kill}$ für jedes $x \in \mathfrak{a}$. Sei Λ die Menge der Wurzeln bezüglich $\mathfrak{a}$. Sei $a_0 \in \mathfrak{a}$ derart, dass $\alpha(a_0) \neq 0$ für alle $\alpha \in \Lambda$. Sei $\Lambda^+ := \{\alpha \in \Lambda;\ \alpha(a_0) > 0\}$. Setze nun $\mathfrak{n} := \bigoplus_{\alpha\in\Lambda^+} \mathfrak{g}_\alpha$. Dann gelten*

1. *$\mathfrak{n}$ ist nilpotent.*
2. *$\mathfrak{a}$ und $\mathfrak{n}$ stehen bezüglich $\langle .,..\rangle_{Kill}$ senkrecht aufeinander und $\mathfrak{a} \oplus \mathfrak{n}$ ist auflösbar.*
3. *$\mathfrak{g}$ zerfällt in die orthogonale direkte Summe $\mathfrak{g} = \mathfrak{k} \oplus \mathfrak{a} \oplus \mathfrak{n}$. Dies nennt man eine Iwasawa-Zerlegung von $\mathfrak{g}$.*

Mit Hilfe der Exponentialfunktion erhält man zu einer Iwasawa-Zerlegung der Lie-Algebra $\mathfrak{g}$ auch eine entsprechende Zerlegung der Lie-Gruppe G.

1.2.17 Satz (Die Iwasawa-Zerlegung einer halbeinfachen Lie-Gruppe (III.6.27 in [HN91])). *Sei $\mathfrak{g}$ halbeinfach und besitze keine kompakten Faktoren. Sei $\mathfrak{g} = \mathfrak{k} \oplus \mathfrak{a} \oplus \mathfrak{n}$ eine Iwasawa-Zerlegung. Setze*

$$K := span_G(\exp_G(\mathfrak{k}))\,, \qquad A := \exp_G(\mathfrak{a})\,, \qquad N := \exp_G(\mathfrak{n}).$$

Dann sind A und N einfach zusammenhängend und G ist diffeomorph zu der Produktmannigfaltigkeit $K \times A \times N$. Man nennt $G = K \cdot A \cdot N$ Iwasawa-Zerlegung von G.

Es existiert eine Orthonormalbasis von $\mathfrak{g}$ bezüglich der die adjungierten Darstellungen von G auf die folgende Weise durch Matrizen repräsentiert werden (z. Bsp. Proposition 2.19.5 aus [Ebe96]):

1. Für alle $X_K \in K$ ist die zu $\mathrm{Ad}(X_K)$ gehörige Matrix orthogonal bezüglich $\langle .,..\rangle_{\mathrm{Kill}}$ (Definition 1.2.14) und hat Determinante 1.
2. Für alle $X_A \in A$ ist die zu $\mathrm{Ad}(X_A)$ gehörige Matrix eine Diagonalmatrix mit positiven Einträgen.

3. Für alle $X_N \in N$ ist die zu $\mathrm{Ad}(X_N)$ gehörige Matrix eine obere Dreiecksmatrix, für die alle Einträge auf der Hauptdiagonalen gleich 1 sind.

Den auflösbaren Teil $A \cdot N$ der Iwasawa-Zerlegung $G = K \cdot A \cdot N$ einer zusammenhängenden halbeinfachen Lie-Gruppe bezeichnen wir ab sofort als *Iwasawa-Lie-Gruppe von G* und notieren ihn später stets mit F. Entsprechend heißt die zu F assoziierte Lie-Algebra $\mathfrak{f} = \mathfrak{a} \oplus \mathfrak{n}$ *Iwasawa-Lie-Algebra von $\mathfrak{g}$*. Die Iwasawa-Lie-Gruppe zerfällt in das semidirekte Produkt von N mit einer komplementären abelschen Lie-Untergruppe A. Auflösbare Lie-Gruppen mit dieser Eigenschaft wollen wir als auflösbare Lie-Gruppen, die spalten, bezeichnen.

1.2.18 Definition (Spaltende auflösbare Lie-Gruppen).
Sei F' eine auflösbare Lie-Gruppe. Falls F' als semidirektes Produkt $F' = N' \rtimes A'$ des Kommutators $N' := [F', F'] := \mathrm{span}_{F'}\{X^{-1}Y^{-1}XY\,;\; X, Y \in F'\}$ und einer abelschen Lie-Untergruppe $A' \subseteq F'$ geschrieben werden kann, spricht man davon, daß F' *spaltet*.

Zu einer auflösbaren Lie-Gruppe F', die spaltet, gibt es eine $\mathbb{R}$-Orthonormalbasis von der zu F' assoziierten Lie-Algebra $\mathfrak{f}'$, bezüglich der $\mathrm{Ad}(X)$ für alle Elemente $X \in F'$ durch eine obere Dreiecksmatrix repräsentiert wird (Theorem 3 aus [Mal45] sowie [AD03]).

Kapitel 2

Homogene und symmetrische Räume

Kapitel 2 beschäftigt sich mit homogenen und symmetrischen Räumen.

Im ersten Abschnitt werden homogene und Riemannsche homogene Räume über das Konzept der Lie-Gruppen-Operation auf Mannigfaltigkeiten eingeführt. Anschließend halten wir fest, dass homogene Räume genau die Quotientenmannigfaltigkeiten sind, welche entstehen, wenn aus einer Lie-Gruppe eine abgeschlossene Untergruppe herausfaktorisiert wird. Auf solchen Quotienten existiert genau eine C^∞-Mannigfaltigkeitsstruktur mit der Eigenschaft, dass die Projektion auf die Restklassen eine C^∞-Abbildung ist und die Lie-Gruppe auf dem Quotienten transitiv operiert. Wir identifizieren den Tangentialraum eines Riemannschen homogenen Raums mit dem Raum seiner Killing-Vektorfelder.
Das Ziel des zweiten Abschnitts ist es, diejenigen zusammenhängenden Lie-Untergruppen der Isometriegruppe zu charakterisieren, die einen minimalen oder einen total geodätischen Orbit besitzen. Aus Proposition 2.3 in [AD03] sind bereits notwendige und hinreichende Bedingungen an die Lie-Algebra einer solchen Lie-Untergruppe bekannt. In dem spezielleren Fall, dass der homogene Raum isometrisch zu einer auflösbaren Lie-Gruppe ist und eine graduierte Lie-Algebra hat, kann man diese Bedingungen vereinfachen.
Der dritte und letzte Abschnitt führt dann schließlich die symmetrischen Räume ein. Diese besitzen zu jedem Punkt eine Spiegelung des Raums an diesem Punkt. Die irreduziblen symmetrischen Räume unterteilen sich anhand ihrer Schnittkrümmung in den euklidischen, den kompakten und den nicht-kompakten Typ. In dieser Arbeit werden die symmetrischen Räume vom nicht-kompakten Typ mit Rang 1 eine zentrale Rolle spielen. Wie sich zeigt, sind die hyperbolischen Räume über $\mathbb{R}$, $\mathbb{C}$ und $\mathbb{H}$ sowie die hyperbolische Cayley-Ebene die einzigen dieser Art.

2.1 Homogene Räume

GV: Seien G eine Lie-Gruppe, $\mathfrak{g}$ die zu G assoziierte Lie-Algebra und M eine zusammenhängende C^∞-Mannigfaltigkeit.

2.1.1 Definition (Lie-Gruppen Operation auf einer Mannigfaltigkeit, Isotropiegruppe).
Sei $\rho : G \to \mathrm{Diff}(M)$ ein Gruppen-Homomorphismus. Für jedes $X \in G$ bezeichnen wir den von ρ durch g auf M induzierten Diffeomorphismus mit $\rho_X := \rho(X)$. Wenn die Abbildung $\widetilde{\rho} : G \times M \to M, (X,p) \mapsto \rho_X(p)$ eine C^∞-Abbildung ist, heißt ρ eine *C^∞-Operation der Gruppe G auf M*. Für jeden Punkt $p \in M$ ist dann $G_p := \{X \in G\,;\ \rho_X(p) = p\}$ eine Untergruppe von G, die *Isotropiegruppe von p* genannt wird.

Als Urbild der abgeschlossenen Menge $\{p\}$ unter der stetigen Abbildung $\widetilde{\rho}(\cdot,p)$ ist die Isotropiegruppe G_p für alle $p \in M$ eine abgeschlossene Untergruppe von G und somit selbst eine Lie-Gruppe.
Ist $q \in M$ ein weiterer Punkt, für den ein Element $X \in G$ mit $\rho_X(p) = q$ existiert, so gehen die Isotropiegruppen durch Konjugation mit diesem Element auseinander hervor, das heißt $X\,G_p\,X^{-1} = G_q$.

Die Mengen, die durch Einsetzen eines festen Punktes in die Diffeomorphismen ρ_X für alle $X \in G$ entstehen, sind spezielle Untermannigfaltigkeiten von M. Diese sogenannten Orbits sind ein Untersuchungsgegenstand der vorliegenden Arbeit.

2.1.2 Definition (Orbit).
Sei $p \in M$. Die Menge $G \cdot p := \{q \in M\,;\ \exists X \in G : \rho_X(p) = q\}$ heißt *G-Orbit durch p*. Die G-Orbits bilden eine Partition von M.

Findet man zu zwei beliebigen Punkten $p, q \in M$ ein Gruppenelement $X \in G$ mit der Eigenschaft $\rho_X(p) = q$, so nennt man die Operation der Gruppe *transitiv*, und *einfach transitiv*, falls es genau ein solches X gibt. Operiert die Gruppe transitiv, besteht M aus einem einzigen Orbit.

2.1.3 Definition ((Riemannscher) Homogener Raum (1.98 und 2.33 in [GHL87])).
Falls G transitiv und C^∞ auf M operiert, heißt M ein *G-homogener Raum*.
Eine Riemannsche Mannigfaltigkeit (M, g^M), deren Isometriegruppe $\mathrm{Iso}(M)$ transitiv auf M operiert, wird ein *Riemannscher homogener Raum* genannt.

Für jede abgeschlossene Untergruppe $K \leq G$ besitzt der Quotient G/K eine eindeutig bestimmte C^∞-Struktur bezüglich welcher G im Sinne von Definition 2.1.1 auf G/K operiert (1.97 in [GHL87]): Die kanonische Projektion π^K auf die K-Linksrestklassen ist dann eine C^∞-Abbildung. Auf diese Weise kann jeder homogene Raum als Quotient von Lie-Gruppen dargestellt werden (1.100 in [GHL87], II.3.2 in [Hel01]):

2.1.4 Satz (Charakterisierung homogener Räume als Quotienten von Lie-Gruppen).
Sei $K \leq G$ eine abgeschlossene Untergruppe. Dann sind folgende Aussagen äquivalent:

1. *M ist diffeomorph zu der Quotientenmannigfaltigkeit G/K.*
2. *G operiert transitiv und C^∞ auf M und es gibt ein $p_0 \in M$, für welches K die Isotropiegruppe ist.*

Der Punkt p_0 wird auch Basispunkt von $M = G/K$ genannt.
Gilt 1 und somit auch 2, so ist die Abbildung $\Phi_{p_0} : G/K \to M, [X]_K \mapsto \rho_X(p_0)$ ein Diffeomorphismus, wobei ρ die C^∞-Operation von G auf M ist.

Ist die Abbildung ρ injektiv, so nennt man den zugehörigen homogenen Raum *effektiv*. Ist G/K nicht effektiv, so ist $\mathrm{Kern}(\rho)$ ein nichttrivialer Normalteiler von G, der als Identität operiert, und somit keine geometrische Bedeutung hat. Indem man von G zu $\underline{G} := G/\mathrm{Kern}(\rho)$ und von K zu $\underline{K} := K/\mathrm{Kern}(\rho)$ übergeht, erhält man aber stets einen effektiven homogenen Raum $\underline{G}/\underline{K}$ mit der Eigenschaft $\underline{G}/\underline{K} \cong G/K$.
Wir erinnern an dieser Stelle daran, dass die Isometriegruppe $\mathrm{Iso}(M)$ einer Riemannschen Mannigfaltigkeit M eine Lie-Gruppe ist ([MS39]). Ein Riemannscher homogener Raum M ist also insbesondere ein $\mathrm{Iso}(M)$-homogener Raum.

GV: Sei (M, g^M) für die Abschnitte 2.1 und 2.2 ein Riemannscher homogener Raum. Im Folgenden seien alle betrachteten homogenen Räume effektiv. Sei G eine zusammenhängende Lie-Untergruppe von $\mathrm{Iso}_0(M)$, die transitiv auf M operiert. Sei $p_0 \in M$. Sei $K = G_{p_0}$ die Isotropiegruppe von p_0. Sei $\mathfrak{k}$ die zu K assoziierte Lie-Algebra.

Damit ist M diffeomorph zu G/K und es ist $\mathrm{Kern}(T_{e_G}\pi^K) = T_{e_G}K = \mathfrak{k}$, wobei $T_{e_G}\pi^K$ die Tangentialabbildung von π^K im neutralen Element bezeichne. Die Isotropiegruppe K ist kompakt (2.35 in [GHL87]).

2.1.5 Existenz einer reduktiven Zerlegung von $\mathfrak{g}$.
Mit K ist auch die Untergruppe $\mathrm{Ad}_G(K) \leq \mathrm{GL}(\mathfrak{g})$ kompakt, daher existiert stets ein $\mathrm{Ad}_G(K)$-invariantes Skalarprodukt $\langle\langle .,..\rangle\rangle$ auf $\mathfrak{g}$:
Wir definieren $\langle\langle x,y\rangle\rangle := \int_{\mathrm{Ad}_G(K)} \langle \mathrm{Ad}_G(X)(x), \mathrm{Ad}_G(X)(y)\rangle_{\mathfrak{g}}\, d\mu(X)$ für alle $x,y \in \mathfrak{g}$, wobei $\langle .,..\rangle_{\mathfrak{g}}$ ein beliebiges Skalarprodukt auf $\mathfrak{g}$ und μ ein rechtsinvariantes Maß auf $\mathrm{Ad}_G(K)$ seien (für die Existenz siehe z. Bsp. III.4.1, III.4.4 in [HN91]). Das orthogonale Vektorraumkomplement $\mathfrak{m}$ zu $\mathfrak{k}$ bezüglich $\langle\langle .,..\rangle\rangle$ ist invariant unter $\mathrm{Ad}_G(K)$, d.h. $\mathrm{Ad}_G(K)(\mathfrak{m}) \subseteq \mathfrak{m}$. Falls K zusammenhängend ist, ist dies gleichbedeutend mit $[\mathfrak{k},\mathfrak{m}] \subseteq \mathfrak{m}$. Eine direkte Zerlegung von $\mathfrak{g}$ in $\mathfrak{k}$ und ein $\mathrm{Ad}_G(K)$-*invariantes Vektorraumkomplement* heißt *reduktive Zerlegung.*

GV: Im Folgenden sei eine reduktive Zerlegung $\mathfrak{g} = \mathfrak{k} \oplus \mathfrak{m}$ fixiert. Für jedes $x \in \mathfrak{g}$ sei $x_{\mathfrak{m}}$ bzw. $x_{\mathfrak{k}}$ der $\mathfrak{m}$-Anteil bzw. der $\mathfrak{k}$-Anteil von x.

2.1.6 Definition (G-invariante Riemannsche Metrik).
Eine Riemannsche Metrik g^G auf dem homogenen Raum $M = G/K$ heißt *G-invariant*, falls für jedes $X \in G$ der durch X induzierte Diffeomorphismus ρ_X eine Isometrie bezüglich g^G ist, d.h. für alle $x,y \in T_{p_0}M$ gilt $g^G_{p_0}(x,y) = g^G_{\rho_X(p_0)}(T_{p_0}\rho_X(x), T_{p_0}\rho_X(y))$.

Es gibt genau dann eine G-invariante Riemannsche Metrik auf G, wenn auf $\mathfrak{m} \cong \mathfrak{g}/\mathfrak{k}$ ein Skalarprodukt existiert, welches invariant unter der Gruppe $\mathrm{Ad}_{G/K}(K) \leq \mathrm{GL}(\mathfrak{g}/\mathfrak{k})$ ist. Hierbei ist für jedes $X \in K$ mit $\mathrm{Ad}_{G/K}(X)$ derjenige Isomorphismus gemeint, welcher durch $\mathrm{Ad}_G(X) \in \mathrm{GL}(\mathfrak{g})$ auf dem Quotienten $\mathfrak{g}/\mathfrak{k}$ induziert wird. Da mit K auch $\mathrm{Ad}_{G/K}(K)$ kompakt ist, gibt es für jeden Riemannschen homogenen Raum $M = G/K$ stets eine G-invariante Riemannsche Metrik, die wir ab sofort immer mit g^G bezeichnen. Riemannsche homogene Räume sind vollständig.

2.1.1 Berechnung des Levi-Civita-Zusammenhangs auf $M = G/K$

Für jedes $x \in \mathfrak{g}$ wird durch $(t,[X]_K) \mapsto [\exp_G(tx)X]_K$ eine 1-Parameteruntergruppe von Isometrien ϱ^x von $M = G/K$ im Sinne von Abschnitt 1.1 definiert. Wir bezeichnen das zu ϱ^x assoziierte Killing-Vektorfeld mit x^*. Dann gilt für alle $q \in M$:

$$x^*(q) := \left(\frac{d}{dt}[\exp_G(tx)X]_K\right)\Big|_{t=0} \quad \text{für ein } X \in G \text{ mit } q = [X]_K.$$

Diese Darstellung ist von der Wahl des Repräsentanten X unabhängig.

GV: Ab sofort bezeichne $o = [e_G]_K$.

2.1.7 Lemma (Eigenschaften von x^*).
Seien $x, y \in \mathfrak{g}$. Dann gelten

$$x^*(o) = x_{\mathfrak{m}}(e_G)$$

und

$$[x^*, y^*] = -[x, y]^* = [y, x]^*.$$

Beweis. 1. Es gilt $\mathrm{Kern}(T_{e_G}\pi^K) = \mathfrak{k}$, also $x_{\mathfrak{k}}(e_G) \in \mathrm{Kern}(T_{e_G}\pi^K)$. Es folgt

$$x^*(o) = \frac{d}{dt}\left(\exp_G(tx)\cdot K\right)\bigg|_0 = T_e\pi^K\left(\exp'_G(t(x_{\mathfrak{m}} + x_{\mathfrak{k}}))|_0\right) = T_e\pi^K(x_{\mathfrak{m}}(e)) = x_{\mathfrak{m}}(e).$$

2. Sei $q \in M$. Der Fluss von x^* ergibt sich folgendermaßen aus dem Fluss von x:

(2.1) $\mathbf{Fl}^{x^*}(t, q) = \pi^K \circ \mathbf{Fl}^x(t, X)$ für ein $X \in G$ mit $q = [X]_K$ und für alle $t \in \mathbb{R}$.

Die Gleichheit ist von der Wahl des Repräsentanten X unabhängig. Sei $f \in C^\infty(M)$. Mit Hilfe von (2.1) und (1.2) zeigt eine kurze Rechnung

$$(\partial_{x^*} \circ \partial_{y^*} - \partial_{y^*} \circ \partial_{x^*})f\,(q) = \partial_{-[x,y]^*} f\,(q).$$

Da jedes Vektorfeld durch seine Lie-Ableitung festlegt ist, folgt damit die Behauptung.

□

Wegen $x^*(o) = x_{\mathfrak{m}}(e_G)$ können wir mittels $\mathfrak{m} \to T_oM, x \mapsto x^*(o)$ den Tangentialraum an M in $o = [e_G]_K$ mit $\mathfrak{m}$ identifizieren und den Levi-Civita-Zusammenhang für Killing-Vektorfelder von M ausrechnen. Die Formeln für den Levi-Civita-Zusammenhang (Satz 2.1.8) und die zweite Fundamentalabbildung eines Orbits (Lemma 2.2.1) finden sich ohne Beweis als Propositionen 2.1 und 2.2 in [AD03].

2.1.8 Satz (Levi-Civita-Zusammenhang auf $M = G/K$).
Für den Levi-Civita-Zusammenhang ∇ von (M, g^M) gilt für alle $x, y, z \in \mathfrak{g}$

$$2\langle \nabla_{x^*} y^*, z^* \rangle = \langle [x^*, y^*], z^* \rangle + \langle [y^*, z^*], x^* \rangle + \langle [x^*, z^*], y^* \rangle.$$

Beweis. Der Levi-Civita-Zusammenhang ist durch die Koszul-Formel (siehe z.Bsp. [Kli82]) gegeben:

$$\begin{aligned} 2\langle \nabla_{x^*} y^*, z^* \rangle &= \partial_{x^*}\langle y^*, z^* \rangle + \partial_{y^*}\langle x^*, z^* \rangle - \partial_{z^*}\langle x^*, y^* \rangle \\ &\quad + \langle [x^*, y^*], z^* \rangle + \langle [z^*, x^*], y^* \rangle - \langle [y^*, z^*], x^* \rangle. \end{aligned}$$

Es gelten $\partial_{x^*}\langle y^*, z^*\rangle = \langle\nabla_{x^*}y^*, z^*\rangle + \langle\nabla_{x^*}z^*, y^*\rangle$ und $\nabla_{x^*}y^* - \nabla_{y^*}x^* = [x^*, y^*]$, da der Levi-Civita-Zusammenhang Riemannsch (metrisch und) torsionsfrei ist. Außerdem gilt für Killing-Vektorfelder x^*, y^*, z^* die Killing-Gleichung (1.3): $\langle\nabla_{x^*}y^*, z^*\rangle = -\langle\nabla_{z^*}y^*, x^*\rangle$. Damit erhält man:

$$
\begin{aligned}
&\partial_{x^*}\langle y^*, z^*\rangle + \partial_{y^*}\langle x^*, z^*\rangle - \partial_{z^*}\langle x^*, y^*\rangle \\
&= \langle\nabla_{x^*}y^*, z^*\rangle + \langle\nabla_{x^*}z^*, y^*\rangle + \langle\nabla_{y^*}z^*, x^*\rangle + \langle\nabla_{y^*}x^*, z^*\rangle - \langle\nabla_{z^*}y^*, x^*\rangle - \langle\nabla_{z^*}x^*, y^*\rangle \\
&= -\langle\nabla_{z^*}y^*, x^*\rangle + \langle\nabla_{x^*}z^*, y^*\rangle + \langle\nabla_{y^*}z^*, x^*\rangle - \langle\nabla_{z^*}x^*, y^*\rangle - \langle\nabla_{z^*}y^*, x^*\rangle - \langle\nabla_{z^*}x^*, y^*\rangle \\
&= \langle[y^*, z^*], x^*\rangle - \langle[z^*, x^*], y^*\rangle - \langle\nabla_{z^*}y^*, x^*\rangle + \underbrace{\langle\nabla_{y^*}z^*, x^*\rangle + \langle\nabla_{x^*}z^*, y^*\rangle}_{=0} - \langle\nabla_{z^*}x^*, y^*\rangle \\
&= 2\langle[y^*, z^*], x^*\rangle - 2\langle[z^*, x^*], y^*\rangle.
\end{aligned}
$$

□

2.2 Minimale und total geodätische Orbits

GV: Sei ab sofort $H \leq G$ eine zusammenhängende Lie-Untergruppe. Die zu H assoziierte Lie-Unteralgebra von $\mathfrak{g}$ sei mit $\mathfrak{h}$ bezeichnet.

Nun werden notwendige und hinreichende Kriterien dafür erarbeitet, wann ein H-Orbit eine minimale oder total geodätische Untermannigfaltigkeit von $M = G/K$ ist. Zu diesem Zweck geben wir zunächst die zweite Fundamentalabbildung eines solchen Orbits an.

2.2.1 Lemma (Zweite Fundamentalabbildung eines H-Orbits).
Sei $p \in M$. Sei $P := H \cdot p$ der H-Orbit durch p. Seien $x, y \in \mathfrak{h}$ und $z \in \mathfrak{g}$ so, dass $z^*(p) \in \nu_p P$. Dann gilt für die zweite Fundamentalabbildung α_p (Definition in (1.1)) im Punkt p:

$$\langle\alpha_p(x^*(p), y^*(p)), z^*(p)\rangle = \frac{1}{2}\left(\langle[z, y]^*(p), x^*(p)\rangle + \langle[z, x]^*(p), y^*(p)\rangle\right).$$

Beweis. Es gilt:

$$\begin{aligned}
\langle \alpha_p(x^*(p), y^*(p)), z^*(p)\rangle &\overset{(1.1)}{=} \langle \nabla^M_{x^*} y^*(p) - \underbrace{\nabla^P_{x^*} y^*(p)}_{\in T_pP}, \underbrace{z^*(p)}_{\in \nu_pP}\rangle \\
&= \langle \nabla^M_{x^*} y^*(p), z^*(p)\rangle \\
&\overset{\text{Satz 2.1.8}}{=} \frac{1}{2}(\langle \underbrace{[x^*, y^*](p)}_{\in T_pP}, \underbrace{z^*(p)}_{\in \nu_pP}\rangle + \langle [y^*, z^*](p), x^*(p)\rangle \\
&\qquad + \langle [x^*, z^*](p), y^*(p)\rangle) \\
&= \frac{1}{2}(\langle [y^*, z^*](p), x^*(p)\rangle + \langle [x^*, z^*](p), y^*(p)\rangle) \\
&\overset{[x^*,y^*]=[y,x]^*}{=} \frac{1}{2}(\langle [z, y]^*(p), x^*(p)\rangle + \langle [z, x]^*(p), y^*(p)\rangle).
\end{aligned}$$

□

Setze nun $\mathfrak{l} := \mathfrak{h} \cap \mathfrak{k}$. Es sei $\mathfrak{p}$ ein $\mathrm{Ad}_H(L)$-invariantes Vektorraumkomplement zu $\mathfrak{l}$ in $\mathfrak{h}$, d.h. $\mathfrak{h} = \mathfrak{l} \oplus \mathfrak{p}$ (vergleiche 2.1.5). Setze $\underline{P} := H \cdot o$.
Mit $\mathfrak{h}_\mathfrak{m}$ sei die Projektion von $\mathfrak{h}$ auf $\mathfrak{m}$ längs $\mathfrak{k}$ notiert. Es bezeichne $\mathfrak{d} = \mathfrak{h}_\mathfrak{m}^\perp$ den Senkrechtraum von $\mathfrak{h}_\mathfrak{m}$ in $\mathfrak{m}$. Unter Verwendung dieser Notationen werden im folgenden Satz die Begriffe „minimal“ und „total geodätisch“ für den H-Orbit $\underline{P}$ genau charakterisiert.

2.2.2 Satz (Proposition 2.3 in [AD03]: Minimale/total geodätische Orbits).
Sei $\dim(\mathfrak{p}) = r$. *Dann gelten*

1. *Es ist* $\underline{P}$ *genau dann eine minimale Untermannigfaltigkeit von* M*, wenn für alle* $d \in \mathfrak{d}$ *und für jede Basis* $\{x_l\}_{l\leq r}$ *von* $\mathfrak{p}$*, für welche* $\{(x_l)_\mathfrak{m}\}_{l\leq r}$ *eine Orthonormalbasis von* $\mathfrak{h}_\mathfrak{m}$ *ist, die folgende Bedingung gilt:*

$$\sum_{l=1}^{r} \langle [d, x_l]_\mathfrak{m}, (x_l)_\mathfrak{m}\rangle = 0. \tag{2.2}$$

2. *Es ist* $\underline{P}$ *genau dann eine total geodätische Untermannigfaltigkeit von* M*, wenn für alle* $d \in \mathfrak{d}$ *und* $x \in \mathfrak{h}$ *gilt:*

$$\langle [d, x]_\mathfrak{m}, x_\mathfrak{m}\rangle = 0.$$

Dem Beweis stellen wir die Beobachtung vorweg, dass sich die zweite Fundamentalabbildung unter Isometrien invariant verhält:
Sei $(\underline{M}, \underline{g})$ eine Riemannsche Mannigfaltigkeit. Sei $B \subseteq \underline{M}$ eine Riemannsche Untermannigfaltigkeit. Mit der Koszul-Formel lässt sich nachrechnen, dass für alle Isometrien $f \in \mathrm{Iso}(\underline{M})$ und alle Vektorfelder $X, Y \in C^\infty(T\underline{M})$, die tangential an B sind, gilt:

$$Tf(\nabla^{\underline{M}}_X Y) = \nabla^{\underline{M}}_{Tf(X)} Tf(Y) \quad \text{und} \quad Tf(\nabla^B_X Y) = \nabla^{f(B)}_{Tf(X)} Tf(Y) \tag{2.3}$$

(vergleiche auch [Boo75] im Anschluss an Korollar (4.3)). Sei $p \in B$. Dann folgt aus (2.3)

$$T_p f(\alpha_p^B(X(p), Y(p))) = \alpha_{f(p)}^{f(B)}(T_p f(X(p)), T_p f(Y(p))). \tag{2.4}$$

Da $\underline{P}$ ein H-Orbit ist, existiert für jedes $q \in \underline{P}$ ein $X \in H$ mit $\rho_X(o) = q$. Da alle Abbildungen ρ_X Isometrien sind, lässt sich dann mit (2.4) aus der zweiten Fundamentalabbildung in o auf die in q schließen. Zusätzlich bildet $T_o\rho_X$ Orthonormalbasen auf Orthonormalbasen ab. Im Beweis beider Aussagen von Satz 2.2.2 genügt es also, sich auf den Punkt o zu beschränken.

Beweis. von Satz 2.2.2

1. Es sei daran erinnert, dass der mittlere Krümmungsvektor $\mathcal{H}_o$ im Punkt o von der Wahl der Basis unabhängig ist. Sei nun $\{x_l\}_{l \leq r}$ eine Basis von $\mathfrak{p}$ derart, dass $\{(x_l)_\mathfrak{m}\}_{l \leq r}$ eine Orthonormalbasis von $\mathfrak{h}_\mathfrak{m}$ ist. Dann gilt folgende Äquivalenzenkette

$$\begin{aligned} & \mathcal{H}_o = \textstyle\sum_{l=1}^r \alpha_o(x_l^*(o), x_l^*(o)) = 0 \\ \iff\ & \textstyle\sum_{l=1}^r \langle \alpha_o(x_l^*(o), x_l^*(o)), d^*(o)\rangle = 0 \quad \text{für alle} \quad d \in \mathfrak{d} \\ \overset{\text{Lemma 2.2.1}}{\iff}\ & \textstyle\sum_{l=1}^r \langle [d, x_l]^*(o), x_l^*(o)\rangle = 0 \quad \text{für alle} \quad d \in \mathfrak{d} \\ \overset{x^*(o)=x_\mathfrak{m}(e)}{\iff}\ & \textstyle\sum_{l=1}^r \langle [d, x_l]_\mathfrak{m}, (x_l)_\mathfrak{m}\rangle = 0 \quad \text{für alle} \quad d \in \mathfrak{d}. \end{aligned}$$

2. Der Orbit $\underline{P}$ ist genau dann total geodätisch, wenn seine zweite Fundamentalabbildung für jeden Punkt verschwindet. Außerdem ist α_o symmetrisch, weswegen α_o genau dann identisch 0 ist, wenn dies für die zugehörige quadratische Form gilt. Es gilt folgende Äquivalenzenkette:

$$\begin{aligned} & \alpha_o(x^*(o), x^*(o)) = 0 \quad \text{für alle} \quad x \in \mathfrak{h} \\ \iff\ & \langle \alpha_o(x^*(o), x^*(o)), d\rangle = 0 \quad \text{für alle} \quad x \in \mathfrak{h},\ d \in \mathfrak{d} \\ \overset{\text{Lemma 2.2.1}}{\iff}\ & \langle [d, x]^*(o), x^*(o)\rangle = 0 \quad \text{für alle} \quad x \in \mathfrak{h},\ d \in \mathfrak{d} \\ \overset{x^*(o)=x_\mathfrak{m}(e)}{\iff}\ & \langle [d, x]_\mathfrak{m}, x_\mathfrak{m}\rangle = 0 \quad \text{für alle} \quad x \in \mathfrak{h},\ d \in \mathfrak{d}. \end{aligned}$$

□

Die Eigenschaft eines H-Orbits, minimal bzw. total geodätisch zu sein, vererbt sich auf Orbits von Gruppen, die unter Konjugation aus H hervorgehen. So lassen sich auch die minimalen und total geodätischen Orbits von H bestimmen, die durch andere Punkte als o verlaufen.

2.2.3 Korollar (Minimale Orbits von konjugierten Untergruppen).
Seien $X \in G$ und $\rho_X(o) = p$. Dann ist der H-Orbit durch p genau dann minimal bzw. total geodätisch, wenn die Gruppe $H_X := X^{-1}HX$ einen minimalen bzw. total geodätischen Orbit durch o besitzt.

Beweis. Für jedes $X \in G$ ist ρ_X eine Isometrie von G/K. Es bezeichne $P := H \cdot p$ und $P_X := H_X \cdot o$. Dann gilt $\rho_X(P_X) = P$.
Orthonormalbasen von T_oP_X werden mittels $T_o\rho_X$ auf Orthonormalbasen von T_pP abgebildet. Wegen (2.4) verschwindet daher der mittlere Krümmungsvektor von P_X in o genau dann, wenn der mittlere Krümmungsvektor von P in p verschwindet. Da sowohl P_X als auch P Orbits sind, bedingt dies jeweils ihre Minimalität. Entsprechendes liefert (2.4) für die zweite Fundamentalabbildung.

□

2.2.1 Minimale Orbits auflösbarer Lie-Gruppen

Im Jahr 1964 bewies Joseph A. Wolf, dass jede zusammenhängende homogene Mannigfaltigkeit nichtpositiver Schnittkrümmung isometrisch zu dem Produkt eines flachen Torus mit einer einfach zusammenhängenden homogenen Mannigfaltigkeit nichtpositiver Schnittkrümmung ist. Zudem gibt es eine auflösbare Lie-Gruppe, welche einfach transitiv operiert (Korollar 1 zu Satz 3 aus [Wol64]).

GV: Wir betrachten nun den Fall einer einfach transitiv auf M operierenden auflösbaren Lie-Gruppe G. Dann ist M isometrisch zu G ausgestattet mit einer linksinvarianten Metrik g^G. Es bezeichne $\langle ., .. \rangle$ das von g^G auf $\mathfrak{g}$ induzierte Skalarprodukt. In dieser Situation ist K trivial, also $\mathfrak{k} = \{0\}$. Damit gelten $\mathfrak{h}_\mathfrak{m} = \mathfrak{h} = \mathfrak{p}$, $\dim(\mathfrak{h}) = \dim(\mathfrak{p}) = r$ sowie $o = e_G$ und $\underline{P} = H \cdot e_G = H$.

Anstelle von Orbits als minimalen oder total geodätischen Untermannigfaltigkeiten sprechen wir nun von minimalen oder total geodätischen Lie-Untergruppen bzw. Lie-Unteralgebren:

2.2.4 Definition (minimale/total geodätische Lie-Untergruppe bzw. Lie-Unteralgebra).
Eine zusammenhängende Lie-Untergruppe $H \leq G$ heißt *minimal bzw. total geodätisch*, falls sie als Untermannigfaltigkeit von G minimal bzw. total geodätisch ist.

Eine Lie-Unteralgebra $\mathfrak{h} \leq \mathfrak{g}$ heißt *minimal bzw. total geodätisch*, falls sie die Lie-Algebra einer minimalen bzw. total geodätischen Lie-Untergruppe $H \leq G$ ist.

Statt über endlichen Teilmengen von $\mathbb{N}$ kann man eine orthogonalen Graduierung auch über endlichen reellen Indexmengen definieren.

2.2.5 Definition (Orthogonale Graduierung bezüglich $\Omega \subseteq \mathbb{R}$ mit $|\Omega| < \infty$).
Unter einer *orthogonalen Graduierung* einer Lie-Algebra $\mathfrak{f}$ *bezüglich einer reellen endlichen Indexmenge* wollen wir verstehen, dass es eine endliche Teilmenge $\Omega \subseteq \mathbb{R}$ so gibt, dass $\mathfrak{f}$ die direkte Summe $\mathfrak{f} = \bigoplus_{\omega\in\Omega} \mathfrak{f}_\omega$ von Vektorräumen $\mathfrak{f}_\omega$ ist. Für jedes $\tau \in \mathbb{R}\setminus\Omega$ sei $\mathfrak{f}_\tau := \{0\}$. Zusätzlich sollen für alle $\omega', \omega'' \in \Omega$ gelten:

$$\mathfrak{f}_{\omega'} \perp \mathfrak{f}_{\omega''} \quad \text{falls} \quad \omega' \neq \omega'' \qquad\qquad \text{und} \qquad\qquad [\mathfrak{f}_{\omega'}, \mathfrak{f}_{\omega''}] \subseteq \mathfrak{f}_{\omega'+\omega''}.$$

Eine Lie-Unteralgebra $\mathfrak{h}' \leq \mathfrak{f}$ heißt *graduierte Lie-Unteralgebra*, falls $\mathfrak{h}'$ die Graduierung von $\mathfrak{f}$ erbt: Für jedes $\omega \in \Omega$ sei $\mathfrak{h}'_\omega = \mathfrak{h}' \cap \mathfrak{f}_\omega$. Dann gilt $\mathfrak{h}' = \bigoplus_{\omega\in\Omega} \mathfrak{h}'_\omega$. Für den Senkrechtraum einer graduierten Lie-Unteralgebra gilt $(\mathfrak{h}')^{\perp_\mathfrak{f}} = \bigoplus_{\omega\in\Omega} (\mathfrak{h}'_\omega)^{\perp_{\mathfrak{f}_\omega}}$.

GV: Zusätzlich zur Identifizierung $(M, g^M) \cong (G, g^G)$ besitze $\mathfrak{g}$ eine orthogonale Graduierung bezüglich einer endlichen Menge $\Omega_0 \subseteq \mathbb{R}$ mit $0 \in \Omega_0$. Sei außerdem $H \leq G$ eine zusammenhängende Lie - Untergruppe mit der Eigenschaft, dass $\mathfrak{h} \leq \mathfrak{g}$ eine graduierte Lie-Unteralgebra ist. Es bezeichne $\mathfrak{d} = \bigoplus_{\omega\in\Omega_0} \mathfrak{h}_\omega^{\perp_{\mathfrak{g}_\omega}} = \bigoplus_{\omega\in\Omega_0} \mathfrak{d}_\omega$ den Senkrechtraum von $\mathfrak{h}$, und es seien außerdem $\mathfrak{g}_+ := \bigoplus_{\omega\in\Omega_0\setminus\{0\}} \mathfrak{g}_\omega$ und $\mathfrak{h}_+ := \mathfrak{h} \cap \mathfrak{g}_+$.

Folgender Satz gibt unter diesen Voraussetzungen an $\mathfrak{g}$ eine notwendige und hinreichende Bedingung für die Minimalität einer Lie-Untergruppe an.

2.2.6 Satz (Minimale Lie-Untergruppe).
Die Lie-Untergruppe $H = H \cdot e_G$ ist genau dann minimal, wenn für jede Orthonormalbasis $(h_l)_{l\leq r}$ von $\mathfrak{h}$ und alle $d_0 \in \mathfrak{d}_0$ gilt:

$$\sum_{l=1}^{r} \langle [d_0, h_l], h_l \rangle = 0. \tag{2.5}$$

Beweis. Sei H minimal. Satz 2.2.2 liefert sofort (2.5).
Es gelte (2.5). Sei $d = \sum_{\omega\in\Omega_0} d_\omega \in \bigoplus_{\omega\in\Omega_0} \mathfrak{d}_\omega$. Wähle eine Orthonormalbasis $(h_l)_{l\leq r}$ von $\mathfrak{h}$ mit der Eigenschaft, dass für jedes $l \leq r$ ein $\omega(l) \in \Omega_0$ mit $h_l \in \mathfrak{h}_{\omega(l)}$ existiert. Dann gilt,

da aufgrund der Graduierung der Lie-Algebra für jedes $\omega \in \Omega_0 \setminus \{0\}$ und jedes $l \leq r$ die Räume $\mathfrak{g}_{\omega+\omega(l)}$ und $\mathfrak{g}_{\omega(l)}$ senkrecht aufeinander stehen:

$$\sum_{l=1}^{r} \langle \alpha_{e_G}(h_l, h_l), d\rangle \overset{2.2.1}{=} \sum_{l=1}^{r} \langle [d, h_l], h_l\rangle = \sum_{l=1}^{r} \sum_{\omega\in\Omega_0} \langle \underbrace{[d_\omega, h_l]}_{\in \mathfrak{g}_{\omega+\omega(l)}}, \underbrace{h_l}_{\in \mathfrak{h}_{\omega(l)}} \rangle = \sum_{l=1}^{r} \langle [d_0, h_l], h_l\rangle \overset{(2.5)}{=} 0.$$

Es folgt $\mathcal{H}_{e_G} = 0$, da der mittlere Krümmungsvektor von der Wahl der Basis unabhängig ist. Da alle Linksmultiplikationen mit Elementen aus H Isometrien sind, verschwinden alle mittleren Krümmungsvektoren von H, also ist H minimal.

□

Satz 2.2.6 findet sich als erste Aussage von Proposition 3.1 in [AD03]. Der zweite Teil dieser Proposition behauptet, die zusammenhängende Lie-Untergruppe H sei genau dann total geodätisch, wenn diese beiden Bedingungen gelten:

(2.2.7 (a)) $\quad \langle [d_0, h_\omega], h_\omega\rangle = 0 \quad$ für alle $\quad d_0 \in \mathfrak{d}_0\,,\ \omega \in \Omega_0\,,\ h_\omega \in \mathfrak{h}_\omega.$

(2.2.7 (b)) $\quad [\mathfrak{h}_+, \mathfrak{d}] \subseteq \mathfrak{d}.$

Leider wurde übersehen, dass die folgenden Terme unter den Voraussetzungen von Satz 2.2.6 im Allgemeinen nicht wegfallen:
$\langle [d_\omega, h_0], h_\omega\rangle$ für $\omega \in \Omega_0 \setminus \{0\}$ bzw.
$\langle [d_0, h_{\omega'}], h'_{\omega'}\rangle$ für $\omega' \in \Omega_0$ und $h_{\omega'} \neq h'_{\omega'}$
(vergleiche die mit (♣) gekennzeichnete Zeile in der Rechnung im Beweis zu Satz 2.2.7).
Dies illustriert Beispiel 2.2.8.
Zunächst formulieren wir aber in Satz 2.2.7 mögliche Zusatzvoraussetzungen an die Lie-Algebra $\mathfrak{g}$, unter denen die Bedingungen (2.2.7 (a), (b)) notwendig oder hinreichend dafür sind, dass H total geodätisch ist.

2.2.7 Satz (Total geodätische Lie-Unteralgebren).
Für jedes $a \in \mathfrak{g}_0$ sei $\mathrm{ad}(a)|_{\mathfrak{g}_+}$ selbstadjungiert.

1. *Wenn $\mathfrak{h}$ die Bedingungen (2.2.7 (a)) und (2.2.7 (b)) erfüllt, so ist H total geodätisch.*

2. *Sei H total geodätisch, und es gelte zusätzlich noch $\mathfrak{d}_0 = \{0\}$. Dann folgen (2.2.7 (a)) und (2.2.7 (b)).*

In Kapitel 3 wird für zu Damek-Ricci-Räumen assoziierte Lie-Algebren und allgemeiner in Kapitel 5 für Lie-Algebren vom Iwasawa-Typ mit $\dim(\mathfrak{g}_0) = 1$ gezeigt werden, dass eine minimale Lie-Unteralgebra schon immer den Summanden $\mathfrak{g}_0$ enthält. Da jede total geodätische Untermannigfaltigkeit auch minimal ist, wird die Voraussetzung $\mathfrak{d}_0 = \{0\}$ für solche Lie-Algebren dann nicht notwendig sein.

Beweis. Seien $d = \sum_{\omega\in\Omega_0} d_\omega \in \oplus_{\omega\in\Omega_0}\mathfrak{d}_i$ und $h = \sum_{\omega'\in\Omega_0} h_{\omega'} \in \oplus_{\omega'\in\Omega_0}\mathfrak{h}_{\omega'}$. Da $\mathrm{ad}(h_0)|_{\mathfrak{g}+}$ selbstadjungiert ist, gilt für jedes $\omega \in \Omega_0 \setminus \{0\}$:

$$\langle [d_\omega, h_0], h_\omega\rangle = -\langle \mathrm{ad}(h_0)(d_\omega), h_\omega\rangle = -\langle d_\omega, \underbrace{\mathrm{ad}(h_0)(h_\omega)}_{\in\mathfrak{h}}\rangle \overset{d_\omega\in\mathfrak{h}^\perp}{=} 0. \tag{2.6}$$

Dann gilt:

$$\begin{aligned}
\langle [d,h],h\rangle &= \sum_{\omega\in\Omega_0}\sum_{\omega'\in\Omega_0}\sum_{\omega''\in\Omega_0} \langle [d_\omega, h_{\omega'}], h_{\omega''}\rangle \\
&= \sum_{\omega\in\Omega_0}\sum_{\omega'\in\Omega_0}\sum_{\substack{\omega''\in\Omega_0\\ \omega''\neq\omega+\omega'}} \langle \underbrace{[d_\omega, h_{\omega'}]}_{\in\mathfrak{g}_{\omega+\omega'}}, \underbrace{h_{\omega''}}_{\in\mathfrak{g}_{\omega''}}\rangle + \sum_{\omega\in\Omega_0}\sum_{\omega'\in\Omega_0} \langle [d_\omega, h_{\omega'}], h_{\omega+\omega'}\rangle \\
&\overset{\mathfrak{g}_{\omega+\omega'}\perp\mathfrak{g}_{\omega''}}{=} \sum_{\omega\in\Omega_0}\sum_{\omega'\in\Omega_0} \langle [d_\omega, h_{\omega'}], h_{\omega+\omega'}\rangle \\
&= \sum_{\substack{\omega\in\Omega_0\\ \omega\neq 0}} \langle [d_\omega, h_0], h_\omega\rangle + \sum_{\omega'\in\Omega_0} \langle [d_0, h_{\omega'}], h_{\omega'}\rangle + \sum_{\substack{\omega\in\Omega_0\\ \omega\neq 0}}\sum_{\substack{\omega'\in\Omega_0\\ \omega'\neq 0}} \langle [d_\omega, h_{\omega'}], h_{\omega+\omega'}\rangle (\clubsuit) \\
&\overset{(2.6)}{=} \sum_{\omega'\in\Omega_0} \langle [d_0, h_{\omega'}], h_{\omega'}\rangle + \sum_{\substack{\omega\in\Omega_0\\ \omega\neq 0}}\sum_{\substack{\omega'\in\Omega_0\\ \omega'\neq 0}} \langle [d_\omega, h_{\omega'}], h_{\omega+\omega'}\rangle.
\end{aligned}$$

1. Gelten (2.2.7 (a), (b)), so verschwinden für alle $\omega' \in \Omega_0$ die Ausdrücke $\langle [d_0, h_{\omega'}], h_{\omega'}\rangle$ sowie die Terme $\langle [d_\omega, h_{\omega'}], h_{\omega+\omega'}\rangle$ für alle $\omega \in \Omega_0$ und für $\omega' \neq 0$. Damit liefert obige Rechnung $\langle [d,h],h\rangle = 0$. Nach Satz 2.2.2 ist H dann total geodätisch.

2. Ist H total geodätisch und gilt $\mathfrak{d}_0 = \{0\}$, so folgt sofort (2.2.7 (a)). Nach Satz 2.2.2 gelten $\langle [d_0, h_{\omega'}], h_{\omega'}\rangle = 0$ für alle $\omega' \in \Omega_0$ und $\langle [d,h],h\rangle = 0$. Aus obiger Rechnung folgt:

$$\sum_{\substack{\omega\in\Omega_0\\ \omega\neq 0}}\sum_{\substack{\omega'\in\Omega_0\\ \omega'\neq 0}} \langle [d_\omega, h_{\omega'}], h_{\omega+\omega'}\rangle = 0. \tag{2.7}$$

Sei $d' = \sum_{\omega\in\Omega_0\setminus\{0\}} d'_\omega \in \mathfrak{d}$. Seien $h' = \sum_{\omega'\in\Omega_0\setminus\{0\}} h'_{\omega'} \in \mathfrak{h}_+$ und $h'' = \sum_{\omega''\in\Omega_0} h''_{\omega''} \in \mathfrak{h}$. Wegen $\mathfrak{d}_0 = \{0\}$ entfällt die Summe $\sum_{\omega'\in\Omega_0}\langle [d'_0, h'_{\omega'}], h''_{\omega'}\rangle$, also gilt

$$\langle [d',h'],h''\rangle = \sum_{\substack{\omega\in\Omega_0\\ \omega\neq 0}}\sum_{\substack{\omega'\in\Omega_0\\ \omega'\neq 0}} \langle [d'_\omega, h'_{\omega'}], h''_{\omega+\omega'}\rangle.$$

Seien $\omega, \omega' \in \Omega_0 \setminus \{0\}$. Indem man (2.7) für $h := h'_{\omega'} + h''_{\omega+\omega''}$ und $d := d'_\omega$ ausnutzt, erhält man $\langle [d'_\omega, h'_{\omega'}], h''_{\omega+\omega'} \rangle = 0$ und damit (2.2.7 (b)).

□

Es folgt nun ein Beispiel für eine Lie-Unteralgebra, welche nicht total geodätisch ist, aber die Bedingungen (2.2.7 (a), (b)) erfüllt.

2.2.8 Beispiel (Nicht total geodätische Lie-Unteralgebra mit (2.2.7 (a), (b))).
Setze $\mathfrak{g} := \mathbb{R}^3$. Es bezeichne (e_1, e_2, e_3) die Standardbasis. Setze:

$$[e_1, e_2] := e_2 , \quad [e_1, e_3] := e_2 , \quad [e_2, e_3] := 0.$$

Dies legt eine Lie-Klammer auf $\mathfrak{g}$ fest. Für $\mathfrak{g}_0 := \mathbb{R}e_1$ und $\mathfrak{g}_1 := \mathbb{R}e_2 \oplus \mathbb{R}e_3$ ist $\mathfrak{g}_0 \oplus \mathfrak{g}_1 = \mathfrak{g}$ eine orthogonale Graduierung über $\{0, 1\}$. Es gilt aber

$$\langle \mathrm{ad}(e_1)(e_2), e_3 \rangle = \langle e_2, e_3 \rangle = 0 \neq 1 = \langle e_2, e_2 \rangle = \langle e_2, \mathrm{ad}(e_1)(e_3) \rangle,$$

also ist $\mathrm{ad}(e_1)$ nicht selbstadjungiert.
Setze $\mathfrak{h} := \mathbb{R}e_1 \oplus \mathbb{R}e_2$, dann sind $\mathfrak{h}_0 = \mathbb{R}e_1$ und $\mathfrak{h}_1 = \mathbb{R}e_2 = \mathfrak{h}_+$ sowie $\mathfrak{d} := \mathbb{R}e_3 = \mathfrak{d}_1$. Bedingung (2.2.7 (a)) ist wegen $\mathfrak{d}_0 = \{0\}$ erfüllt, und zusätzlich gilt noch

$$[\mathfrak{h}_+, \mathfrak{d}] = [\mathbb{R}e_2, \mathbb{R}e_3] = \{0\} \subseteq \mathfrak{d},$$

also (2.2.7 (b)). Nach Satz 2.2.2 genügt es zu zeigen, dass $d \in \mathfrak{d}$ und $h \in \mathfrak{h}$ mit $\langle [d, h], h \rangle \neq 0$ existieren, um zu beweisen, dass $\mathfrak{h}$ nicht total geodätisch ist. Seien hierzu $c_1, c_2, c_3 \in \mathbb{R} \setminus \{0\}$. Dann gilt

$$\langle [c_3 e_3, c_1 e_1 + c_2 e_2], c_1 e_1 + c_2 e_2 \rangle = \langle -c_3 c_1 e_2, c_1 e_1 + c_2 e_2 \rangle = -c_1 c_2 c_3 \neq 0.$$

□

Die Zusatzvoraussetzung an die Endomorphismen $\mathrm{ad}(a)$ für alle $a \in \mathfrak{g}_0$ ist also notwendig.
Besonders einfach ist die Situation stets dann, wenn der erste Summand der Lie - Unteralgebra mit $\mathfrak{g}_0$ übereinstimmt.

2.2.9 Korollar (Hinreichende Bedingung für Minimalität (vergl. Korollar 3.2 in [AD03])).
Es gelte $\mathfrak{h}_0 = \mathfrak{g}_0$. Dann ist die Lie-Untergruppe H minimal. Sei zusätzlich $\mathrm{ad}(a)$ für jedes $a \in \mathfrak{g}_0$ selbstadjungiert. Dann ist H genau dann total geodätisch, wenn $[\mathfrak{h}_+, \mathfrak{d}] \subseteq \mathfrak{d}$.

Beweis. Gilt $\mathfrak{h}_0 = \mathfrak{g}_0$, so folgt $\mathfrak{d}_0 = \{0\}$. Also sind die Bedingungen (2.5) und (2.2.7 (a)) stets erfüllt.

□

Wir beenden diesen Abschnitt mit einer interessanten Beobachtung, die in späteren Kapiteln sehr wichtig sein wird: Falls es einen Vektor aus dem ersten direkten Summanden der Lie-Algebra gibt, dessen adjungierte Darstellung auf $\mathfrak{g}_+$ positiv definit ist, kann keine minimale Lie-Unteralgebra ganz in $\mathfrak{g}_+$ enthalten sein.

2.2.10 Beobachtung.
Es existiere $a \in \mathfrak{g}_0$ mit der Eigenschaft, dass $\mathrm{ad}(a)|_{\mathfrak{g}_+}$ positiv definit ist. Gilt $\mathfrak{h} \leq \mathfrak{g}_+$, so ist H nicht minimal.

Beweis. Wähle $a \in \mathfrak{g}_0$ so, dass $\mathrm{ad}(a)|_{\mathfrak{g}_+}$ positiv definit ist. Sei $(f_l)_{l \leq r}$ eine Orthonormalbasis von $\mathfrak{h}$. Es gelte $\mathfrak{h} \leq \mathfrak{g}_+$. Aus $f_l \in \mathfrak{g}_+$ folgt $\langle [a, f_l], f_l \rangle > 0$ für alle $l \in \{1, ..., r\}$. Es gilt außerdem $a \in \mathfrak{h}^{\perp}$. Mit Satz 2.2.6 kann H wegen $\sum_{l=1}^{r} \langle [a, f_l], f_l \rangle \neq 0$ dann nicht minimal sein.

□

2.3 Symmetrische Räume

GV: Sei M eine zusammenhängende Riemannsche Mannigfaltigkeit mit Levi - Civita-Zusammenhang ∇.

Der vorliegende Unterabschnitt ist den symmetrischen Räumen gewidmet, welche innerhalb der homogenen Räume eine wichtige Beispielklasse sind.
Wir beginnen mit der Definition des Begriffs der lokal symmetrischen Riemannschen Mannigfaltigkeit (Abschnitt IV.1 in [Hel01]). Seien $p \in M$ und $\mathcal{N}_0$ eine *normale Umgebung* von $0 \in T_pM$. Das bedeutet, dass $\mathcal{N}_0$ sternförmig um 0 ist und $\exp_p|_{\mathcal{N}_0}$ ein Diffeomorphismus auf eine Umgebung $\mathcal{N}_p := \exp_p(\mathcal{N}_0)$ von p ist. Für jedes $q \in \mathcal{N}_p$ sei $\gamma_{p,q}$ die Geodätische in $\mathcal{N}_p$ mit $\gamma_{p,q}(0) = p$ und $\gamma_{p,q}(1) = q$. Die Abbildung $\sigma_p : \mathcal{N}_p \to \mathcal{N}_p, q \mapsto \gamma_{p,q}(-1)$ heißt *geodätische Symmetrie in p*.

2.3.1 Definition (Riemannscher lokal symmetrischer Raum).
Es heißt (M, g^M) ein *Riemannscher lokal symmetrischer Raum*, falls für jedes $p \in M$ eine normale Umgebung von p existiert, auf der die geodätische Symmetrie σ_p eine Isometrie ist.

Diese Eigenschaft ist äquivalent dazu (Theorem IV.1.1 in [Hel01]), dass der Krümmungstensor parallel ist. Das bedeutet:

$$(\nabla_{\vec{w}} R)(\vec{x}, \vec{y})\vec{z} = 0 \qquad \text{für alle} \quad \vec{w}, \vec{x}, \vec{y}, \vec{z} \in C^\infty(TM). \tag{2.8}$$

Als nächstes halten wir fest, was es bedeuten soll, dass M globale Symmetrie - Eigenschaften besitzt.

2.3.2 Definition (Riemannscher (global) symmetrischer Raum).
Es heißt (M, g^M) ein *Riemannscher (global) symmetrischer Raum*, falls jedes $p \in M$ isolierter Fixpunkt einer Isometrie $\varsigma_p : (M, g^M) \to (M, g^M)$ mit $T_p\varsigma_p = -\mathrm{Id}_{T_pM}$ ist. Insbesondere gilt dann $\varsigma_p^2 = \mathrm{Id}_M$.

Für jedes $p \in M$ gibt es eine normale Umgebung $\mathcal{N}_p$ so, dass $\varsigma_p|_{\mathcal{N}_p} = \sigma_p$ gilt (Lemma IV.3.1 [Hel01]). Jeder Riemannsche symmetrische Raum ist also lokal symmetrisch. Im Folgenden benutzen wir die Bezeichnung σ_p auch für die Fortsetzung auf M.
Umgekehrt ist jeder vollständige einfach zusammenhängende Riemannsche lokal symmetrische Raum ein Riemannscher symmetrischer Raum (Theorem IV.5.6 in [Hel01]).

Die Existenz der Symmetrien σ_p liefert unter anderem, dass die Zusammenhangskomponente der Identität $\mathrm{Iso}_0(M)$ der Isometriegruppe transitiv operiert. Symmetrische Räume sind also Riemannsche homogene Räume und insbesondere vollständig.

GV: Sei ab sofort (M, g^M) ein Riemannscher (global) symmetrischer Raum. Sei $p_0 \in M$. Es bezeichne $G = \mathrm{Iso}_0(M)$ und $K = G_{p_0}$ die Isotropiegruppe von p_0. Seien wieder $\mathfrak{g}$ bzw. $\mathfrak{k}$ die zu G bzw. K assoziierten Lie-Algebren.

Dann ist $\mathfrak{k} \leq \mathfrak{g}$ eine kompakt eingebettete Lie-Unteralgebra und es gilt außerdem $\mathrm{Kern}(T_{e_G}\pi^K) = \mathfrak{k}$, wobei mit $\pi^K : G \to G/K$ die kanonische Projektion auf die K-Restklassen bezeichnet sei.
Durch $S_{p_0}(g) := \sigma_{p_0} \circ g \circ \sigma_{p_0}$ wird eine Involution auf G definiert. Dann ist $\theta_{p_0} := T_{e_G}S_{p_0}$ eine Involution auf $\mathfrak{g}$ mit $\theta_{p_0}|_{\mathfrak{k}} = \mathrm{Id}_{\mathfrak{k}}$. Für $\mathfrak{m} := \mathfrak{m}_{p_0} := \{x \in \mathfrak{g}\,;\ \theta_{p_0}(x) = -x\}$ ist also $\mathfrak{g} = \mathfrak{k} \oplus \mathfrak{m}$. Wir identifizieren also wieder $T_{p_0}M$ vermöge $T_{e_G}\pi^K$ mit $\mathfrak{m}$ (vergleiche Theorem IV.3.3 in [Hel01]).
Aus dem symmetrischen Raum $M = G/K$ geht in der eben beschriebenen Weise eine effektive orthogonale symmetrische Lie-Algebra $(\mathfrak{g}, \theta_{p_0})$ im Sinne der folgenden Definition hervor.

2.3.3 Definition (Orthogonale symmetrische Lie-Algebra ([Hel01])).
Eine *orthogonale symmetrische Lie-Algebra* ist ein Paar $(\mathfrak{l}, \vartheta)$ bestehend aus einer $\mathbb{R}$ - Lie-Algebra $\mathfrak{l}$ und einer Involution $\vartheta \in \mathrm{Aut}(\mathfrak{l})$ so, dass $\mathfrak{q} := \{x \in \mathfrak{l};\ \vartheta(x) = x\} \leq \mathfrak{l}$ eine kompakt eingebettete Lie-Unteralgebra ist.
Das Paar $(\mathfrak{l}, \vartheta)$ heißt *effektiv*, falls zusätzlich $\mathfrak{q} \cap Z(\mathfrak{l}) = \{0\}$ gilt, wobei $Z(\mathfrak{l})$ das Zentrum von $\mathfrak{l}$ ist.

Seien umgekehrt $(\mathfrak{l}, \vartheta)$ eine orthogonale symmetrische Lie-Algebra und $\mathfrak{q} \leq \mathfrak{l}$ die Lie-Unteralgebra mit $\vartheta|_{\mathfrak{q}} = \mathrm{Id}_{\mathfrak{q}}$. Sei L die zusammenhängende einfach zusammenhängende Lie-Gruppe zu $\mathfrak{l}$. Sei $Q \leq L$ die zusammenhängende Lie-Untergruppe mit Lie-Algebra $\mathfrak{q}$. Dann ist Q abgeschlossen und L/Q ein Riemannscher symmetrischer Raum (Proposition IV.3.6 in [Hel01]).

Über Eigenschaften der orthogonalen symmetrischen Lie-Algebren kann man die irreduziblen Riemannschen symmetrischen Räume in den kompakten, den nicht-kompakten und den euklidischen Typ unterteilen. Letzterer soll hier keine weitere Erwähnung finden.

2.3.4 Definition (Vom kompakten/nicht-kompakten Typ (Kap. V, Thm. 3.1 in [Hel01])).
Ist $\mathfrak{g}$ kompakt und halbeinfach, so heißt $M = G/K$ *vom kompakten Typ*. Dies ist gleichbedeutend damit, dass $\mathfrak{g}$ halbeinfach ist und für die Schnittkrümmung $\kappa \geq 0$ gilt.
Ist $\mathfrak{g}$ nicht-kompakt und halbeinfach und $\mathfrak{g} = \mathfrak{k} \oplus \mathfrak{m}$ eine Cartan-Zerlegung, so heißt $M = G/K$ *vom nicht-kompakten Typ*. Dies ist gleichbedeutend damit, dass $\mathfrak{g}$ halbeinfach ist und für die Schnittkrümmung $\kappa \leq 0$ gilt.

Einfach zusammenhängende symmetrische Räume vom nicht-kompakten Typ besitzen keinen euklidischen de Rham Faktor (Abschnitt 1.3 [Ebe96]). Daraus können wir mit Hilfe von [Wol64] beweisen, dass es für einfach zusammenhängendes M vom nicht-kompakten Typ keine auflösbaren Lie-Untergruppen von $\mathrm{Iso}_0(M)$ gibt, welche spalten (Definition 1.2.18) und dabei die Iwasawa-Lie-Gruppe echt enthalten.

2.3.5 Satz (Maximal auflösbare, spaltende Isometriegruppen bei nicht-kompakten Typ).
Sei $M = G/K$ vom nicht-kompakten Typ und einfach zusammenhängend, wobei G effektiv operiere. Die Iwasawa-Lie-Gruppe von G ist maximal unter den zusammenhängenden auflösbaren Lie-Untergruppen von G, die spalten.

Beweis. Da $\mathfrak{g}$ halbeinfach ist, ist auch G halbeinfach. Fixiere eine Iwasawa-Zerlegung $G = K \cdot A \cdot N$. Offenbar ist die Iwasawa-Lie-Gruppe auflösbar und spaltet sich in N

und A auf. Sei umgekehrt $F' \leq G = K \cdot A \cdot N$ eine zusammenhängende auflösbare Lie-Untergruppe, die sich in $N' = [F', F']$ und eine abelsche Lie-Untergruppe A' aufspaltet. Es gelte $A \cdot N \leq F'$. Sei $X \in F'$. Aus obiger Iwasawa-Zerlegung gibt es eindeutig bestimmte $X_K \in K$, $X_A \in A$ und $X_N \in N$ mit $X = X_K X_A X_N$.
Es existiert außerdem eine Orthonormalbasis von $\mathfrak{g}$ mit der Eigenschaft, dass die adjungierten Darstellungen $\mathrm{Ad}(N')$ durch obere Dreiecksmatrizen, deren Hauptdiagonaleinträge alle gleich 1 sind, und die adjungierten Darstellungen $\mathrm{Ad}(A')$ durch Diagonalmatrizen mit positiven Einträgen repräsentiert werden (Theorem 3 aus [Mal45] sowie [AD03]). Es gilt $X_K \in F' = A' \cdot N'$, also ist die $\mathrm{Ad}(X_K)$ darstellende Matrix $\mathcal{M}(\mathrm{Ad}(X_K))$ bezüglich dieser Basis eine obere Dreiecksmatrix mit positiven Einträgen auf der Hauptdiagonalen. Andererseits ist $\mathrm{Ad}(X_K)$ eine orientierungserhaltende orthogonale Abbildung. Somit ist $\mathcal{M}(\mathrm{Ad}(X_K))$ eine Diagonalmatrix mit positiven Einträgen, deren Spaltenvektoren alle die Länge 1 haben.
Es folgt $\mathcal{M}(\mathrm{Ad}(X_K)) = I_{\dim(\mathfrak{g})}$. Dann ist $\mathrm{Ad}(X_K) = \mathrm{Id}_{\mathfrak{g}}$, also $X_K \in \mathrm{Kern}(\mathrm{Ad}_G) = Z(G)$. Da G transitiv und effektiv operiert und M keinen euklidischen de Rham Faktor besitzt, folgt $X_K = e_G$ aus Korollar 1 (d) zu Theorem 3 in [Wol64]. Damit gilt $X \in A \cdot N$, also $F' = A \cdot N$.

□

Total geodätische Untermannigfaltigkeiten

Riemannsche symmetrische Räume besitzen eine Vielzahl total geodätischer Untermannigfaltigkeiten, welche wir vollständig durch Lie-Tripel-Systeme beschreiben können.

2.3.6 Definition (Lie-Tripel-System).
Sei $\mathfrak{l}$ eine $\mathbb{R}$-Lie-Algebra. Ein Untervektorraum $\mathfrak{t} \subseteq \mathfrak{l}$ heißt *Lie-Tripel-System* in $\mathfrak{l}$, falls für alle $x, y, z \in \mathfrak{t}$ die Bedingung $[x, [y, z]] \in \mathfrak{t}$ gilt.

Sind nun $B \subseteq M$ eine total geodätische Untermannigfaltigkeit und $p \in B$, so ist der Tangentialraum $T_pB \subseteq \mathfrak{m}_p = \{x \in \mathfrak{g}\,;\ \theta_p(x) = -x\}$ ein Lie-Tripel-System in $\mathfrak{g}$. Andersherum existiert für jedes in $\mathfrak{m}_{p_0}$ enthaltene Lie-Tripel-System $\mathfrak{b}$ eine differenzierbare Struktur auf $B := \exp_{p_0}(\mathfrak{b}) \subseteq M$ mit der Eigenschaft, dass B eine total geodätische Untermannigfaltigkeit von M ist, die $T_{p_0}B = \mathfrak{b}$ erfüllt (Theorem IV.7.2 in [Hel01]).

2.3.7 Satz (Proposition 7.1 in Kapitel IV von [Hel01]).
Seien $\underline{M}$ eine Riemannsche Mannigfaltigkeit und $B \subseteq \underline{M}$ eine total geodätische Untermannigfaltigkeit. Ist $\underline{M}$ lokal symmetrisch, so ist auch B lokal symmetrisch.

Rang

Eine wichtige Invariante eines Riemannschen symmetrischen Raums M ist sein Rang. Er ist eine Maßzahl dafür, wieviel 0-Krümmung M besitzt.

2.3.8 Definition (Rang eines symmetrischen Raumes).
Der *Rang* eines symmetrischen Raumes M ist die Dimension des größten Flachs in M, d.h. der größten total geodätischen Untermannigfaltigkeit von M, für welche der Krümmungstensor verschwindet.

Für jedes Lie-Tripel-System $\mathfrak{b} \subset \mathfrak{m}$ ist $\mathfrak{b}$ genau dann abelsch, wenn die total geodätische Untermannigfaltigkeit $B := \exp_{p_0}(\mathfrak{b})$ flach ist. Für zwei maximale abelsche Teilräume $\mathfrak{a}_1, \mathfrak{a}_2 \subseteq \mathfrak{m}$ gibt es $X \in K$ derart, dass $\mathrm{Ad}_G(X)(\mathfrak{a}_1) = \mathfrak{a}_2$. Insbesondere gilt $\dim(\mathfrak{a}_1) = \dim(\mathfrak{a}_2)$ (V.6.1 und V.6.3 in [Hel01]). Der Rang von M ist also ebenso die Dimension eines maximalen abelschen Teilraums $\mathfrak{a} \subseteq \mathfrak{m}$.

Die hyperbolischen Räume über $\mathbb{R}$, $\mathbb{C}$, $\mathbb{H}$ und $\mathbb{O}$

Im weiteren Verlauf der Arbeit interessieren uns besonders die symmetrischen Räume, welche Rang 1 haben und vom nicht-kompakten Typ sind.

Ist M vom nicht-kompakten Typ, so ist die Lie-Algebra $\mathfrak{g}$ der Isometriegruppe G halbeinfach und erlaubt eine Iwasawa-Zerlegung $\mathfrak{g} = \mathfrak{k} \oplus \mathfrak{a} \oplus \mathfrak{n}$, wobei $\mathfrak{n}$ nilpotent und $\mathfrak{a} \subseteq \mathfrak{a} \oplus \mathfrak{n}$ maximal abelsch ist (1.2.16). Der Rang von M ist also genau dann 1, falls $\dim(\mathfrak{a}) = 1$ gilt. Zur Zerlegung der Lie-Algebra korrespondiert gemäß Satz 1.2.17 eine Zerlegung der Lie-Gruppe $G = K \cdot A \cdot N$. Dann ist die Iwasawa-Lie-Gruppe $F := A \cdot N$ eine - nach [Wol64] existierende - auflösbare einfach transitiv auf M operierende Lie-Untergruppe der Isometriegruppe. Wir dürfen also (M, g^M) mit (F, g^F) identifizieren (vergleiche auch Proposition 1 in [Hei74]). Mit $\mathfrak{f}$ sei wieder die Iwasawa-Lie-Algebra notiert.

Es stellt sich heraus, dass es nur vier Beispielklassen für Rang 1-symmetrische Räume vom nicht-kompakten Typ gibt. Wir zitieren eine vollständige Klassifikation aus [Hei74]:

2.3.9 Satz (Prop.4 in [Hei74]: Rang 1-symmetrische Räume vom nicht-kompakten Typ).
Sei M vom nicht-kompakten Typ mit Rang 1. Dann gilt

$$\dim_{\mathbb{R}}(Z([\mathfrak{f}, \mathfrak{f}])) = \dim_{\mathbb{R}}(Z(\mathfrak{n})) \in \{0, 1, 3, 7\} .$$

Entsprechend der Dimension $0, 1, 3$ *oder* 7 *ist* M *isometrisch zu* $\mathbb{R}H^{n+1}$, $\mathbb{C}H^{n+1}$, $\mathbb{H}H^{n+1}$ *für ein* $n \in \mathbb{N}$ *oder der hyperbolische Cayley-Ebene* $\mathbb{O}H^2$.
Für ein $c \in \mathbb{R} \setminus \{0\}$ *hat* $\mathbb{R}H^{n+1}$ *Schnittkrümmung konstant* $\kappa = -c^2$, *die anderen hyperbolischen Räume weisen Schnittkrümmungen* $-4c^2 \leq \kappa \leq -c^2$ *auf. Insbesondere kommt der Fall* $\kappa = 0$ *bei Rang* 1-*symmetrischen Räumen vom nicht-kompakten Typ nicht vor.*

Ein detaillierterer Zugang zu den hyperbolischen Räumen sowie ihre konkreten Darstellungen als Quotienten von Lie-Gruppen und die Berechnung ihrer Iwasawa-Lie-Algebren erfolgt im ersten Abschnitt von Kapitel 4.

Kapitel 3

Minimale Lie-Untergruppen in Damek-Ricci-Räumen

Mit Theorem 7.1 von [AD03] gelingt es D.V. Alekseevskii und A.J. DiScala, diejenigen Lie-Untergruppen der Iwasawa-Lie-Gruppe von $\mathbb{C}H^{n+1}$ zu bestimmen, die einen minimalen Orbit besitzen. Außerdem geben sie eine Bedingung an, unter welcher der Orbit total geodätisch ist. Das vorliegende Kapitel gibt eine Verallgemeinerung dieses Resultats auf Standard-Erweiterungen von zweischrit nilpotenten Lie-Gruppen und damit insbesondere auf die Klasse der Damek-Ricci-Räume an.

Eine Standard-Erweiterung entsteht, indem man einer zweischritt nilpotenten Lie - Algebra mit Skalarprodukt einen reell eindimensionalen direkten Summanden hinzufügt und die Lie-Klammer sowie das Skalarprodukt geeignet erweitert.
Indem wir bei den klassischen Heisenberg-Algebren ein mehrdimensionales Zentrum zulassen, entsteht eine reichhaltige Beispielklasse von zweischritt nilpotenten Lie-Algebren. Zu jeder dieser verallgemeinerten Heisenberg-Algebren erhält man eine Darstellung der Cliffordalgebra des Zentrums $\mathfrak{z}$. Da auch umgekehrt aus jeder Clifford-Darstellung eine verallgemeinerte Heisenberg-Algebra gewonnen werden kann, werden diese mit der Klassifikation der Clifford-Moduln von Atiyah, Bott und Shapiro ([ABS64]) vollständig beschrieben.
Als Standard-Erweiterung von verallgemeinerten Heisenberg-Gruppen erhält man Damek-Ricci-Räume. Letztere spielen unter anderem auch in der Theorie der harmonischen Mannigfaltigkeiten eine zentrale Rolle. Die Bezeichnung dieser Beispielklasse setzt sich aus den beiden Namen der Mathematiker E. Damek und F. Ricci zusammen, welche mit den nicht symmetrischen Damek-Ricci-Räumen im Jahr 1992 Gegenbeispiele zu der Lichnerowicz-

Vermutung angeben konnten. An dieser Stelle finden aber nur diejenigen Eigenschaften und Resultate Erwähnung, die uns erlauben, in den symmetrischen Damek-Ricci-Räumen, die Rang 1-symmetrischen Räume vom nicht-kompakten Typ wiederzufinden. Weiteres - sowohl zu Damek-Ricci-Räumen als auch zu verallgemeinerten Heisenberg-Algebren - kann in [BTV95] nachgelesen werden.

3.1 Verallgemeinerte Heisenberg-Algebren und Damek-Ricci-Räume

3.1.1 Verallgemeinerte Heisenberg-Algebren

GV: In Kapitel 3 seien $\mathfrak{u}$ und $\mathfrak{z}$ Vektorräume über $\mathbb{R}$ mit $\dim(\mathfrak{z}) = m$. Sei $\beta : \mathfrak{u} \times \mathfrak{u} \to \mathfrak{z}$ eine schiefsymmetrische bilineare Abbildung. Es sei $\mathfrak{n} := \mathfrak{u} \oplus \mathfrak{z}$ so mit einem Skalarprodukt $\langle ., .. \rangle_{\mathfrak{n}}$ ausgestattet, dass $\mathfrak{u} \perp \mathfrak{z}$ gilt.

Durch

$$(3.1) \qquad [u + x, w + y]_{\mathfrak{n}} := \beta(u, w) \quad \text{für alle} \quad u, w \in \mathfrak{u}\,,\ x, y \in \mathfrak{z}$$

wird eine Lie-Klammer auf $\mathfrak{n}$ definiert, welche $\mathfrak{n}$ zu einer zweischritt nilpotenten Lie-Algebra mit Zentrum $\mathfrak{z}$ macht.

Die Endomorphismen J_z.
Für jedes $z \in \mathfrak{z}$ definiert die Bedingung

$$(3.2) \qquad \langle J_z(u), w \rangle_{\mathfrak{n}} = \langle \beta(u, w), z \rangle_{\mathfrak{n}} \quad \text{für alle} \quad u, w \in \mathfrak{u}\,,\ z \in \mathfrak{z}$$

einen Endomorphismus $J_z : \mathfrak{u} \to \mathfrak{u}$ mit der Eigenschaft, dass

$$J : \mathfrak{z} \to \mathrm{End}(\mathfrak{u}), z \mapsto J_z$$

ein Homomorphismus ist, dessen Bild in dem schiefsymmetrischen Endomorphismen $\mathfrak{o}(\mathfrak{u})$ liegt.

3.1.1 Definition (Verallgemeinerte Heisenberg-Algebra).
Es heißt $\mathfrak{n}$ ausgestattet mit der in (3.1) gesetzten Lie-Klammer eine *verallgemeinerte*

Heisenberg-Algebra, sofern für alle $z \in \mathfrak{z}$ der durch (3.2) definierte Endomorphismus J_z folgender Bedingung genügt:

$$J_z^2 = -\langle z, z\rangle_{\mathfrak{n}} \operatorname{Id}_{\mathfrak{u}} = -\|z\|^2 \operatorname{Id}_{\mathfrak{u}} \tag{3.3}$$

Die einfach zusammenhängende zweischritt nilpotente Lie-Gruppe N zu $\mathfrak{n}$ heißt dann *verallgemeinerte Heisenberg-Gruppe*.

Zur Klassifikation der verallgemeinerten Heisenberg-Algebren.
Jeder Homomorphismus $J : \mathfrak{z} \to \operatorname{End}(\mathfrak{u})$ mit Eigenschaft (3.3) kann zu einem Algebrenhomomorphismus $J^{Cl} : Cl(\mathfrak{z}, \langle .,.\rangle_{\mathfrak{n}}) \to \operatorname{End}(\mathfrak{u})$ fortgesetzt werden (Satz A.1.2 in Anhang A). Damit gewinnt man aus J eine Darstellung der Clifford-Algebra von $\mathfrak{z}$ in $\mathfrak{u}$. Also ist $\mathfrak{u}$ ein Clifford-Modul.
Sei umgekehrt $\mathcal{Q}$ eine positiv definite quadratische Form auf $\mathfrak{z}$. Sei $\mathcal{J}^{Cl} : Cl(\mathfrak{z}, \mathcal{Q}) \to \operatorname{End}(\mathfrak{u})$ eine Darstellung in $\mathfrak{u}$. Einschränken auf $\mathfrak{z}$ liefert einen Endomorphismus $\mathcal{J} : \mathfrak{z} \to \operatorname{End}(\mathfrak{u})$, welcher $\mathcal{J}_z^2 = -\mathcal{Q}(z) \operatorname{Id}_{\mathfrak{u}}$ für jedes $z \in \mathfrak{z}$ erfüllt. Polarisieren liefert ein Skalarprodukt auf $\mathfrak{z}$, welches sich auf $\mathfrak{u} \oplus \mathfrak{z}$ in eindeutiger Weise so fortsetzen lässt, dass $\mathfrak{u} \perp \mathfrak{z}$ gilt und dass für jeden Einheitsvektor $z \in \mathfrak{z}$ der Endomorphismus $\mathcal{J}_z$ eine orthogonale Abbildung ist.
Mittels der Bedingung (3.2) kann man dann eine schiefsymmetrische Abbildung $\beta : \mathfrak{u} \to \mathfrak{z}$ definieren, durch die $\mathfrak{n} := \mathfrak{u} \oplus \mathfrak{z}$ zu einer verallgemeinerten Heisenberg-Algebra wird.

Die Klassifikation der Clifford-Moduln aus [ABS64] liefert also auch eine vollständige Klassifikation der verallgemeinerten Heisenberg-Algebren. Damit sind dann insbesondere die im folgenden Unterabschnitt definierten Damek-Ricci-Räume vollständig klassifiziert. In der beschriebenen Klassifikation wird nach der Dimension m des Zentrums $\mathfrak{z}$ unterschieden:
Falls $m \not\equiv 3 \mod 4$ ist, gibt es bis auf Äquivalenz genau einen irreduziblen Clifford-Modul $\mathfrak{b}$ von $Cl(\mathfrak{z}, \langle .,.\rangle_{\mathfrak{n}})$. Im Fall $m \equiv 3 \mod 4$ existieren genau zwei irreduzible Clifford-Moduln $\mathfrak{b}_1$ und $\mathfrak{b}_2$ gleicher Dimension. Aus diesen irreduziblen Moduln ist jeder Clifford-Modul $\mathfrak{u}$ als direkte Summe zusammengesetzt. Für $m \not\equiv 3 \mod 4$ gilt also $\mathfrak{u} = \bigoplus^b \mathfrak{b}$ für ein $b \in \mathbb{N}$. Falls $m \equiv 3 \mod 4$ existieren $b_1, b_2 \in \mathbb{N}_0$, welche angeben, wie häufig der Summand $\mathfrak{b}_i$ vorkommt: $\mathfrak{u} = (\oplus^{b_1}\mathfrak{b}_1) \oplus (\oplus^{b_2}\mathfrak{b}_2)$.
Die verallgemeinerte Heisenberg-Algebra $\mathfrak{n} = (\oplus^{b_1}\mathfrak{b}_1) \oplus (\oplus^{b_2}\mathfrak{b}_2) \oplus \mathfrak{z}$ wird auch mit $\mathfrak{n}(b_1, b_2)$ bezeichnet. Paare $(b_1, b_2), (\tilde{b}_1, \tilde{b}_2)$ mit $b_1 + b_2 = \tilde{b}_1 + \tilde{b}_2$ erzeugen verallgemeinerte Heisenberg-Algebren $\mathfrak{n}(b_1, b_2)$ und $\mathfrak{n}(\tilde{b}_1, \tilde{b}_2)$ der Dimension $\dim(\mathfrak{n}(b_1, b_2)) = \dim(\mathfrak{b}_i)(b_1 + b_2) + m$, welche genau dann isomorph sind, wenn $(\tilde{b}_1, \tilde{b}_2) \in \{(b_1, b_2), (b_2, b_1)\}$.

Die J^2-Bedingung.
Die folgende Eigenschaft wird die J^2-Bedingung genannt:

$$(J^2) \qquad \forall\, x, y \in \mathfrak{z} : \langle x, y\rangle_{\mathfrak{n}} = 0 \ \forall\, u \in \mathfrak{u} \setminus \{0\} : \ \exists\, z \in \mathfrak{z} : \ (J_x \circ J_y)(u) = J_z(u).$$

Es gibt genau drei Typen von verallgemeinerten Heisenberg-Algebren, für die die J^2-Bedingung erfüllt ist.

3.1.2 Satz (Die die J^2-Bedingung erfüllenden verallgemeinerten Heisenberg-Algebren).
Der J^2-Bedingung genügt eine verallgemeinerte Heisenberg-Algebra $\mathfrak{n}$ genau dann, wenn einer der folgenden drei Fälle - unterschieden nach der Dimension m des Zentrums $\mathfrak{z}$ - eintritt

1. $m = 1$,
2. $m = 3$ *und es gibt* $b \in \mathbb{N}$ *so, dass* $\mathfrak{n} = \mathfrak{n}(b, 0) \cong \mathfrak{n}(0, b)$,
3. $m = 7$ *und* $\mathfrak{n} = \mathfrak{n}(1, 0) \cong \mathfrak{n}(0, 1)$.

Ein Beweis findet sich zum Beispiel in [CDKR91].

3.1.2 Damek-Ricci-Räume

Aus den verallgemeinerten Heisenberg-Algebren entwickeln wir nun die Damek-Ricci - Räume durch einen zusätzlichen eindimensionalen Summanden.

3.1.3 Definition (Damek-Ricci-Raum).
Sei $\mathfrak{n} = \mathfrak{u} \oplus \mathfrak{z}$ eine verallgemeinerte Heisenberg-Algebra. Seien ferner $\mathfrak{a}$ ein eindimensionaler reeller Vektorraum und $a \in \mathfrak{a} \setminus \{0\}$. Definiere $\mathfrak{s} := \mathfrak{a} \oplus \mathfrak{n}$. Für alle $u, w \in \mathfrak{u}$, alle $z, z' \in \mathfrak{z}$ setze

$$\langle a + u + z, a + w + z'\rangle \ := \ 4 + \langle u + z, w + z'\rangle_{\mathfrak{n}}$$

und

$$[a + u + z, a + w + z'] \ := \ [u, w]_{\mathfrak{n}} - u + w - 2z + 2z'.$$

Auf diese Weise wird $\mathfrak{s} = \mathfrak{a} \oplus \mathfrak{u} \oplus \mathfrak{z}$ zu einer Lie-Algebra mit einem Skalarprodukt. Die zu $\mathfrak{s}$ gehörige einfach zusammenhängende Lie-Gruppe S ausgestattet mit linksinvarianter Metrik g^S heißt dann ein *Damek-Ricci-Raum.*

Die Derivierte $[\mathfrak{s}, \mathfrak{s}]$ der Lie-Algebra $\mathfrak{s}$ eines Damek-Ricci-Raums ist nilpotent, also ist $\mathfrak{s}$ auflösbar. Damit ist jeder Damek-Ricci-Raum eine auflösbare Lie-Gruppe.

Die symmetrischen Damek-Ricci-Räume

Es existieren genau drei Beispielklassen von Damek-Ricci-Räumen, die symmetrisch sind. Diese korrespondieren zu den verallgemeinerten Heisenberg-Algebren, welche der J^2 - Bedingung genügen. Wir zitieren dazu folgendes Resultat aus [BTV95].

3.1.4 Satz (Die symmetrischen Damek-Ricci-Räume).
Ein Damek-Ricci-Raum S ist genau dann ein Riemannscher symmetrischer Raum, wenn die zu Grunde liegende verallgemeinerte Heisenberg-Algebra $\mathfrak{n}$ die J^2-Bedingung erfüllt. Insbesondere gilt dann:

1. *Falls $m = 1$ gilt, ist (S, g^S) isometrisch zu $\mathbb{C}H^{b+1}$ wobei $b = 2\dim_{\mathbb{R}}(\mathfrak{u})$.*

2. *Im Fall $m = 3$ und $\mathfrak{s} = \mathfrak{a} \oplus \mathfrak{n}(b, 0)$ ist (S, g^S) isometrisch zu $\mathbb{H}H^{b+1}$.*

3. *Im Fall $m = 7$ und $\mathfrak{s} = \mathfrak{a} \oplus \mathfrak{n}(1, 0)$ ist (S, g^S) isometrisch zu $\mathbb{O}H^2$.*

Die in Satz 3.1.2 erwähnten Typen von verallgemeinerten Heisenberg-Algebren werden in Kapitel 4 zur Bestimmung der Iwasawa-Lie-Algebren der hyperbolischen Räume konkret ausgerechnet.

3.2 Minimale Untergruppen von Standard - Erweiterungen

Zunächst geben wir an, was eine Standard-Erweiterung einer zweischritt nilpotenten Lie-Algebra ist.

3.2.1 Definition (Standard-Erweiterung einer zweischritt nilpotenten Lie-Algebra).
Sei $\widehat{\mathfrak{n}}$ eine zweischritt nilpotente Lie-Algebra mit Skalarprodukt $\langle ., .. \rangle_{\widehat{\mathfrak{n}}}$. Sei $\widehat{\mathfrak{u}}$ das orthogonale Komplement zu $Z(\widehat{\mathfrak{n}}) =: \widehat{\mathfrak{z}}$ bezüglich $\langle ., .. \rangle_{\widehat{\mathfrak{n}}}$. Dann gelten $[\widehat{\mathfrak{u}}, \widehat{\mathfrak{u}}] \subseteq \widehat{\mathfrak{z}}$ und $\widehat{\mathfrak{n}} = \widehat{\mathfrak{u}} \oplus \widehat{\mathfrak{z}}$. Seien ferner $\mathfrak{a}$ ein eindimensionaler reeller Vektorraum und $a \in \mathfrak{a} \setminus \{0\}$. Definiere $\widehat{\mathfrak{s}} := \mathfrak{a} \oplus \widehat{\mathfrak{n}}$. Setze $\mathrm{ad}(a)|_{\widehat{\mathfrak{u}}} = \mathrm{Id}_{\widehat{\mathfrak{u}}}$ und $\mathrm{ad}(a)|_{\widehat{\mathfrak{z}}} = 2\,\mathrm{Id}_{\widehat{\mathfrak{z}}}$ und statte somit $\widehat{\mathfrak{s}}$ mit einer Lie-Klammer aus, bezüglich der $\widehat{\mathfrak{n}} = [\widehat{\mathfrak{s}}, \widehat{\mathfrak{s}}]$ gilt. Damit ist $\widehat{\mathfrak{s}}$ auflösbar. Das Skalarprodukt auf $\widehat{\mathfrak{n}}$ werde durch $\|a\| = 2$, $\mathfrak{a} \perp \widehat{\mathfrak{u}}$ und $\mathfrak{a} \perp \widehat{\mathfrak{z}}$ zu einem Skalarprodukt auf $\widehat{\mathfrak{s}}$ erweitert. Dann bezeichnet man $\widehat{\mathfrak{s}}$ als *Standard-Erweiterung von $\widehat{\mathfrak{n}}$*.
Seien $\widehat{N}$ und $\widehat{S}$ die zu $\widehat{\mathfrak{n}}$ bzw. $\widehat{\mathfrak{s}}$ gehörigen zusammenhängenden einfach zusammenhängenden Lie-Gruppen. Dann nennen wir $\widehat{S}$ eine *Standard-Erweiterung von $\widehat{N}$*.

Selbstverständlich sind alle Damek-Ricci-Räume Standard-Erweiterungen von verallgemeinerten Heisenberg-Gruppen. Der Unterschied besteht in der hier nicht geforderten Bedingung (3.3), die für verallgemeinerte Heisenberg-Algebren gilt, aber im Beweis des Hauptresultats (Satz 3.2.2) dieses Kapitels nicht benötigt wird.

GV: Seien $\widehat{\mathfrak{n}} = \widehat{\mathfrak{u}} \oplus \widehat{\mathfrak{z}}$ eine zweischritt nilpotente Lie-Algebra mit Zentrum $\widehat{\mathfrak{z}}$ und $\widehat{\mathfrak{s}}$ eine Standard-Erweiterung von $\widehat{\mathfrak{n}}$. Sei $\widehat{S}$ die zu $\widehat{\mathfrak{s}}$ gehörige zusammenhängende einfach zusammenhängende Lie-Gruppe und mit einer linksinvarianten Metrik $g^{\widehat{S}}$ ausgestattet.

Ziel dieses Abschnitts ist es, alle im Sinne von Definition 2.2.4 minimalen Lie - Untergruppen von $\widehat{S}$ zu charakterisieren. Die Lie-Klammer auf $\widehat{\mathfrak{s}}$ erfüllt die Voraussetzungen von Satz 2.2.7. Wie wir sehen werden, lassen sich die total geodätischen Lie-Untergruppen anhand der Bedingung (2.2.7 (b)) beschreiben.

3.2.2 Satz (Minimale Orbits im Fall zweischritt nilpotenter Lie-Gruppen).
Seien $H \leq \widehat{S}$ eine zusammenhängende Lie-Untergruppe und $\mathfrak{h} \leq \widehat{\mathfrak{s}}$ die zu H assoziierte Lie-Unteralgebra. Sei $\dim(\mathfrak{h}) = r$. Dann sind äquivalent:

- *H ist minimal.*
- *$a \in \mathfrak{h}$.*

Ist H minimal, so ist H genau dann total geodätisch, wenn

$$(3.4) \qquad [\mathfrak{v}, \mathfrak{v}^{\perp}] \subseteq \mathfrak{w}^{\perp}, \qquad \textit{wobei} \quad \mathfrak{v} = \mathfrak{h} \cap \widehat{\mathfrak{u}} \quad \textit{und} \quad \mathfrak{w} = \mathfrak{h} \cap \widehat{\mathfrak{z}}.$$

Die Implikation „$\Leftarrow$“ folgt aus Korollar 2.2.9.
Zum Beweis der zweiten Implikation werden wir die Existenz einer minimalen Lie - Unteralgebra $\mathfrak{h}$ annehmen, die a nicht enthält. Durch einen geeigneten Lie-Automorphismus von $\widehat{\mathfrak{s}}$ werden wir a anschließend in $\mathfrak{h}$ hinein abbilden. Aus diesem Grunde stellen wir dem Beweis zwei Lemmata über Lie-Automorphismen vorweg:

3.2.3 Lemma (Diagonalisierbarkeit von $\mathrm{ad}_{\mathfrak{f}}(x)$ unter Lie-Automorphismen).
Sei $\mathfrak{f}$ eine $\mathbb{R}$-Lie-Algebra. Sei $x \in \mathfrak{f}$. Sei $\varphi \in \mathrm{Aut}(\mathfrak{f})$. Dann gelten

1. $\mathrm{ad}(\varphi(x)) = \varphi \circ \mathrm{ad}(x) \circ \varphi^{-1}$.

2. $\mathrm{ad}(\varphi(x))$ besitzt dieselben Eigenwerte wie $\mathrm{ad}(x)$. Für alle Eigenwerte ω von $\mathrm{ad}(x)$ gilt für die Eigenräume $\mathrm{ER}_\omega(\mathrm{ad}(\varphi(x))) = \varphi(\mathrm{ER}_\omega(\mathrm{ad}(x)))$.

3. Ist $\mathrm{ad}(x)$ diagonalisierbar, so ist auch $\mathrm{ad}(\varphi(x))$ diagonalisierbar.

Beweis. Mit $\omega_0, ..., \omega_\nu$ seien die Eigenwerte von $\mathrm{ad}(x)$ bezeichnet. Für jedes $l \in \{0, 1, ..., \nu\}$ sei $\mathfrak{f}_l := \mathrm{ER}_{\omega_l}(\mathrm{ad}(x))$. Sei $l \in \{0, 1, ..., \nu\}$. Dann kann man leicht ausrechnen, dass ω_l Eigenwert von $\mathrm{ad}(\varphi(x))$ ist und dass $\varphi(\mathfrak{f}_l) \subseteq \mathrm{ER}_{\omega_l}(\mathrm{ad}(\varphi(x)))$ gilt. Sei nun $y \in \mathrm{ER}_{\omega_l}(\mathrm{ad}(\varphi(x)))$. Setze $y' := \varphi^{-1}(y)$, dann gilt

$$\mathrm{ad}(x)(y') = \mathrm{ad}(x)(\varphi^{-1}(y)) \stackrel{1.}{=} \varphi^{-1}(\mathrm{ad}(\varphi(x))(y)) = \varphi^{-1}(\omega_l y) = \omega_l y' \ ,$$

also $y = \varphi(y') \in \varphi(\mathfrak{f}_l)$. Da $\mathrm{ad}(x)$ diagonalisierbar ist, zerfällt $\mathfrak{f}$ in die direkte Summe der Eigenräume, also $\mathfrak{f} = \oplus_{l=1}^{\nu} \mathfrak{f}_l$. Da φ surjektiv ist, gilt aber

$$\mathfrak{f} = \varphi(\mathfrak{f}) = \varphi\left(\bigoplus_{l=1}^{\nu} \mathfrak{f}_l\right) = \bigoplus_{l=1}^{\nu} \varphi(\mathfrak{f}_l) = \bigoplus_{l=1}^{\nu} \mathrm{ER}_{\omega_l}(\mathrm{ad}(\varphi(x))) \ .$$

Man findet also eine Basis von $\mathfrak{f}$ aus Eigenvektoren von $\mathrm{ad}(\varphi(x))$. Damit ist auch $\mathrm{ad}(\varphi(x))$ diagonalisierbar.

□

Nach diesen allgemeinen Eigenschaften benötigen wir noch, dass wir a durch einen Lie-Automorphismus von $\widehat{\mathfrak{s}}$ auf einen beliebigen Vektor der Form $a + u + z$ abbilden können:

3.2.4 Lemma (Lie-Automorphismen der Form $\exp_{L(\widehat{\mathfrak{s}},\widehat{\mathfrak{s}})}(\mathrm{ad}_{\widehat{\mathfrak{s}}}(y))$).
Sei $\mu \in]0, 1[$. Dann ist $\mathrm{ad}(\mu a)$ diagonalisierbar mit Eigenwerten $0, \mu, 2\mu$ und dazugehörigen Eigenräumen $\mathrm{ER}_0(\mathrm{ad}(\mu a)) = \mathbb{R}a$, $\mathrm{ER}_\mu(\mathrm{ad}(\mu a)) = \widehat{\mathfrak{u}}$ und $\mathrm{ER}_{2\mu}(\mathrm{ad}(\mu a)) = \widehat{\mathfrak{z}}$. Sei $u+z \in \widehat{\mathfrak{u}} \oplus \widehat{\mathfrak{z}}$. Es folgt

$$\varphi := \exp_{L(\widehat{\mathfrak{s}},\widehat{\mathfrak{s}})}\left(\mathrm{ad}\left(-\frac{1}{\mu}u - \frac{1}{2\mu}z\right)\right) \in \mathrm{Aut}(\widehat{\mathfrak{s}})$$

und es gilt $\varphi(\mu a) = \mu a + u + z$.
Nach Lemma 3.2.3 ist $\mathrm{ad}(\mu a + u + z)$ diagonalisierbar mit Eigenwerten $0, \mu, 2\mu$. Für die Eigenräume gilt $\mathrm{ER}_0(\mathrm{ad}(\mu a + u + z)) = \mathbb{R}(\mu a + u + z)$ und $\mathrm{ER}_{2\mu}(\mathrm{ad}(\mu a + u + z)) = \widehat{\mathfrak{z}}$.

Beweis. Aufgrund der Beziehung $\exp_{L(\widehat{\mathfrak{s}},\widehat{\mathfrak{s}})} \circ \mathrm{ad}_{\widehat{\mathfrak{s}}} = \mathrm{Ad}_{\widehat{S}} \circ \exp_{\widehat{S}}$ ist φ ein Lie - Automorphismus. Nach Definition der Lie-Klammer von $\widehat{\mathfrak{s}}$ (Definition 3.1.3) gilt $[-\frac{1}{\mu}u - \frac{1}{2\mu}z, \mu a] = u + z$. Damit gilt

$$\mathrm{ad}\left(-\frac{1}{\mu}u - \frac{1}{2\mu}z\right)^2(\mu a) = \left[-\frac{1}{\mu}u - \frac{1}{2\mu}z, \left[-\frac{1}{\mu}u - \frac{1}{2\mu}z, \mu a\right]\right] = \left[-\frac{1}{\mu}u - \frac{1}{2\mu}z, u + z\right] = 0,$$

da $\hat{\mathfrak{z}}$ das Zentrum von $\hat{\mathfrak{n}} = [\hat{\mathfrak{s}}, \hat{\mathfrak{s}}]$ ist. Es folgt $\sum_{l=2}^{\infty} \frac{1}{l!} \left(\mathrm{ad}(-\frac{1}{\mu}u - \frac{1}{2\mu}z)^l\right)(\mu a) = 0$, also auch $\exp_{L(\widehat{\mathfrak{s}},\widehat{\mathfrak{s}})}(\mathrm{ad}(-\frac{1}{\mu}u - \frac{1}{2\mu}z))(\mu a) = \mu a + u + z$. Es gilt $\varphi|_{\hat{\mathfrak{z}}} = \mathrm{Id}_{\hat{\mathfrak{z}}}$. Mit Lemma 3.2.3 folgt $\mathrm{ER}_{2\mu}(\mathrm{ad}(\mu a + u + z)) = \varphi(\mathrm{ER}_{2\mu}(\mathrm{ad}(\mu a))) = \varphi(\hat{\mathfrak{z}}) = \hat{\mathfrak{z}}$.

□

Es folgt der Beweis der Charakterisierung minimaler Lie-Unteralgebren von $\hat{\mathfrak{s}}$. Wir haben einen Lie-Automorphismus von $\hat{\mathfrak{s}}$ mit der Eigenschaft $a \in \varphi^{-1}(\mathfrak{h})$, falls $a \notin \mathfrak{h}$ gilt, gefunden. Die Diagonalisierbarkeit von $\mathrm{ad}(\varphi(a))$ ermöglicht uns, die Spur von $\mathrm{ad}(a)$ auf zwei verschiedene Weisen auszurechnen.

Beweis. von Satz 3.2.2
„$\Rightarrow$": Sei $H(= H \cdot e)$ minimal. Wegen Beobachtung 2.2.10 gilt dann $\mathfrak{h} \not\leq \hat{\mathfrak{n}}$, da $\mathrm{ad}(a)|_{\hat{\mathfrak{u}}\oplus\hat{\mathfrak{z}}}$ positiv definit ist. Wir nehmen an, dass $a \notin \mathfrak{h}$. Sei dann $v = \mu a + u + z$ die orthogonale Projektion von a auf $\mathfrak{h}$, wobei $u + z \in (\hat{\mathfrak{u}} \oplus \hat{\mathfrak{z}}) \setminus \{0\}$ und $\mu \in]0,1[$ seien. Da $\mathfrak{h}$ unter der Lie-Klammer abgeschlossen ist und $v \in \mathfrak{h}$ gilt, ist $\mathfrak{h}$ invariant unter $\mathrm{ad}(v)$. Mit den Aussagen der Lemmata 3.2.3 und 3.2.4 ist $\mathrm{ad}(v)|_{\mathfrak{h}}$ diagonalisierbar, also zerfällt $\mathfrak{h}$ in die direkte Summe der Eigenräume zu 0, μ und 2μ. Es ist also $\mathfrak{h} = \mathbb{R}v \oplus (\mathfrak{h} \cap \varphi(\hat{\mathfrak{u}})) \oplus (\mathfrak{h} \oplus \hat{\mathfrak{z}})$, wobei $\dim(\mathfrak{h} \cap \varphi(\hat{\mathfrak{u}})) = r - 1 - \dim(\mathfrak{h} \cap \hat{\mathfrak{z}})$ gilt. Es folgt für jede Orthonormalbasis $(f_l)_{l\leq r}$:

$$\sum_{l=1}^{r} \langle [v, f_l], f_l\rangle = \mathrm{Spur}(\mathrm{ad}(v)|_{\mathfrak{h}}) = \mu \dim(\mathfrak{h}\cap\varphi(\hat{\mathfrak{u}})) + 2\mu \dim(\mathfrak{h}\cap\hat{\mathfrak{z}}) = \mu\,(r - 1 + \dim(\mathfrak{h} \cap \hat{\mathfrak{z}}))\,.$$

Da der Vektor $a - v$ außerdem senkrecht auf $\mathfrak{h}$ steht, gilt $\sum_{l=1}^{r}\langle [a - v, f_l], f_l\rangle = 0$ aufgrund der Minimalität von H. Es folgt

$$\sum_{l=1}^{r} \langle [a, f_l], f_l\rangle = \mu\,(r - 1 + \dim(\mathfrak{h} \cap \hat{\mathfrak{z}}))\,. \tag{3.5}$$

Setze nun $e_1 := \frac{1}{\|v\|}v$ und $e_l = u_l + z_l \in \hat{\mathfrak{u}} \oplus \hat{\mathfrak{z}}$ für alle $l \in \{2, ..., r\}$ derart, dass $(e_l)_{l\leq r}$ eine Orthonormalbasis von $\mathfrak{h}$ ist. Dann gilt für alle $l \in \{2, ..., r\}$:

$$\langle [a, e_l], e_l\rangle = \|u_l\|^2 + 2\|z_l\|^2 = \|u_l + z_l\|^2 + \|z_l\|^2 = 1 + \|z_l\|^2,$$

also

$$\sum_{l=1}^{r} \langle [a, f_l], f_l\rangle > \sum_{l=2}^{r} \langle [a, f_l], f_l\rangle = (r - 1) + \sum_{l=2}^{r} \|z_l\|^2 \geq r - 1 + \dim(\mathfrak{h} \cap \hat{\mathfrak{z}})$$

Mit (3.5) folgt $\mu > 1$. Widerspruch zur Wahl von μ!

Wir halten fest, dass der Endomorphismus $\mathrm{ad}(a)$ selbstadjungiert ist. Damit sind die Voraussetzungen von Satz 2.2.7 erfüllt. Nach Korollar 2.2.9 ist also im Fall $a \in \mathfrak{h}$ die Lie-Untergruppe H genau dann total geodätisch, wenn $[\mathfrak{h}_+, \mathfrak{d}] \subseteq \mathfrak{d}$. Hier ist $\mathfrak{h}_+ = \mathfrak{v} \oplus \mathfrak{w}$ und $\mathfrak{d} = \mathfrak{v}^\perp \oplus \mathfrak{w}^\perp$. Da $\widehat{\mathfrak{z}}$ das Zentrum von $\widehat{\mathfrak{n}}$ ist, gilt $[\mathfrak{h}_+, \mathfrak{d}] = [\mathfrak{v}, \mathfrak{v}^\perp]$, was aufgrund der Graduierung der Lie-Algebra $\widehat{\mathfrak{n}}$ in $\mathfrak{d} \cap \widehat{\mathfrak{z}} = \mathfrak{w}^\perp$ liegen muss.

□

In Kapitel 4 werden weitere Resultate zu minimalen Lie-Unteralgebren von Standard-Erweiterungen von zweischritt nilpotenten Lie-Algebren gegeben. Es finden sich in Satz 4.2.4 erneut hinreichende und notwendige Bedingungen für die Eigenschaft eines $\mathrm{ad}(a)$-invarianten Untervektorraums $\mathfrak{h}$ mit $a \in \mathfrak{h}$, eine minimale oder total geodätische Lie-Unteralgebra zu sein. Im Anschluss daran gelingen in Lie-Algebren, die zu symmetrischen Damek-Ricci-Räume assoziiert sind, anhand dieser Bedingungen Klassifikationen aller Untervektorräume, die minimale oder total geodätische Lie-Unteralgebren sind.

Zur Existenz und Eindeutigkeit minimaler Orbits.
Beobachtung 2.2.10 liefert, dass es keine minimale Lie-Untergruppe geben kann, die ganz in der zu $\widehat{\mathfrak{n}}$ gehörigen zusammenhängenden Lie-Gruppe $\widehat{N}$ enthalten ist.
Tatsächlich gilt die umgekehrte Implikation in der Form, dass eine Lie-Untergruppe, die nicht vollständig in $\widehat{N}$ liegt, einen - sogar eindeutig bestimmten - minimalen Orbit besitzt. (In der Regel verläuft dieser durch einen anderen Punkt als das neutrale Element.)

3.2.5 Satz (Existenz und Eindeutigkeit eines minimalen Orbits).
Die zusammenhängende Lie-Untergruppe $H \leq \widehat{S}$ mit zugehöriger Lie-Unteralgebra $\mathfrak{h} \leq \widehat{\mathfrak{s}}$ besitzt genau dann einen minimalen Orbit, wenn $\mathfrak{h} \not\leq \widehat{\mathfrak{n}}$. Dieser ist dann eindeutig.
Im Fall $a \in \mathfrak{h}$ ist die Lie-Untergruppe selber minimal. Falls $a \notin \mathfrak{h}$ gilt, ist $H \cdot \exp(-\frac{1}{\mu}u - \frac{1}{2\mu}z)$ der minimale Orbit, wobei $v = \mu a + u + z$ die orthogonale Projektion von a auf $\mathfrak{h}$ bezeichne.

Diese Existenz- und Eindeutigkeitsaussage werden wir in allgemeinerer Form als Satz 5.1.7 im Anschluss an eine Verallgemeinerung von Satz 3.2.2 in Kapitel 5 formulieren und beweisen.

3.2.1 Beispiel: Ein nicht symmetrischer Damek-Ricci-Raum

In Kapitel 4 berechnen wir mit Hilfe von Satz 3.2.2 bis auf orthogonale Lie - Automorphismen alle total geodätischen und minimalen nicht total geodätischen Lie-Unteralgebren der Iwasawa-Lie-Algebren der symmetrischen Damek-Ricci-Räume.

Zum Abschluss dieses Kapitels sollen daher noch die Lie-Algebra $\mathfrak{s}$ eines nicht symmetrischen Damek-Ricci-Raums und beispielhaft Lie-Unteralgebren in $\mathfrak{s}$ angegeben werden, welchen man mit dem erarbeiteten Kriterium leicht ansehen kann, ob sie minimal oder total geodätisch sind.

3.2.6 Beispiel (Abgrenzung „total geodätisch" und „minimale" im Fall $\dim(\mathfrak{z}) = 2$). Setze $\mathfrak{z} := \mathbb{R}i \oplus \mathbb{R}j$ und $\mathfrak{u} := \mathbb{H}$ sowie $\mathfrak{n} := \mathfrak{u} \oplus \mathfrak{z}$. Durch

$$(u, w) \mapsto \beta(u, w) := -\Re(i\, u\, \overline{w})i - \Re(j\, u\, \overline{w})j \qquad \text{für alle} \quad u, w \in \mathfrak{u}$$

wird eine schiefsymmetrische Bilinearform β auf $\mathfrak{u}$ definiert. Statte $\mathfrak{n}$ mit dem folgenden Skalarprodukt aus:

$$\langle u + x, w + y \rangle := \Re(u\, \overline{w}) + \Re(x\, \overline{y}) \qquad \text{für alle} \quad u, w \in \mathfrak{u}\,, \ x, y \in \mathfrak{z}.$$

Dann gilt $\mathfrak{z} \perp \mathfrak{u}$. Definiere

$$J : \mathfrak{z} \to \operatorname{End}(\mathfrak{u}), z \mapsto J_z\,, \qquad \text{mit} \quad J_z(u) := \overline{z}\, u \qquad \text{für alle} \quad u \in \mathfrak{u}.$$

Dann gelten für alle $u, w \in \mathfrak{u}$ und alle $z = z_i i + z_j j \in \mathfrak{z}$

$$\begin{aligned}
\langle J_z(u), w \rangle &= -\Re((z_i i + z_j j)\, u\, \overline{w})) = -(z_i \Re(i\, u\, \overline{w}) + z_j \Re(j\, u\, \overline{w})) \\
&= -\Re\,(z_i \Re(i\, u\, \overline{w}) + (z_i \Re(j\, u\, \overline{w}) - z_j \Re(i\, u\, \overline{w}))k + z_j \Re(j\, u\, \overline{w})) \\
&= -\Re((\Re(i\, u\, \overline{w})i + \Re(j\, u\, \overline{w})j\,(-z_i i - z_j j)) \\
&= \Re\,(\beta(u, w)\, \overline{z}) = \langle \beta(u, w), z \rangle,
\end{aligned}$$

also (3.2). Ferner gilt

$$J_z^2(u) = \overline{z}\,(\overline{z}\, u) = -z\, \overline{z}\, u = -\langle z, z \rangle u,$$

und somit (3.3). Damit ist $\mathfrak{n}$ mit der durch β definierten Lie-Klammer eine verallgemeinerte Heisenberg-Algebra mit zweidimensionalem Zentrum.
Sei $\mathfrak{a}$ ein eindimensionaler $\mathbb{R}$-Vektorraum. Setze $\mathfrak{s} := \mathfrak{a} \oplus \mathfrak{n}$ und die Lie-Klammer sowie das Skalarprodukt gemäß 3.1.3 auf $\mathfrak{s}$ fort. Dann ist die zusammenhängende einfach zusammenhängende Lie-Gruppe S zu $\mathfrak{s}$ ausgestattet mit einer linksinvarianten Metrik g^S ein nicht symmetrischer Damek-Ricci-Raum. In diesem lassen sich jetzt total geodätische und minimale nicht total geodätische Lie-Unteralgebren leicht angeben:

1. Sei $\mathfrak{v} \leq \mathfrak{u}$ ein Untervektorraum. Dann ist $\mathfrak{h}_1 := \mathfrak{a} \oplus \mathfrak{v}$ genau dann eine Lie-Unteralgebra von $\mathfrak{s}$, wenn $\mathfrak{v}$ abelsch ist. Es gilt automatisch $[\mathfrak{v}, \mathfrak{v}^\perp] \subseteq \mathfrak{z} = \{0\}^\perp$. Lie-Unteralgebren dieser Gestalt sind stets total geodätisch.

2. Setze $\mathfrak{h}_2 := \mathfrak{a} \oplus (\mathbb{R}j \oplus \mathbb{R}k) \oplus \mathbb{R}i$. Wegen $[j,k] = -\Re(i\,j\,\bar{k})i - \Re(j\;j\,\bar{k})j = -i$ ist $\mathfrak{h}_2$ eine Lie-Unteralgebra von $\mathfrak{s}$. Außerdem ist $\mathfrak{h}_2$ total geodätisch, da

$$\begin{aligned}
[j,1] &= -\Re(i\,j)i - \Re(j\,j)j = j \in (\mathbb{R}i)^\perp, \\
[j,i] &= -\Re(i\,j\,\bar{i})i - \Re(j\;j\,\bar{i})j = 0 \in (\mathbb{R}i)^\perp \\
[k,1] &= -\Re(i\,k)i - \Re(j\,k)j = 0 \in (\mathbb{R}i)^\perp, \\
[k,i] &= -\Re(i\,k\,\bar{i})i - \Re(j\;k\,\bar{i})j = -j \in (\mathbb{R}i)^\perp\;.
\end{aligned}$$

3. Setze $\mathfrak{h}_3 := \mathfrak{a} \oplus \mathbb{R} \oplus \mathbb{R}i$. Dann ist $\mathfrak{h}_3$ eine Lie-Unteralgebra und nach Satz 3.2.2 auch minimal. Es gilt allerdings $[1,j] = -j \notin \mathbb{R}i$. Also ist $\mathfrak{h}_3$ nicht total geodätisch.

Kapitel 4

Ein Klassifikationsresultat für $\mathbb{C}H^{n+1}$, $\mathbb{H}H^{n+1}$ und $\mathbb{O}H^2$

Jede total geodätische Untermannigfaltigkeit ist auch minimal. Wir widmen uns nun der Frage, inwieweit es minimale homogene Untermannigfaltigkeiten in $\mathbb{C}H^{n+1}$, $\mathbb{H}H^{n+1}$ und $\mathbb{O}H^2$ gibt, die nicht total geodätisch sind. Die Existenz wurde 2001 von J. Berndt und M. Brück in [BB01] bewiesen, indem Lie-Untergruppen der jeweilige Isometriegruppe angegeben wurden, die minimale nicht total geodätische Orbits besitzen. In Abschnitt 4.2 wird ihre Konstruktionsmethode kurz vorgestellt.

In diesem Kapitel erstellen wir für die Iwasawa-Lie-Algebren von $\mathbb{C}H^{n+1}$, $\mathbb{H}H^{n+1}$ und $\mathbb{O}H^2$ Listen aller minimalen Lie-Unteralgebren und zeigen auch diejenigen auf, die minimal aber nicht total geodätisch sind. Vorher klären wir, dass stets orthogonale Lie-Automorphismen von $\mathfrak{f}$ existieren, die uns gestatten, uns auf Lie-Unteralgebren von einfacher „achsenparalleler“ Gestalt zu beschränken.

4.1 Rang 1-symmetrische Räume vom nicht-kompakten Typ

In diesem Abschnitt konstruieren wir zunächst die hyperbolischen Räume über $\mathbb{R}$, $\mathbb{C}$, $\mathbb{H}$ und den Oktonionen $\mathbb{O}$ und bestimmen anschließend ihre Iwasawa-Lie-Algebren.
Die Oktonionen zeichnen sich unter den reellen normierten Divisionsalgebren dadurch aus, dass ihre Multiplikation nicht assoziativ ist. Die hyperbolische Cayley-Ebene wird aus

diesem Grunde auf andere Weise als die übrigen hyperbolischen Räume konstruiert und gesondert betrachtet.

Die hyperbolischen Räume $\mathbb{R}H^{n+1}$, $\mathbb{C}H^{n+1}$, $\mathbb{H}H^{n+1}$

GV: Seien $\mathbb{K} \in \{\mathbb{R}, \mathbb{C}, \mathbb{H}\}$ und $n \in \mathbb{N}$.

Wir notieren mit

$$\eta : \mathbb{K}^{n+2} \times \mathbb{K}^{n+2} \to \mathbb{K}\,, \ (x,y) \mapsto \sum_{l=1}^{n+2} x_l\,\overline{y_l}$$

die Standard Hermitesche Form auf $\mathbb{K}^{n+2}$ und mit

$$\eta_{1,n+1} : \mathbb{K}^{n+2} \times \mathbb{K}^{n+2} \to \mathbb{K}\,, \ (x,y) \mapsto -x_1\,\overline{y_1} + \sum_{l=2}^{n+2} x_l\,\overline{y_l},$$

die Standard Hermitesche Form mit Signatur $(1, n+1)$. Setze

$$V_- := \{x \in \mathbb{K}^{n+2}\,;\ \eta_{1,n+1}(x,x) < 0\}\ .$$

Die abgeschlossene Untergruppe von $\mathrm{GL}(n+2, \mathbb{K})$

$$\left\{\mathcal{M} \in \mathbb{K}^{(n+2)\times(n+2)}\,;\ \forall x, y \in \mathbb{K}^{n+1} : \eta_{1,n+1}(\mathcal{M}x, \mathcal{M}y) = \eta_{1,n+1}(x,y)\right\}$$

wird im Fall $\mathbb{K} = \mathbb{R}$ mit $\mathbf{O}(1, n+1)$, im Fall $\mathbb{K} = \mathbb{C}$ mit $\mathbf{U}(1, n+1)$ und im Fall $\mathbb{K} = \mathbb{H}$ mit $\mathbf{Sp}(1, n+1)$ bezeichnet. Sie wird *orthogonale* (bzw. *unitäre* bzw. *symplektische) Gruppe der Signatur* $(1, n+1)$ genannt.

Durch

(4.1) $$x \rightleftharpoons y \quad :\Longleftrightarrow \quad \exists c \in \mathbb{K} \setminus \{0\} : x = cy$$

wird eine Äquivalenzrelation auf $\mathbb{K}^{n+2}$ definiert. Mit $\pi^{\rightleftharpoons}$ sei die Projektion auf die Äquivalenzklassen bezüglich $\rightleftharpoons$ bezeichnet.

4.1.1 Definition (Projektiver und hyperbolischer Raum über $\mathbb{K}$).
Es heißt $\mathbb{K}P^{n+1} := \mathrm{Bild}\,(\pi^{\rightleftharpoons}) = \{\pi^{\rightleftharpoons}(x)\,;\ x \in \mathbb{K}^{n+2}\}$ der $n+1$-*dimensionale projektive Raum über* $\mathbb{K}$ und

$$\mathbb{K}H^{n+1} := \pi^{\rightleftharpoons}(V_-)$$

der $n+1$-*dimensionale hyperbolischer Raum über* $\mathbb{K}$.

4.1.2 Satz (Die hyperbolischen Räume als homogene Räume).
Die Gruppe

$$\left.\begin{array}{l}\mathbf{SO}(1,n+1)_0\\ \mathbf{SU}(1,n+1)\\ \mathbf{Sp}(1,n+1)\end{array}\right\} \text{ operiert transitiv auf } \left\{\begin{array}{l}\mathbb{R}H^{n+1}\\ \mathbb{C}H^{n+1}\\ \mathbb{H}H^{n+1}\end{array}\right. .$$

Die Isotropiegruppe von $\pi^{\rightleftharpoons}(e_1)$ *ist* $\mathbf{SO}(n+1)$ *für* $\mathbb{K}=\mathbb{R}$ *und entsprechend* $\mathbf{S}(\mathbf{U}(1)\cdot\mathbf{U}(n+1))$ *für* $\mathbb{K}=\mathbb{C}$ *bzw.* $\mathbf{Sp}(1)\cdot\mathbf{Sp}(n+1)$ *für* $\mathbb{K}=\mathbb{H}$.

Nach Satz 2.1.4 gelten somit $\mathbb{R}H^{n+1}\cong\mathbf{SO}(1,n+1)_0/\mathbf{SO}(n+1)$, $\mathbb{C}H^{n+1}\cong\mathbf{SU}(1,n+1)/\mathbf{S}(\mathbf{U}(1)\cdot\mathbf{U}(n+1))$ und $\mathbb{H}H^{n+1}\cong\mathbf{Sp}(1,n+1)/\mathbf{Sp}(1)\cdot\mathbf{Sp}(n+1)$.

Die hyperbolische Cayley-Ebene $\mathbb{O}H^2$

Die Oktonionen sind ein 8-dimensionaler $\mathbb{R}$-Vektorraum, der Elemente $i_1,...,i_7$ mit der Eigenschaft enthält, dass $(1,i_1,...,i_7)$ eine $\mathbb{R}$-Basis von $\mathbb{O}$ ist. Für jedes $x\in\mathbb{O}$ gibt es $x_0,x_1,...,x_7\in\mathbb{R}$ derart, dass $x=x_0+x_1i_1+...+x_7i_7$. Die Oktonionen entstehen mittels der Cayley-Dickson-Konstruktion aus den Quaternionen (siehe hierzu [SBG⁺95] oder Anhang B). In dieser Arbeit verwenden wir die folgende Multiplikationstabelle für die Oktonionen, die [Bes78] entnommen ist:

	i_1	i_2	i_3	i_4	i_5	i_6	i_7
i_1	-1	$-i_3$	i_2	$-i_5$	i_4	i_7	$-i_6$
i_2	i_3	-1	$-i_1$	$-i_6$	$-i_7$	i_4	i_5
i_3	$-i_2$	i_1	-1	$-i_7$	i_6	$-i_5$	i_4
i_4	i_5	i_6	i_7	-1	$-i_1$	$-i_2$	$-i_3$
i_5	$-i_4$	i_7	$-i_6$	i_1	-1	i_3	$-i_2$
i_6	$-i_7$	$-i_4$	i_5	i_2	$-i_3$	-1	i_1
i_7	i_6	$-i_5$	$-i_4$	i_3	i_2	$-i_1$	-1

Hierbei seien die Einträge der obersten Zeile stets der vordere Faktor.
Die Multiplikation in $\mathbb{O}$ ist im Allgemeinen nicht assoziativ, aber es gelten immerhin folgende Beziehungen:

4.1.3 Lemma (Rechenregeln für Oktonionen).
Seien $x,y,z\in\mathbb{O}$. Dann gelten

(4.2) $\Re(i_l\,(x\,\overline{y}))=\Re((i_l\,x)\,\overline{y})$ bzw. $\Re((x\,\overline{y})\,i_l)=\Re(x\,(\overline{y}\,i_l))$ für alle $l\in\{1,...,7\}$,

(4.3)
$$\Re((x\,y)\,\overline{z}) = \Re(y\,(\overline{z}\,x)) = \Re((\overline{z}\,x)\,y) \quad \text{bzw.} \quad \Re((x\,y)\,z) = \Re((y\,z)\,x) = \Re((z\,x)\,y)$$

sowie

$$(4.4) \qquad \overline{x}\,(x\,y) = (\overline{x}\,x)\,y = \|x\|^2 y \qquad \text{und} \qquad \|y\|^2 x = x\,(y\,\overline{y}) = (x\,y)\,\overline{y},$$

$$(4.5) \qquad x\,(x\,y) = (x\,x)\,y = x^2\,y \qquad \text{und} \qquad x\,y^2 = x\,(y\,y) = (x\,y)\,y$$

- auch „Alternativität“ genannt - und

$$(4.6) \qquad (x\,y)\,\overline{z} + (z\,y)\,\overline{x} = x\,(y\,\overline{z}) + z\,(y\,\overline{x})$$

sowie die Moufang-Identitäten

$$(4.7) \qquad ((x\,y)\,z)\,x = x\,(y\,(z\,x))\,, \quad (x\,(y\,z))\,x = (x\,y)\,(z\,x)\,, \quad y\,(x\,(y\,z)) = ((y\,x)\,y)\,z$$

((1.3.6), (1.4.2), (1.4.3), (1.4.13) und (1.4.15) in [Fre85]).

Dadurch, dass die Multiplikation nicht assoziativ ist, existieren keine projektiven oder hyperbolischen Räume mit Dimension ≥ 3 über $\mathbb{O}$. Genaueres hierzu findet sich in Anhang B. Außerdem bedingt die fehlende Assoziativität, dass die Relation $\leftrightharpoons$ auf $\mathbb{O}^3$ nicht transitiv und damit keine Äquivalenzrelation ist. Die Konstruktion einer projektiven bzw. hyperbolischen Cayley-Ebene erfolgt über die Jordan-Ausnahme-Algebra und wird ebenfalls in Anhang B durchgeführt. An dieser Stelle beschränken wir uns darauf, eine Darstellung von $\mathbb{O}H^2$ als homogenen Raum anzugeben.

4.1.4 Satz ($\mathbb{O}H^2$ als Quotient von Lie-Gruppen).
Es gilt
$$\mathbb{O}H^2 \cong \mathbf{F}_4/\boldsymbol{Spin}(9).$$

4.1.1 Die Iwasawa-Lie-Algebren von $\mathbb{C}H^{n+1}$, $\mathbb{H}H^{n+1}$ und $\mathbb{O}H^2$

GV: Sei ab sofort $\mathbb{K} \in \{\mathbb{C}, \mathbb{H}, \mathbb{O}\}$. Im Fall $\mathbb{K} = \mathbb{O}$ gelte stets $n = 1$. Seien $G = \mathrm{Iso}(\mathbb{K}H^{n+1})_0$ und $K \leq G$ eine Isotropiegruppe (Satz 4.1.2). Dann gilt $\mathbb{K}H^{n+1} = G/K$. Mit F sei die Iwasawa-Lie-Gruppe von G bezeichnet. Wir identifizieren $\mathbb{K}H^{n+1}$ mit F ausgestattet mit einer linksinvarianten Metrik g^F. Sei $\mathfrak{g}$ die zu G assoziierte Lie-Algebra und $\mathfrak{f}$ die Iwasawa-Lie-Algebra von $\mathbb{K}H^{n+1}$. Seien $\mathfrak{a}$ ein eindimensionaler $\mathbb{R}$-Vektorraum und $a \in \mathfrak{a}$.

Wie schon im Anschluss an Satz 3.1.4 festgehalten wurde, sind die hyperbolischen Räume $\mathbb{K}H^{n+1}$ isometrisch zu den symmetrischen Damek-Ricci-Räumen. Wie wir sehen werden, ist die zu einem symmetrischen Damek-Ricci-Raum S assoziierte Lie-Algebra $\mathfrak{s}$ isometrisch isomorph zu der Iwasawa-Lie-Algebra $\mathfrak{f}$ von $\mathbb{K}H^{n+1}$. Zur Berechnung der Lie-Algebren $\mathfrak{s}$ konstruieren wir verallgemeinerte Heisenberg-Algebren, welche die J^2-Bedingung erfüllen (Kapitel 3), und benutzen die Sätze 3.1.2 und 3.1.4:

Setze $\mathfrak{u} := \mathbb{K}^n$ und $\mathfrak{z} := \Im(\mathbb{K})$. Setze $\mathfrak{n} := \mathfrak{u} \oplus \mathfrak{z}$ und statte $\mathfrak{n}$ für $\mathbb{K} \in \{\mathbb{C}, \mathbb{H}\}$ mit dem Skalarprodukt

$$\langle u + x, w + y \rangle := \Re(\eta(u, w)) + \Re(x\,\overline{y}) \quad \text{für alle} \quad u, w \in \mathfrak{u}\,,\ x, y \in \mathfrak{z},$$

wobei η die Standard Hermitesche Form ist, und für $\mathbb{K} = \mathbb{O}$ mit

$$\langle u + x, w + y \rangle := \Re(u\,\overline{w}) + \Re(x\,\overline{y}) \quad \text{für alle} \quad u, w \in \mathfrak{u}\,,\ x, y \in \mathfrak{z}$$

aus. Definiere

$$\beta : \mathbb{K}^n \times \mathbb{K}^n \to \Im(\mathbb{K}), (u, w) \mapsto \eta(u, w) - \Re(\eta(u, w)) \quad (\text{bzw.} \quad (u, w) \mapsto u\,\overline{w} - \Re(u\,\overline{w})).$$

Dann ist β bilinear und schiefsymmetrisch. Die auf $\mathfrak{n}$ durch β gemäß (3.1) definierte Lie - Klammer macht $\mathfrak{n}$ zu einer zweischritt nilpotenten Lie-Algebra mit Zentrum $\mathfrak{z}$. Für jedes $z \in \mathfrak{z}$ wird durch

$$u \mapsto J_z(u) := \overline{z}\,u \tag{4.8}$$

ein schiefsymmetrischer Endomorphismus J_z von $\mathbb{K}^n$ so definiert, dass Bedingung (3.2) erfüllt ist: Für $\mathbb{K} = \mathbb{C}$ ist klar, dass

$$\langle \overline{i}\,u, w \rangle = \Re(-i\,\eta(u, w)) = \Im(\eta(u, w)) = \langle \Im(\eta(u, w))\,i, i \rangle = \langle \eta(u, w) - \Re(\eta(u, w)), i \rangle$$

für alle $u, w \in \mathbb{C}$ gilt. Sei $z^{\mathbb{H}} = z_i i + z_j j + z_k k \in \Im(\mathbb{H})$. Für alle $u, w \in \mathbb{H}^n$ existieren Koeffizienten $\eta(u, w)_i, \eta(u, w)_j, \eta(u, w)_k \in \mathbb{R}$ mit der Eigenschaft

$$\beta(u, w) = \eta(u, w)_i i + \eta(u, w)_j j + \eta(u, w)_k k\ .$$

Für alle $t, s \in \{i, j, k\}$ mit $t \neq s$ gilt dann

$$\langle \eta(u, w)_t t, z_s s \rangle = \Re((\eta(u, w)_t z_s)\, s\, t) = 0. \tag{4.9}$$

Also folgt:

$$\begin{aligned}
\langle J_{z^{\mathbb{H}}}(u), w\rangle &= \Re(-\eta((z_i i + z_j j + z_k k)\,u, w)) \\
&= \Re(-z_i(i\,\eta(u,w))) + \Re(-z_j(j\,\eta(u,w))) + \Re(-z_k(k\,\eta(u,u))) \\
&= z_i\eta(u,w)_i + z_j\eta(u,w)_j + z_k\eta(u,w)_k \\
&= \langle \eta(u,w)_i i, z_i i\rangle + \langle \eta(u,w)_j j, z_j j\rangle + \langle \eta(u,w)_k k, z_k k\rangle \\
&\overset{(4.9)}{=} \langle \eta(u,w)_i i + \eta(u,w)_j j + \eta(u,w)_k k, z^{\mathbb{H}}\rangle = \langle \beta(u,w), z^{\mathbb{H}}\rangle .
\end{aligned}$$

Sei $z^{\mathbb{O}} = \sum_{l=1}^{7} z_l i_l \in \Im(\mathbb{O})$. Für alle $u, w \in \mathbb{O}$ existieren Koeffizienten $(u\,\overline{w})_1, ..., (u\,\overline{w})_7 \in \mathbb{R}$ mit der Eigenschaft $u\,\overline{w} = \sum_{l=1}^{7}(u\,\overline{w})_l i_l$. Es gilt

$$\begin{aligned}
\langle J_{z^{\mathbb{O}}}(u), w\rangle &= \Re\left((\overline{z^{\mathbb{O}}}\,u)\,\overline{w}\right) = -\sum_{l=1}^{7} z_l \Re\left((i_l\,u)\,\overline{w}\right) \overset{(4.2)}{=} -\sum_{l=1}^{7} z_l \Re\left(i_l\,(u\,\overline{w})\right) \\
= \sum_{l=1}^{7} z_l (u\,\overline{w})_l &= \sum_{l=1}^{7} z_l \Re\left((u\,\overline{w})\,\overline{i_l}\right) = \sum_{l=1}^{7} z_l \Re\left((u\,\overline{w})\,\overline{i_l}\right) - \underbrace{\Re\left(\Re\,(u\,\overline{w})\;\overline{i_l}\right)}_{=0} \\
= \sum_{l=1}^{7} z_l \Re\left((u\,\overline{w} - \Re(u\,\overline{w}))\,\overline{i_l}\right) &= \sum_{l=1}^{7} z_l \langle (u\,\overline{w}) - \Re(u\,\overline{w}), i_l\rangle = \langle \beta(u,w), z^{\mathbb{O}}\rangle\ .
\end{aligned}$$

Damit gilt $(J_z)^2 = -\|z\|^2\,\mathrm{Id}_{\mathfrak{n}_1}$ für alle $z \in \Im(\mathbb{K})$, also ist $\mathfrak{n}$ eine verallgemeinerte Heisenberg-Algebra.

Seien nun $x, y \in \Im(\mathbb{K})$. Sei $u \in \mathbb{K}^n \setminus \{0\}$. Es gelte $x \perp y$. Das bedeutet $\Re(x\,\overline{y}) = 0$. Damit gilt auch $0 = -(-\Re(-x\,\overline{y})) = \Re(\overline{y\,x}) = \Re(y\,x)$, also $y\,x \in \Im(\mathbb{K})$. Falls $\mathbb{K} \in \{\mathbb{C}, \mathbb{H}\}$ ist, setze $z := y\,x$. Dann gilt

$$J_x(J_y(u)) = \overline{x}\,(\overline{y}\,u) = \overline{y\,x}\,u = J_z(u).$$

Falls $\mathbb{K} = \mathbb{O}$ gilt, setze $\overline{z} := \overline{y\,x} + \frac{1}{\|u\|^2}\left((\overline{u}\,\overline{y})\,x)\,\overline{u} - (\overline{u}\,(\overline{y}\,x))\,\overline{u}\right)$. Dann gilt

$$\begin{aligned}
J_z(u) &= \left(\overline{y\,x} + \frac{1}{\|u\|^2}\left(((\overline{u}\,\overline{y})\,x)\overline{u} - (\overline{u}\,(\overline{y}\,x))\,\overline{u}\right)\right) u \\
&= (\overline{y\,x})\,u + \frac{1}{\|u\|^2}(((\overline{u}\,\overline{y})\,x)\overline{u})\,u - \frac{1}{\|u\|^2}((\overline{u}\,(\overline{y}\,x))\,\overline{u})\,u \\
&\overset{(4.4)}{=} (\overline{x}\,\overline{y})\,u + (\overline{u}\,\overline{y})\,x - \overline{u}\,(\overline{y}\,x) \overset{(4.6)}{=} \overline{x}\,(\overline{y}\,u) = J_x(J_y(u)).
\end{aligned}$$

Außerdem gilt mit $x = \sum_{l=1}^{7} x_l i_l$:

$$\begin{aligned}
\Re(z) &= \Re(\overline{z}) = \Re\left(\overline{y}\,\overline{x} + \frac{1}{\|u\|^2}\left((\overline{u}\,\overline{y})\,x)\,\overline{u} - (\overline{u}\,(\overline{y}\,x))\,\overline{u}\right)\right) \\
&= \Re(\overline{y}\,\overline{x}) + \frac{1}{\|u\|^2}\left(\Re(((\overline{u}\,\overline{y})\,x)\,\overline{u}) - \Re((\overline{u}\,(\overline{y}\,x))\,\overline{u})\right) \\
&\overset{(4.3)}{=} 0 + \frac{1}{\|u\|^2}\left(\Re((\overline{u}\,(\overline{u}\,\overline{y}))\,x) - \Re((\overline{u}\,\overline{u})\,(\overline{y}\,x))\right) \\
&\overset{(4.5)}{=} \frac{1}{\|u\|^2}\left(\Re((\overline{u}^2\,\overline{y})\,x) \;-\; \Re(\overline{u}^2\,(\overline{y}\,x))\right) \\
&= \frac{1}{\|u\|^2}\sum_{l=1}^{7} x_l\left(\Re((\overline{u}^2\,\overline{y})\,i_l) - \Re(\overline{u}^2\,(\overline{y}\,i_l))\right) \overset{(4.2)}{=} 0.
\end{aligned}$$

Damit gilt $z \in \Im(\mathbb{O})$ und die J^2-Bedingung ist in jedem der drei Fälle erfüllt.

Nach Satz 3.1.2 sind die verallgemeinerten Heisenberg-Algebren, welche der J^2 - Bedingung genügen, genau diejenigen

- mit 1-dimensionalem Zentrum. Dann ist $\mathfrak{n} = \mathbb{C}^n \oplus \mathbb{R}i$.
- mit 3-dimensionalem Zentrum, für die ein $b \in \mathbb{N}$ so existiert, dass $\mathfrak{n}$ vom Typ $\mathfrak{n}(b,0)$ ist. Es ist dann $\mathfrak{n} = \mathbb{H}^n \oplus \Im(\mathbb{H})$ aufgrund von $\dim(\Im(\mathbb{H})) = 3$. Der zu Grunde liegende irreduzible Clifford-Modul ist $\mathbb{H}$ (Tabelle III in [LM89]), daher gilt $b = n$.
- mit 7-dimensionalem Zentrum vom Typ $\mathfrak{n}(1,0)$. Dann ist $\mathfrak{n} = \mathbb{O} \oplus \Im(\mathbb{O})$.

Erweitere das Skalarprodukt auf $\mathfrak{a} \oplus \mathbb{K}^n \oplus \Im(\mathbb{K})$ durch die Bedingungen $\mathfrak{a} \perp \mathbb{K}^n$, $\mathfrak{a} \perp \Im(\mathbb{K})$ sowie $\|a\| = 2$. Seien $u, w \in \mathbb{K}^n$. Für die Lie-Klammer auf $\mathfrak{a} \oplus \mathbb{K}^n \oplus \Im(\mathbb{K})$ gelten dann für alle $u', w' \in \mathfrak{u}$ und $x', y' \in \mathfrak{z}$

$$[u' + x', w' + y'] = \eta(u', w') - \Re(\eta(u', w')) \qquad \text{sowie} \qquad [a, u' + x'] = u' + 2x'. \tag{4.10}$$

Der zu $\mathfrak{s} := \mathfrak{a} \oplus \mathbb{K}^n \oplus \Im(\mathbb{K})$ gehörende Damek-Ricci-Raum (S, g^S) ist symmetrisch. Satz 3.1.4 liefert

- im Fall $\mathbb{K} = \mathbb{C}$, dass S isometrisch zu $\mathbb{C}H^{n+1}$ ist, da $\dim_{\mathbb{R}}(\mathbb{C}^n) = 2n$.
- im Fall $\mathbb{K} = \mathbb{H}$, dass S isometrisch zu $\mathbb{H}H^{n+1}$ ist.
- im Fall $\mathbb{K} = \mathbb{O}$, dass S isometrisch zu $\mathbb{O}H^2$ ist.

Damit sind $\mathfrak{s}$ und $\mathfrak{f}$ *isometrisch* (Definition 2.3 in [Heb97]). Für alle $a \in \mathfrak{a}$ hat $\mathrm{ad}(a)$ nur reelle Eigenwerte. Damit ist $\mathfrak{s}$ *vollständig auflösbar* (Definition 2.6 und Bemerkungen 2.8 in [Heb97]). Als der auflösbare Teil der Iwasawa-Zerlegung ist auch $\mathfrak{f}$ vollständig auflösbar. Ein Satz von D.V. Alekseevskii ([Ale71], auch Proposition 2.7 in [Heb97]) liefert dann, dass $\mathfrak{f}$ und $\mathfrak{s}$ isometrisch isomorph sind.

GV: Ab sofort benutzen wir $\mathfrak{f} = \mathfrak{a} \oplus \mathbb{K}^n \oplus \Im(\mathbb{K}) = \mathfrak{a} \oplus \mathfrak{u} \oplus \mathfrak{z}$ mit der durch (4.10) gegebenen Lie-Klammer und dem oben definierten Skalarprodukt als Iwasawa-Lie-Algebra von $\mathbb{K}H^{n+1}$.

In den Iwasawa-Lie-Algebren ist die Lie-Klammer zweier Elemente aus dem mittleren Summanden $\mathbb{K}^n$ von der Gestalt $\eta - \Re(\eta)$ und damit stets rein imaginär. Die bezüglich dieser Lie-Klammer abelschen Untervektorräume haben die Eigenschaft, dass sie durch Multiplikation mit Elementen des Imaginärteil von $\mathbb{K}$ in ihren Senkrechtraum abgebildet werden.

4.1.5 Lemma (Abelsche Untervektorräume von $\mathbb{K}^n$).
Sei $\mathfrak{v} \subseteq \mathbb{K}^n$ ein $\mathbb{R}$-Untervektorraum. Wenn $\mathfrak{v}$ abelsch bezüglich der Lie-Klammer von $\mathfrak{f}$ ist, so gilt $J_\mathfrak{z}(\mathfrak{v}) \subseteq \mathfrak{v}^\perp$ für die gemäß (4.8) definierten schiefsymmetrischen Endomorphismen $J_\mathfrak{z}$.

Beweis. Sei s die maximale Anzahl paarweise $\mathbb{K}$-orthogonaler Vektoren in $\mathfrak{v}$. Das bedeutet $s = 1$ für $\mathbb{K} = \mathbb{O}$. Sei dann $\mathfrak{X} := \{v_1, ..., v_s\} \subseteq \mathfrak{v}$ ein maximales $\mathbb{K}$-Orthonormalsystem, d.h. $\eta(v_t, v_{t'}) = \delta_{t,t'}$ und insbesondere $\langle v_t, v_{t'}\rangle = \delta_{t,t'}$ für alle $t, t' \in \{1, ..., s\}$. Ergänze nun $\mathfrak{X}$ zu einer $\mathbb{R}$-Orthonormalbasis $(v_1, ..., v_s, v_{s+1}, ..., v_{\dim_\mathbb{R}(\mathfrak{v})})$ von $\mathfrak{v}$.
Wir setzen nun $\mathfrak{v}$ als abelsch voraus. Seien $s' \in \{1, ..., s\}$ und $t, t' \in \{s+1, ..., \dim_\mathbb{R}(\mathfrak{v})\}$. Dann ist $[v_{s'}, v_t] = [v_t, v_{t'}] = 0$. Nach Wahl der Vektoren $v_{s+1}, ..., v_{\dim_\mathbb{R}(\mathfrak{v})}$ gelten

$$\langle v_{s'}, v_t\rangle = 0 \quad \text{bzw.} \quad \langle v_t, v_{t'}\rangle = \delta_{t,t'}.$$

Damit folgen

$$\eta(v_{s'}, v_t) = 0 \quad \text{und} \quad \eta(v_t, v_{t'}) = \delta_{t,t'}.$$

Also ist $\mathfrak{X} \cup \{v_{s+1}, ..., v_{\dim_\mathbb{R}(\mathfrak{v})}\}$ ein $\mathbb{K}$-Orthonormalsystem. Da $\mathfrak{X}$ maximal gewählt war, folgt $s = \dim_\mathbb{R}(\mathfrak{v})$. Damit gilt $i\,\mathfrak{v} \subseteq \mathfrak{v}^\perp$ im Falle $\mathbb{K} = \mathbb{C}$. Für $\mathbb{K} = \mathbb{H}$ gilt $l\,\mathfrak{v} \in \mathfrak{v}^\perp$ für jedes $l \in \{i, j, k\}$. Falls $\mathbb{K} = \mathbb{O}$ gilt, ist $\mathfrak{v}$ eindimensional.

□

4.2 Berechnung minimaler nicht total geodätischer Lie-Unteralgebren der Iwasawa-Lie-Algebra

GV: Für jedes $l \in \{1, ..., n\}$ sei e_l der Vektor aus $\mathbb{K}^n$, dessen Eintrag an der Stelle l gleich 1 ist und dessen übrige Einträge gleich 0 sind. In diesem Abschnitt sei mit e_0 der Nullvektor bezeichnet.

Zum Stand der Vorarbeiten

Die Ausgangsidee für diese Arbeit war die Suche nach Lie-Untergruppen der Isometriegruppe der Rang 1-symmetrischen Räume vom nicht-kompakten Typ, die minimale nicht total geodätische Orbits besitzen.
In Abschnitt 5 von [AD03] beweisen Dmitri V. Alekseevskii und Antonio J. DiScala einige Aussagen über minimale Orbits von Lie-Untergruppen der Isometriegruppe einer Riemannschen Mannigfaltigkeit mit nichtpositiver Schnittkrümmung. Für symmetrische Räume $M = G/K$ vom nicht-kompakten Typ und zusammenhängende Lie-Untergruppen $H \leq G$ sagen Proposition 5.5 bzw. Theorem 5.7 aus:
„Besitzt H einen total geodätischen Orbit $H \cdot p$, so ist jeder minimale H-Orbit $H \cdot q$ schon total geodätisch.“
Die Suche muss sich also auf Lie-Untergruppen beschränken, die keine total geodätischen Orbits aufweisen. Abschnitt 6 untersucht für Lie-Untergruppen der Isometriegruppe der Rang 1-symmetrischen Räume vom nicht-kompakten Typ die Existenz von Fixpunkten $\underline{m} \in M(\infty)$ im Unendlichen. Es wird festgehalten, dass ein solcher Fixpunkt existiert, sofern die Gruppe auflösbar und zusammenhängend ist (Proposition 6.1). In Theorem 6.2 wird bewiesen, dass für zusammenhängende Lie-Untergruppen folgende Alternative gilt

- Die Gruppe hat einen Fixpunkt $\underline{m} \in M(\infty)$.
- Die Gruppe besitzt einen total geodätischen Orbit.

Aus den Theoremen 5.7 und 6.2 folgt, dass uns nur Lie-Untergruppen der Isometriegruppe interessieren, die einen Punkt in $M(\infty)$ fixieren.
Mit Proposition 6.1 besitzt die Iwasawa-Lie-Gruppe F einen Fixpunkt $\underline{m} \in M(\infty)$. Mit $G_{\underline{m}} \leq G$ sei der Stabilisator von $\underline{m}$ in $G = K \cdot A \cdot N$ notiert. Es sei $K_{\underline{m}} := G_{\underline{m}} \cap K$. Dann ist $K_{\underline{m}} = N_K(F)$ der Normalisator von F in K und es gilt $G_{\underline{m}} = K_{\underline{m}} \cdot A \cdot N = K_{\underline{m}} \cdot F$ (2.17.4 und 2.17.5 in [Ebe96]).

Bei der Beschreibung von Lie-Untergruppen mit minimalem nicht total geodätischem Orbit kann man sich also auf Lie-Untergruppen von $G_{\underline{m}}$ beschränken.

Es sei an dieser Stelle daran erinnert, dass F isometrisch zu $\mathbb{K}H^{n+1}$ ist.
Die Iwasawa-Lie-Gruppe von $\mathbb{K}H^{n+1}$ ist bezüglich der Eigenschaft eine auflösbare Lie - Untergruppe von $\mathrm{Iso}(\mathbb{K}H^{n+1})_0$, die spaltet, zu sein maximal (Satz 2.3.5). Je zwei solche Lie - Untergruppen gehen durch Konjugation auseinander hervor.
Mit den Sätzen 3.2.2 und 3.2.5 sowie Korollar 2.2.3 kann nun die für $\mathbb{C}H^{n+1}$ getroffene Aussage von Theorem 7.1 aus [AD03] verallgemeinert werden. Sie hat auch für die hyperbolischen Räume über den Quaternionen und für die hyperbolische Cayley-Ebene Gültigkeit.

4.2.1 Satz (Theorem 7.1 aus [AD03] für $\mathbb{K} \in \{\mathbb{C}, \mathbb{H}, \mathbb{O}\}$).
Eine zusammenhängende auflösbare Lie-Untergruppe $H' \leq \mathrm{Iso}(\mathbb{K}H^{n+1})_0$, die spaltet, besitzt genau dann einen minimalen Orbit, wenn sie zu einer zusammenhängenden Lie-Untergruppe $H \leq F$ konjugiert ist, für welche $a \in \mathfrak{h}$ für die zu H assoziierte Lie - Unteralgebra $\mathfrak{h} \leq \mathfrak{f}$ gilt. Dann ist die Lie-Untergruppe H minimal und die Bedingung $[\mathfrak{v}, \mathfrak{v}^{\perp}] \subseteq \mathfrak{w}^{\perp}$ für $\mathfrak{v} = \mathfrak{h} \cap \mathfrak{u}$ und $\mathfrak{w} = \mathfrak{h} \cap \mathfrak{z}$ ist äquivalent dazu, dass H total geodätisch ist.

Satz 2.3.5 liefert insbesondere, dass die Lie-Untergruppen von $G_{\underline{m}}$ „oberhalb“ von F keine Iwasawa-Typ Lie-Gruppen sind, wie sie in Definition 5.1.1 eingeführt werden. Die bereits bestehende Charakterisierung minimaler Lie-Untergruppen von Standard-Erweiterungen von zweischritt nilpotenten Lie-Gruppen wird in Kapitel 5 auf Iwasawa-Typ Lie-Gruppen verallgemeinert. Anhand eines Beispiels werden wir dort sehen, dass die Voraussetzung vom Iwasawa-Typ zu sein notwendig für dieses Resultat ist. Es erfordert also unter Umständen andere als die in Kapitel 2 und 3 erarbeiteten Methoden, um minimale Lie-Untergruppen von beliebigen Lie-Untergruppen von $G_{\underline{m}}$ zu charakterisieren. In der vorliegenden Arbeit beschränken wir uns daher auf Lie-Untergruppen $H \leq F$.

Es existieren aber dennoch Beispiele für Lie-Untergruppen, die einen minimalen nicht total geodätischen Orbit besitzen und nicht zu einer Lie-Untergruppe von F konjugiert sind: Aus [BB01] ist bekannt, dass $N_K(\underline{S}) \cdot \underline{S}$ für geeignete Lie-Untergruppen $\underline{S} \leq F$ mit Kohomogenität 1 auf $\mathbb{K}H^{n+1}$ operiert und einen singulären - und damit minimalen - Orbit besitzt, der nicht zwingend total geodätisch ist. Wie solche Lie-Gruppen $\underline{S}$ konstruiert werden und Genaueres über die Beispiele aus [BB01] ist im Anschluss an die Sätze 4.2.6, 4.2.7 und 4.2.12 zu finden.

Die letzten Vorbereitungen

Bevor wir in den Abschnitten 4.2.1, 4.2.2 und 4.2.3 mit Hilfe von Satz 4.2.1 alle minimalen Lie-Unteralgebren $\mathfrak{h} \leq \mathfrak{f}$ (bis auf geeignete orthogonale Lie-Automorphismen) bestimmen, stellen wir mit Beobachtung 4.2.2, Satz 4.2.3 und Satz 4.2.4 drei Argumente, die in der Klassifikation wiederholt angewandt werden, in allgemeiner Form vorweg. Wir beobachten, dass die total geodätischen Lie-Unteralgebren von $\mathfrak{f}$ wieder die Gestalt einer Iwasawa-Lie-Algebra eines Rang 1-symmetrischen Raumes vom nicht-kompakten Typ besitzen.

4.2.2 Beobachtung (Total geodätische Untermannigfaltigkeiten von $\mathbb{K}H^{n+1}$).
Gemäß Satz 2.3.7 ist jede total geodätische Lie-Untergruppe $H \leq F$ ausgestattet mit der Einschränkung $g^F|_H$ lokal symmetrisch. Offenbar bleibt $\kappa \leq 0$ erhalten.
Über die zu H gehörige (total geodätische) Lie-Unteralgebra $\mathfrak{h} \leq \mathfrak{f}$ wissen wir mit Proposition 4 aus [Hei74], dass $[\mathfrak{h}, \mathfrak{h}]$ isometrisch isomorph zu der Derivierten einer Iwasawa-Lie-Algebra von $\mathbf{K}H^{r+1}$ für ein $\mathbf{K} \in \{\mathbb{R}, \mathbb{C}, \mathbb{H}, \mathbb{O}\}$ mit $\mathbf{K} \leq \mathbb{K}$ und ein $r \in \mathbb{N}_{\leq n}$ ist.
Theorem 4.2.1 liefert zusätzlich, dass $\mathfrak{h}$ den Vektor a enthalten muss und somit isometrisch isomorph zur Iwasawa-Lie-Algebra von $\mathbf{K}H^{r+1}$ ist. Damit ist H isometrisch zur Iwasawa-Lie-Gruppe von $\mathrm{Iso}_0(\mathbf{K}H^{r+1})$.

Die Beobachtung ergibt sich insbesondere aus der Charakterisierung in [Wol63].
Ist $\mathfrak{h} \leq \mathfrak{f}$ ein $\mathrm{ad}(a)$-invarianter $\mathbb{R}$-Untervektorraum, so können wir $\mathfrak{h}$ direkt und orthogonal zerlegen, indem wir mit den direkten Summanden von $\mathfrak{f}$ schneiden. Sei ab sofort der in $\mathfrak{u}$ liegende Teil von $\mathfrak{h}$ mit $\mathfrak{v}$ und der in $\mathfrak{z}$ liegende Teil mit $\mathfrak{w}$ bezeichnet. Wir halten fest, dass $\mathbb{R}$-Untervektorräume von $\mathfrak{f}$, die a enthalten und keinen Anteil in $\mathfrak{u}$ haben, total geodätische Lie-Unteralgebren sein müssen.

4.2.3 Satz (Der Fall $\mathfrak{v} = \{0\}$).
Sei $\mathfrak{w} \subseteq \Im(\mathbb{K})$. Dann ist $\mathfrak{h} = \mathbb{R}a \oplus \mathfrak{w}$ eine total geodätische Lie-Unteralgebra von $\mathfrak{f}$, welche zu der Iwasawa-Lie-Algebra von $\mathbb{R}H^{\dim_{\mathbb{R}}(\mathfrak{w})+1}$ isometrisch isomorph ist.

Beweis. Sowohl $\mathfrak{h}$ als auch die Iwasawa-Lie-Algebra von $\mathbb{R}H^{\dim_{\mathbb{R}}(\mathfrak{w})+1}$, die mit $\mathfrak{f}_{\mathbb{R}}$ bezeichnet sei, sind vollständig auflösbar. Die zu $\mathfrak{h}$ gehörige zusammenhängende Lie-Untergruppe $H \leq F$ ist nach Beobachtung 4.2.2 ein Rang 1-symmetrischer Raum vom nicht-kompakten Typ mit der zusätzlichen Eigenschaft, dass κ konstant ist. Nach Satz 2.3.9 ist H isometrisch zu $\mathbb{R}H^{\dim_{\mathbb{R}}(\mathfrak{w})+1}$. Gemäß Definition 2.3 in [Heb97] sind $\mathfrak{h}$ und $\mathfrak{f}_{\mathbb{R}}$ isometrisch. Die Behauptung folgt dann wiederrum mit dem oben bereits erwähnten Resultat von Alekseevskii aus [Ale71] (Proposition 2.7 in [Heb97]).

□

Ist zusätzlich $\mathfrak{w} = \{0\}$ so ist die zu $\mathfrak{h}$ gehörige Lie-Untergruppe H isometrisch zu $\mathbb{R}H$. Die Iwasawa-Lie-Algebra von $\mathbb{R}H^{n+1}$ besitzt also die Gestalt $\mathfrak{a} \oplus \mathfrak{n} = \mathbb{R}a \oplus \mathbb{R}^n$, wobei $\mathbb{R}^n$ mit dem euklidischen Skalarprodukt ausgestattet und abelsch ist und $\mathfrak{a} \perp \mathfrak{n}$ sowie $\mathrm{ad}(a)|_{\mathbb{R}^n} = \mathrm{Id}_{\mathbb{R}^n}$ gelten. Auf minimale Lie-Unteralgebren von $\mathfrak{f}_{\mathbb{R}}$ kommen wir in Abschnitt 5.4 zu sprechen.

Die hyperbolischen Räume sind als Damek-Ricci-Räume auch Standard-Erweiterungen (Definition 3.2.1) von verallgemeinerten Heisenberg-Gruppen. Der Begriff der Standard - Erweiterung einer zweischritt nilpotenten Lie-Algebra bietet hier den geeigneten allgemeinen Rahmen für weitere charakterisierende Bedingungen für die Begriffe „minimale“ bzw. „total geodätische Lie-Unteralgebra“ .

4.2.4 Satz (Minimale/total geodätische Lie-Unteralgebren von Standard-Erweiterungen). *Sei $\widehat{\mathfrak{s}} = \mathbb{R}a \oplus \widehat{\mathfrak{u}} \oplus \widehat{\mathfrak{z}}$ eine Standard-Erweiterung einer zweischritt nilpotenten Lie-Algebra $\widehat{\mathfrak{n}} = \widehat{\mathfrak{u}} \oplus \widehat{\mathfrak{z}}$ gemäß Definition 3.2.1. Für jedes $z \in \widehat{\mathfrak{z}}$ wird durch*

$$(\widehat{3.2}) \qquad \langle \widehat{J}_z(u), w \rangle = \langle [u, w], z \rangle \qquad \text{für alle} \quad u, w \in \widehat{\mathfrak{u}}$$

ein schiefsymmetrischer Endomorphismus $\widehat{J}_z \in \mathfrak{o}(\widehat{\mathfrak{u}})$ derart definiert, dass $\widehat{J} : \widehat{\mathfrak{z}} \to \mathfrak{o}(\widehat{\mathfrak{u}})$ ein Homomorphismus ist.
Sei $\mathfrak{h} = \mathbb{R}a \oplus (\mathfrak{h} \cap \widehat{\mathfrak{u}}) \oplus (\mathfrak{h} \cap \widehat{\mathfrak{z}}) = \mathbb{R}a \oplus \mathfrak{v} \oplus \mathfrak{w}$ ein $\mathrm{ad}(a)$-invarianter Teilraum von $\widehat{\mathfrak{s}}$. Dann ist $\mathfrak{h}$ genau dann eine minimale Lie-Unteralgebra, wenn $\widehat{J}_{\mathfrak{w}^\perp}(\mathfrak{v}) \subseteq \mathfrak{v}^\perp$ gilt, und genau dann total geodätisch, wenn zusätzlich $\widehat{J}_{\mathfrak{w}}(\mathfrak{v}) \subseteq \mathfrak{v}$ gilt.

Beweis. Mit $(\widehat{3.2})$ gelten

$$\widehat{J}_{\mathfrak{w}^\perp}(\mathfrak{v}) \subseteq \mathfrak{v}^\perp \quad \Leftrightarrow \quad 0 = \langle \widehat{J}_z(v), \widetilde{v} \rangle = \langle [v, \widetilde{v}], z \rangle \text{ für alle } v, \widetilde{v} \in \mathfrak{v},\ z \in \mathfrak{w}^\perp \quad \Leftrightarrow \quad [\mathfrak{v}, \mathfrak{v}] \subseteq \mathfrak{w}$$

und

$$\widehat{J}_{\mathfrak{w}}(\mathfrak{v}) \subseteq \mathfrak{v} \ \Leftrightarrow\ 0 = \langle \widehat{J}_z(v), v' \rangle = \langle [v, v'], z \rangle \text{ für alle } v \in \mathfrak{v},\ v' \in \mathfrak{v}^\perp,\ z \in \mathfrak{w} \ \Leftrightarrow\ [\mathfrak{v}, \mathfrak{v}^\perp] \subseteq \mathfrak{w}^\perp.$$

Satz 3.2.2 liefert die Behauptung.

□

Für die vorliegenden Iwasawa-Lie-Algebren $\mathfrak{f}$ sind die schiefsymmetrischen Endomorphismen gemäß (4.8) durch die Multiplikation mit Elementen $\overline{z}$ für $z \in \Im(\mathbb{K})$ gegeben. Dies ermöglicht eine einfache rechnerische Überprüfung der Bedingungen $J_{\mathfrak{w}^\perp}(\mathfrak{v}) \subseteq \mathfrak{v}^\perp$ und

$J_{\mathfrak{w}}(\mathfrak{v}) \subseteq \mathfrak{v}$.

Bei der nachfolgenden Bestimmung der minimalen Lie-Unteralgebren betrachten wir ausschließlich $\mathrm{ad}(a)$-invariante Untervektorräume $\mathfrak{h} \leq \mathfrak{f}$, welche a enthalten, da dies gemäß Satz 3.2.2 bzw. Theorem 4.2.1 für jede minimale Lie-Unteralgebra gilt. Wir wollen uns dabei auf solche $\mathfrak{h}$ beschränken, die von folgender Normalform sind: Der in $\Im(\mathbb{K})$ liegende Teil von $\mathfrak{h}$ ist im Fall $\mathbb{K} = \mathbb{H}$ ein Aufspann einer Teilmenge von $\{i, j, k\}$ und der Teil von $\mathfrak{h}$, der in $\mathbb{K}^n$ liegt, ist für $\mathbb{K} \in \{\mathbb{C}, \mathbb{H}\}$ ein Aufspann einer Teilmenge von $\{e_1, ..., e_l\} \cup J_{\Im(\mathbb{K})}(\{e_1, ..., e_l\})$ für ein $l \in \{1, ..., n\}$ und enthält für $\mathbb{K} = \mathbb{O}$ die 1.
Dies ist nach Anwendung geeigneter Lie-Automorphismen möglich. Es interessieren uns allerdings nur solche Lie-Automorphismen, die das Element a fixieren, damit das Bild von $\mathfrak{h}$ auch wieder eine minimale Lie-Unteralgebra ist. Damit auch die Eigenschaft erhalten bleibt, total geodätisch zu sein, müssen die gesuchten Lie-Automorphismen das Skalarprodukt erhalten, also orthogonale Abbildungen sein. Mit $\mathrm{Aut}_a(\mathfrak{f})$ seien die Lie-Automorphismen von $\mathfrak{f}$ bezeichnet, die das Element a auf sich selbst abbilden, und mit $\mathbf{O}(\mathfrak{f})$ die Abbildungen, die das Skalarprodukt von $\mathfrak{f}$ respektieren.

4.2.1 $\mathbb{K} = \mathbb{C}$

Der komplex hyperbolische Raum $\mathbb{C}H^{n+1}$ hat die Iwasawa-Lie-Algebra

$$\mathfrak{f}_{\mathbb{C}} = \mathfrak{a} \oplus \mathbb{C}^n \oplus \Im(\mathbb{C}) = \mathbb{R}a \oplus \mathbb{C}^n \oplus \mathbb{R}i.$$

Ist nun $\mathfrak{h} \leq \mathfrak{f}_{\mathbb{C}}$ eine minimale Lie-Unteralgebra, so gibt es einen $\mathbb{R}$-Untervektorraum $\mathfrak{v} \subseteq \mathbb{C}^n$ derart, dass

$$\mathfrak{h} = \mathbb{R}a \oplus \mathfrak{v} \oplus \begin{cases} \{0\} \\ \mathbb{R}i \end{cases} .$$

In der folgenden Charakterisierung unterscheiden wir daher zwischen diesen beiden Möglichkeiten für $\mathfrak{w}$.

Zunächst begründen wir, dass wir uns bei $\mathfrak{v}$ auf einen Aufspann von Standard - Einheitsvektoren beschränken können:

4.2.5 Satz (Geeignete Lie-Automorphismen von $\mathfrak{f}_{\mathbb{C}}$).
Zu jeder $\mathbb{C}$-Orthonormalbasis $\mathfrak{X} = (v_1, ..., v_n)$ von $\mathbb{C}^n$ wird durch

$$\Psi_{\mathfrak{X}}(a) = a\,,\ \Psi_{\mathfrak{X}}(v_l) := e_l\,,\ \Psi_{\mathfrak{X}}(i\,v_l) := i\,e_l \ \textit{f.a.}\ l \in \{1, ..., n\}\,, \quad \Psi_{\mathfrak{X}}(i) := i \in \Im(\mathbb{C}) = \mathfrak{z}$$

ein orthogonaler Lie-Automorphismus $\Psi_{\mathfrak{X}} \in \mathrm{Aut}_a(\mathfrak{f}_{\mathbb{C}}) \in \mathbf{O}(\mathfrak{f}_{\mathbb{C}})$ *definiert.*

Beweis. Sei $\mathfrak{X} = (v_1, ..., v_n)$ eine $\mathbb{C}$-Orthonormalbasis von $\mathbb{C}^n$. Dann ist $(v_1, i\,v_1, ..., v_n, i\,v_n)$ eine $\mathbb{R}$-Orthonormalbasis von $\mathbb{C}^n$, die wir mit $\mathfrak{X} \cup i\,\mathfrak{X}$ bezeichnen. Damit ist $[x, y] = \eta(x, y)$ für alle Elemente x, y der Basis $\mathfrak{X} \cup i\,\mathfrak{X}$. Seien $k, l \in \{1, ..., n\}$. Dann gelten für die Standard Hermitesche Form η auf $\mathbb{C}^n$:

$$
\begin{aligned}
&(1) \quad \eta(v_k, v_l) = \delta_{k,l} \quad \text{und} \quad \eta(i\,v_k, v_l) = \delta_{k,l} i\,,\\
&(2) \quad \eta(v_k, i\,v_l) = -\delta_{k,l} i \quad \text{und} \quad \eta(i\,v_k, i\,v_l) = \delta_{k,l}\,,\\
&(3) \quad \eta(e_k, e_l) = \delta_{k,l} \quad \text{und} \quad \eta(i\,e_k, e_l) = \delta_{k,l} i \quad \text{und} \quad \eta(e_k, i\,e_l) = -\delta_{k,l} i
\end{aligned}
$$

Es genügt nachzurechnen, dass $\Psi_{\mathfrak{X}}$ die Lie-Klammer auf den Basiselementen respektiert. Da $\mathbb{R}i$ das Zentrum von $\mathbb{C}^n \oplus \mathbb{R}i$ bezüglich der Lie-Klammer ist, gelten:

$$\Psi_{\mathfrak{X}}([i, v_l]) = \Psi_{\mathfrak{X}}(0) = 0, = [i, e_l] = [\Psi_{\mathfrak{X}}(i), \Psi_{\mathfrak{X}}(v_l)]$$

und ebenso $\Psi_{\mathfrak{X}}([i, i\,v_l]) = [\Psi_{\mathfrak{X}}(i), \Psi_{\mathfrak{X}}(i\,v_l)]$. Aus der Definition der Lie-Klammer erhält man

$$
\begin{aligned}
& \Psi_{\mathfrak{X}}([a, v_l]) = \Psi_{\mathfrak{X}}(v_l) = e_l = [a, e_l] = [\Psi_{\mathfrak{X}}(a), \Psi_{\mathfrak{X}}(v_l)]\,,\\
\text{und ebenso} \quad & \Psi_{\mathfrak{X}}([a, i\,v_l]) = [\Psi_{\mathfrak{X}}(a), \Psi_{\mathfrak{X}}(i\,v_l)]\\
\text{und} \quad & \Psi_{\mathfrak{X}}([a, i]) = \Psi_{\mathfrak{X}}(2i) = 2i = [a, i] = [\Psi_{\mathfrak{X}}(a), \Psi_{\mathfrak{X}}(i)].
\end{aligned}
$$

Die übrigen Gleichheiten und die Orthogonalität von $\Psi_{\mathfrak{X}}$ folgen aus (1), (2) und (3).

4.2.6 Satz (Charakterisierung im Fall $\mathbb{K} = \mathbb{C}$).
Sei $\mathfrak{v} \subseteq \mathbb{C}^n$ *ein reeller Teilraum.*

1. *Es ist genau dann* $\mathfrak{h} = \mathbb{R}a \oplus \mathfrak{v}$ *eine Lie-Unteralgebra von* $\mathfrak{f}_{\mathbb{C}}$, *wenn* $i\,\mathfrak{v} \subseteq \mathfrak{v}^{\perp}$ *gilt. Dann gibt es* $c \in \mathbb{N}_0$ *und einen orthogonalen Lie-Automorphismus* $\Psi \in \mathrm{Aut}_a(\mathfrak{f}_{\mathbb{C}}) \cap \mathbf{O}(\mathfrak{f}_{\mathbb{C}})$ *derart, dass*

$$\Psi(\mathfrak{h}) = \mathbb{R}a \oplus span\{e_0, ..., e_c\},$$

   d.h. so, dass $\mathfrak{h}$ *isometrisch isomorph zur Iwasawa-Lie-Algebra von* $\mathbb{R}H^{c+1}$ *ist. Solche Lie-Unteralgebren* $\mathfrak{h}$ *sind stets total geodätisch. Insbesondere gibt es keine minimalen Lie-Unteralgebren mit* $\mathfrak{w} = \{0\}$, *welche nicht schon total geodätisch sind.*

2. *Die Lie-Unteralgebra* $\mathfrak{h} = \mathbb{R}a \oplus \mathfrak{v} \oplus \mathbb{R}i$ *ist genau dann total geodätisch, wenn* $i\,\mathfrak{v} \subseteq \mathfrak{v}$ *gilt. Dann existieren* $c \in \mathbb{N}_0$ *und* $\Psi \in \mathrm{Aut}_a(\mathfrak{f}_{\mathbb{C}}) \cap \mathbf{O}(\mathfrak{f}_{\mathbb{C}})$ *derart, dass*

$$\Psi(\mathfrak{h}) = \mathbb{R}a \oplus span\{e_0, i\,e_0 ..., e_c, i\,e_c\} \oplus \mathbb{R}i,$$

d.h. so, dass $\mathfrak{h}$ *isometrisch isomorph zur Iwasawa-Lie-Algebra von* $\mathbb{C}H^{c+1}$ *ist. Falls* $\mathfrak{v} \subseteq \mathbb{C}^n$ *nicht unter der Multiplikation mit i abgeschlossen ist, ist* $\mathfrak{h} = a\mathbb{R} \oplus \mathfrak{v} \oplus \mathbb{R}i$ *eine minimale Lie-Algebra, welche nicht total geodätisch ist.*

Beweis. 1. „$\Rightarrow$“: Sei zunächst $\mathfrak{h} = \mathbb{R}a \oplus \mathfrak{v}$ eine Lie-Unteralgebra. Entsprechend der Graduierung von $\mathfrak{k}_\mathbb{C}$ gilt $[\mathfrak{u}, \mathfrak{u}] \subseteq \mathfrak{z}$, also muss für alle $v, \tilde{v} \in \mathfrak{v}$ schon $[v, \tilde{v}] \in \mathfrak{w} = \{0\}$ gelten, damit $\mathfrak{h}$ abgeschlossen unter der Lie-Klammer ist. Also ist $\mathfrak{v}$ ein abelscher Teilraum von $\mathbb{C}^n$. Nach Lemma 4.1.5 ist dann $i\,\mathfrak{v} \subseteq \mathfrak{v}^\perp$. Seien $c := \dim_\mathbb{R}(\mathfrak{v})$ und $(v_1, ..., v_c)$ eine $\mathbb{R}$-Orthonormalbasis von $\mathfrak{v}$. Dann ist dies auch ein $\mathbb{C}$-Orthonormalsystem. Indem man $(v_1, ..., v_c)$ zu einer $\mathbb{C}$-Orthonormalbasis $\mathfrak{X}$ von $\mathbb{C}^n$ erweitert, liefert Satz 4.2.5 ein $\Psi_\mathfrak{X} \in \mathrm{Aut}_a(\mathfrak{k}_\mathbb{C}) \cap \mathbf{O}(\mathfrak{k}_\mathbb{C})$ mit $\Psi_\mathfrak{X}(\mathfrak{h}) = \mathbb{R}a \oplus \mathrm{span}\{e_0, ..., e_c\}$.

„$\Leftarrow$“: Finde einen orthogonalen Lie-Automorphismus Ψ mit $\Psi(a) = a$ und der Eigenschaft, dass $\Psi(\mathfrak{h}) = \mathbb{R}a \oplus \mathrm{span}\{e_0, ..., e_c\}$. Dann ist mit $\Psi(\mathfrak{h})$ auch $\mathfrak{h}$ eine minimale Lie-Unteralgebra von $\mathfrak{k}_\mathbb{C}$. Es gilt außerdem $\mathfrak{w} = \{0\}$, also folgt $\mathfrak{w}^\perp = \mathbb{R}i$. Daher ist Bedingung (3.4) erfüllt und jede Lie-Unteralgebra von $\mathfrak{k}_\mathbb{C}$ total geodätisch.

2. „$\Rightarrow$“: Sei $\mathfrak{h} = \mathbb{R}a \oplus \mathfrak{v} \oplus \mathbb{R}i$ total geodätisch. Mit Satz 4.2.4 folgt dann $i\,\mathfrak{v} \subseteq \mathfrak{v}$, damit muss $\dim_\mathbb{R}(\mathfrak{v})$ eine gerade Zahl sein. Man findet $c := \frac{\dim_\mathbb{R}(\mathfrak{v})}{2}$ paarweise $\mathbb{C}$-orthogonale Vektoren $v_1, ..., v_c \in \mathfrak{v}$. Ergänze diese zu einer $\mathbb{C}$-Orthonormalbasis $\mathfrak{X} = (v_1, ..., v_n)$ von $\mathbb{C}^n$. Für $\mathfrak{X}$ findet man mit Satz 4.2.5 einen orthogonalen Lie-Automorphismus $\Psi_\mathfrak{X} \in \mathrm{Aut}_a(\mathfrak{k}_\mathbb{C}) \cap \mathbf{O}(\mathfrak{k}_\mathbb{C})$ derart, dass

$$\Psi_\mathfrak{X}(\mathfrak{h}) = \mathbb{R}a \oplus \mathrm{span}\{e_0, i\,e_0, ..., e_c, i\,e_c\} \oplus \mathbb{R}i.$$

„$\Leftarrow$“: Für alle $r \in \mathbb{N}_{\leq n}$ ist die Iwasawa-Lie-Algebra von $\mathbb{C}H^{r+1}$ eine total geodätische Lie-Unteralgebra. Ist $\mathfrak{h}$ isometrisch isomorph zu einer solchen, ist $\mathfrak{h}$ ebenfalls total geodätisch.

Alle Untervektorräume der Gestalt $\mathfrak{h} = \mathbb{R}a \oplus \mathfrak{v} \oplus \mathbb{R}i$ sind Lie-Unteralgebren, welche wegen Satz 3.2.2 minimal sind. Besitzt $\mathfrak{v}$ nicht die Eigenschaft $i\mathfrak{v} \subseteq \mathfrak{v}$, so ist $\mathfrak{h}$ auch nicht total geodätisch.

□

Vergleich mit den Beispielen von Jürgen Bernd und Martina Brück aus [BB01]

In ihrem Artikel [BB01] konstruieren die Autoren Gruppen, welche mit Kohomogenität 1 auf $\mathbb{C}H^{n+1}$ aber auch entsprechend auf $\mathbb{H}H^{n+1}$ und $\mathbb{O}H^2$ operieren. Für $\mathbb{K} = \mathbb{C}$ und unter Beschränkung auf Lie-Unteralgebren von $\mathfrak{k}$, die das Zentrum $\mathfrak{z}$ der Derivierten $\mathfrak{n}$ ganz

enthalten, erzielen sie hiermit ähnliche Ergebnisse wie die unter 2 in Satz 4.2.6 formulierten. Um diese vergleichend darzustellen, erläutern wir hier kurz die Konstruktionsmethode. (Einige Ergebnisse der Sätze 4.2.7 4 und 4.2.12 erhält man ebenfalls auf diese Weise. Ein genauerer Abgleich findet jeweils im Anschluss an diese Sätze statt.)
Die *Kohomogenität cohom*($\underline{G}, \underline{M}$) *der Operation einer Gruppe* $\underline{G}$ auf einer zusammenhängenden Riemannschen Mannigfaltigkeit $\underline{M}$ ist die Kodimension eines Orbits maximaler Dimension. Orbits, die nicht maximale Dimension haben, nennt man singulär.
In Proposition 3 des Artikels halten Jürgen Berndt und Martina Brück zunächst fest, dass für eine beliebige zusammenhängende Riemannsche Mannigfaltigkeit jeder singuläre Orbit einer mit Kohomogenität 1 operierenden Lie-Untergruppe der Isometriegruppe eine minimale Untermannigfaltigkeit ist. Falls $\underline{M}$ eine Hadamard-Mannigfaltigkeit ist und $\mathrm{cohom}(\underline{G}, \underline{M}) = 1$ gilt, bedingt die Existenz eines singulären Orbits P, dass es eine zusammenhängende auflösbare Lie-Untergruppe $\underline{S} \leq \underline{G}$ gibt, welche einfach transitiv auf P operiert (Proposition 1). Nach Proposition 4 von [BB01] (siehe auch Proposition 6.1 in [AD03]) besitzt $\underline{S}$ einen Fixpunkt $\underline{m} \in M(\infty)$ im Unendlichen.
Man startet also mit einer Lie-Untergruppe $\underline{S} \leq F$ der Iwasawa-Lie-Gruppe der hyperbolischen Räume und betrachtet den Orbit $P = \underline{S} \cdot o$ durch den Basispunkt. Als eine Folgerung aus dem Scheibensatz operiert die Gruppe $(N_K(\underline{S}))_0 \cdot \underline{S}$ genau dann mit Kohomogenität 1 auf $\mathbb{K}H^{n+1}$, falls $(N_K(\underline{S}))_0$ transitiv auf den Einheitsvektoren in $\nu_o P$ operiert, wobei $N_K(\underline{S})$ den Normalisator von $\underline{S}$ in K bezeichne. Dann ist P auch ein Orbit der Operation von $(N_K(\underline{S}))_0 \cdot \underline{S}$ auf $\mathbb{K}H^{n+1}$.
Ist dies der Fall und P nicht total geodätisch in $\mathbb{K}H^{n+1}$, so existiert ein $\mathbb{R}$-Untervektorraum $\mathfrak{v} \subseteq \mathfrak{u}$ für $\mathfrak{u}$ aus der Iwasawa-Lie-Algebra $\mathfrak{f} = \mathfrak{a} \oplus \mathfrak{n} = \mathfrak{a} \oplus (\mathfrak{u} \oplus \mathfrak{z})$ derart, dass die zu $\underline{S}$ assoziierte Lie-Algebra die Gestalt $\underline{\mathfrak{s}} = \mathfrak{a} \oplus \underline{\mathfrak{v}} \oplus \mathfrak{z}$ besitzt (Proposition 5). Die Lie-Untergruppe $K_{\underline{m}} \leq K$ besteht aus den Elementen von K, die den Punkt im Unendlichen $\underline{m}$ fixieren. Eine kurze Überlegung zeigt, dass die Isometrien $X \in K_{\underline{m}}$, welche den Orbit P invariant lassen, die Gruppe $\underline{S}$ normalisieren. Somit gilt $(N_K(\underline{S}))_0 = \{X \in K_{\underline{m}},\ T_oX(T_oP) \subseteq T_oP\}_0$. Gibt es also zu $\underline{\mathfrak{v}}$ eine abgeschlossene Lie-Untergruppe $K(\underline{\mathfrak{v}}) \leq K_{\underline{m}}$, die $\underline{\mathfrak{v}}$ invariant lässt, so bildet der Normalisator $(N_K(\underline{S}))_0$ der zu $\underline{\mathfrak{s}} = \mathfrak{a} \oplus \underline{\mathfrak{v}} \oplus \mathfrak{z}$ gehörigen zusammenhängenden Lie-Untergruppe $\underline{S} \leq F$ den Orbit $\underline{S} \cdot o$ in sich ab.
Das Problem der Beschreibung von Kohomogenität 1-Wirkungen mit singulären Orbits auf den hyperbolischen Räumen $\mathbb{K}H^{n+1}$ reduziert sich somit auf die Beschreibung aller $\mathbb{R}$-Untervektor- räume $\underline{\mathfrak{v}}$ mit $\mathrm{codim}(\underline{\mathfrak{v}}) \geq 2$, für die eine Lie-Untergruppe $K(\underline{\mathfrak{v}}) \leq K_{\underline{m}}$ mit

den Eigenschaften

(★)	$K(\underline{\mathfrak{v}})$ lässt $\underline{\mathfrak{v}}$ invariant
(★★)	$K(\underline{\mathfrak{v}})$ operiert transitiv auf den Einheitsvektoren in $\underline{\mathfrak{v}}^\perp$

existiert. Für ein solches $\underline{\mathfrak{v}}$ operiert $(N_K(\underline{S}))_0 \cdot \underline{S}$ mit Kohomogenität 1, wobei $\underline{S}$ die zur Lie-Unteralgebra $\underline{\mathfrak{s}} = \mathfrak{a} \oplus \underline{\mathfrak{v}} \oplus \mathfrak{z}$ gehörige zusammenhängende Lie-Untergruppe $\underline{S} \leq F$ ist. Desweiteren ist der Orbit $P = \underline{S} \cdot o$ der Operation von $(N_K(\underline{S}))_0 \cdot \underline{S}$ auf $\mathbb{K}H^{n+1}$ singulär, da durch die Voraussetzung $\mathrm{codim}(\underline{\mathfrak{v}}) \geq 2$ die Kodimension von P mindestens 2 ist.
In einer späteren Arbeit ([BT07]) gelingt Jürgen Berndt gemeinsam mit Hiroshi Tamaru eine Klassifikation aller Kohomogenität 1-Wirkungen auf $\mathbb{C}H^{n+1}$, $\mathbb{H}H^{n+1}$ und $\mathbb{O}H^2$.

Für $\underline{M} = \mathbb{C}H^{n+1}$ benutzen die Autoren zur Beschreibung solcher Untervektorräume $\underline{\mathfrak{v}}$ den Begriff des Kähler Winkels:
Für einen $\mathbb{R}$-Untervektorraum $\widetilde{\mathfrak{v}} \subseteq \mathbb{C}^n$ und einen Einheitsvektor $v \in \widetilde{\mathfrak{v}}$ bezeichnet man den Winkel $\phi(v) \in [0, \frac{\pi}{2}]$ zwischen dem Vektor $i\,v$ und $\widetilde{\mathfrak{v}}$ als *Kähler Winkel von* $\widetilde{\mathfrak{v}}$ *in* v. In Lemma 1, Proposition 6 und Theorem 2 wird festgehalten, dass die Vektorräume $\underline{\mathfrak{v}}$, die zu nicht total geodätischen singulären Orbits von Kohomogenität 1-Wirkungen führen, gerade diejenigen sind, für welche $\underline{\mathfrak{v}}^\perp$ konstanten Kähler Winkel $\phi \neq 0$ hat und die $\dim(\underline{\mathfrak{v}}), \mathrm{codim}(\underline{\mathfrak{v}}) \geq 2$ erfüllen.
In Proposition 7 werden alle Untervektorräume $\widetilde{\mathfrak{v}} \subseteq \mathbb{C}^n$ charakterisiert, für die der Kähler Winkel $\phi \in]0, \frac{\pi}{2}[$ konstant ist. Für diese $\widetilde{\mathfrak{v}}$ gilt $\dim_{\mathbb{R}}(\widetilde{\mathfrak{v}}) \in \{2, 4, ..., 2[\frac{n}{2}]\}$. Somit kann auf die Bedingung $\dim(\underline{\mathfrak{v}}), \mathrm{codim}(\underline{\mathfrak{v}}) \geq 2$ verzichtet werden.
Wie man leicht einsieht, gilt

$$\phi = 0 \quad \Leftrightarrow \quad i\,\underline{\mathfrak{v}}^\perp \subseteq \underline{\mathfrak{v}}^\perp \quad \Leftrightarrow \quad i\,\underline{\mathfrak{v}} \subseteq \underline{\mathfrak{v}}.$$

Damit sind die in [BB01] aufgeführten Beispiele für Lie-Untergruppen mit minimalen nicht total geodätischen Orbits gerade durch Vektorräume $\underline{\mathfrak{v}}$ charakterisiert, die nicht unter der Multiplikation mit i abgeschlossen sind und für die $\underline{\mathfrak{v}}^\perp$ konstanten Kähler Winkel hat.

In Satz 4.2.6 wurde bewiesen, dass die Bedingung, dass der Senkrechtraum konstanten Kähler Winkel hat, nicht gebraucht wird, da jeder Untervektorraum $\mathfrak{v} \subseteq \mathfrak{u}$, der nicht unter der Multiplikation mit i abgeschlossen ist, eine minimale nicht total geodätische Lie-Unteralgebra $\mathbb{R}a \oplus \mathfrak{v} \oplus \mathbb{R}i$ festlegt.

4.2.2 $\mathbb{K} = \mathbb{H}$

In diesem Fall hat die Iwasawa-Lie-Algebra die folgende Gestalt:

$$\mathfrak{f}_{\mathbb{H}} = \mathfrak{a} \oplus \mathbb{H}^n \oplus \Im(\mathbb{H}) = \mathbb{R}a \oplus \mathbb{H}^n \oplus \mathrm{span}\{i,j,k\}.$$

Ist nun $\mathfrak{h} \leq \mathfrak{f}_{\mathbb{H}}$ eine minimale Lie-Unteralgebra, so existieren reelle Untervektorräume $\mathfrak{v} \subseteq \mathbb{H}^n$ und $\mathfrak{w} \subseteq \Im(\mathbb{H})$ derart, dass $\mathfrak{h} = \mathbb{R}a \oplus \mathfrak{v} \oplus \mathfrak{w}$ gilt.

Die Lie-Automorphismen $\Psi \in \mathrm{Aut}_a(\mathfrak{f}_{\mathbb{H}}) \cap \mathbf{O}(\mathfrak{f}_{\mathbb{H}})$ sind gerade diejenigen, für welche es einen orthogonalen Lie-Automorphismus Φ der verallgemeinerten Heisenberg-Algebra $\mathbb{H}^n \oplus \Im(\mathbb{H})$ derart gibt, dass $\Psi(a+u+x) = a + \Phi(u+x)$ für alle $a+u+x \in \mathfrak{f}_{\mathbb{H}}$ gilt. In Abschnitt 10 von [Pan89] wird gezeigt, dass die Gruppe aller orthogonalen Lie - Automorphismen von $\mathbb{H}^n \oplus \Im(\mathbb{H})$ isomorph zu $\mathbf{Sp}(1) \times \mathbf{Sp}(n)$ ist. Genauer gilt

$$\mathrm{Aut}_a(\mathfrak{f}_{\mathbb{H}}) \cap \mathbf{O}(\mathfrak{f}_{\mathbb{H}}) = \{\Psi_{(z,\mathcal{A})}\,;\ (z,\mathcal{A}) \in \mathbf{Sp}(1) \times \mathbf{Sp}(n)\},$$

wobei

$$\Psi_{(z,\mathcal{A})} : \mathfrak{f}_{\mathbb{H}} \to \mathfrak{f}_{\mathbb{H}}, a+u+x \mapsto a + \mathcal{A}(z\,u) + z\,x\,\overline{z} \qquad \text{für alle} \quad (z,\mathcal{A}) \in \mathbf{Sp}(1) \times \mathbf{Sp}(n),$$

vergleiche hierzu auch Abschnitt 6.5 in [Heb97].

Bringe $\mathfrak{w}$ in Normalform.
Für alle $z \in \mathbf{Sp}(1)$ setze $\Psi_{(I_n,z)} =: \Psi_z$. Dann gilt

$$\{\Psi_z|_{\Im(\mathbb{H})}\,;\ z \in \mathbf{Sp}(1)\} = \mathbf{SO}(\Im(\mathbb{H})). \tag{4.11}$$

Offenbar gilt $\det(\Psi_z|_{\Im(\mathbb{H})}) = 1$ und damit $\{\Psi_z|_{\Im(\mathbb{H})}\,;\ z \in \mathbf{Sp}(1)\} \subseteq \mathbf{SO}(\Im(\mathbb{H}))$. Einen Beweis der anderen Inklusion findet man zum Beispiel in Kapitel 3 von [CS03].

Es gilt $\dim_{\mathbb{R}}(\mathfrak{w}) \in \{0,1,2,3\}$. Sei $\mathfrak{Y} = (w_1, w_2, w_3)$ eine positiv orientierte $\mathbb{R}$ - Orthonormalbasis von $\Im(\mathbb{H})$ derart, dass $(w_1, ..., w_{\dim_{\mathbb{R}}(\mathfrak{w})})$ für den Fall $\mathfrak{w} \neq \{0\}$ eine $\mathbb{R}$ - Orthonormalbasis von $\mathfrak{w}$ ist.
Wegen (4.11) existiert ein Einheitsquaternion z_0 mit $(\Psi_{z_0}(w_1), \Psi_{z_0}(w_2), \Psi_{z_0}(w_3)) = (i,j,k)$. Mittels Ψ_{z_0} können wir also $\mathfrak{w}$ mit $\mathbb{R}i$, falls $\dim_{\mathbb{R}}(\mathfrak{w}) = 1$ ist, und mit $\mathbb{R}i \oplus \mathbb{R}j$, falls $\dim_{\mathbb{R}}(\mathfrak{w}) = 2$ ist, identifizieren. Offenbar gilt $\Psi_{z_0}(\mathfrak{v}) = \mathfrak{v}$.

Bringe $\mathfrak{v}$ in Normalform.
Für alle $\mathcal{A} \in \mathbf{Sp}(n)$ setze $\Psi_{(\mathcal{A},1)} =: \Psi_{\mathcal{A}}$. Zu jeder $\mathbb{H}$-Orthonormalbasis $\mathfrak{X} = (v_1, ..., v_n)$ von $\mathbb{H}^n$ gibt es dann eine Matrix $\mathcal{A}(\mathfrak{X}) \in \mathbf{Sp}(n)$ mit der Eigenschaft $\Psi_{\mathcal{A}(\mathfrak{X})}(l\,v_s) = l\,e_s$ für alle $l \in \{1,i,j,k\}$ und alle $s \in \mathbb{N}_{\leq n}$. Offenbar gilt $\Psi_{\mathcal{A}(\mathfrak{X})}(\mathfrak{w}) = \mathfrak{w}$.

4.2.7 Satz (Charakterisierung im Fall $\mathbb{K} = \mathbb{H}$).
Sei $\mathfrak{v} \subseteq \mathbb{H}^n$ ein reeller Teilraum. Seien c die maximale Anzahl $\mathbb{H}$-orthonormaler Vektoren in $\mathfrak{v}$ und $\widetilde{\mathfrak{X}}$ ein maximales $\mathbb{H}$-Orthonormalsystem in $\mathfrak{v}$. Dann gelten

1. *Sei $\mathfrak{w} = \{0\}$. Es ist genau dann $\mathfrak{h} = \mathbb{R}a \oplus \mathfrak{v}$ eine Lie-Unteralgebra von $\mathfrak{f}_{\mathbb{H}}$, wenn $l\,\mathfrak{v} \subseteq \mathfrak{v}^{\perp}$ für alle $l \in \{i, j, k\}$ gilt. Dann existiert $\mathcal{A} \in \mathbf{Sp}(n)$ derart, dass*
$$\Psi_{\mathcal{A}}(\mathfrak{h}) \;=\; \mathbb{R}a \,\oplus\, span\{e_0, ..., e_c\},$$
d.h. so, dass $\mathfrak{h}$ isometrisch isomorph zur Iwasawa-Lie-Algebra von $\mathbb{R}H^{c+1}$ ist.
Solche Lie-Unteralgebren $\mathfrak{h}$ sind stets total geodätisch. Es gibt insbesondere keine minimalen Lie-Unteralgebren mit $\mathfrak{w} = \{0\}$, welche nicht schon total geodätisch sind.

2. *Sei $\mathfrak{w} = \mathbb{R}i$.*
   (a) *Es ist genau dann $\mathfrak{h} = \mathbb{R}a \oplus \mathfrak{v} \oplus \mathbb{R}i$ eine total geodätische Lie-Unteralgebra von $\mathfrak{f}_{\mathbb{H}}$, wenn $i\,\mathfrak{v} \subseteq \mathfrak{v}$, $j\,\mathfrak{v} \subseteq \mathfrak{v}^{\perp}$ und $k\,\mathfrak{v} \subseteq \mathfrak{v}^{\perp}$ gelten. Dann existiert $\mathcal{A} \in \mathbf{Sp}(n)$ derart, dass*
$$\Psi_{\mathcal{A}}(\mathfrak{h}) \;=\; \mathbb{R}a \,\oplus\, span\{e_0, i\,e_0, ..., e_c, i\,e_c\} \,\oplus\, \mathbb{R}i,$$
   d.h so, dass $\mathfrak{h}$ isometrisch isomorph zur Iwasawa-Lie-Algebra von $\mathbb{C}H^{c+1}$ ist.
   (b) *Es ist $\mathfrak{h}$ genau dann eine minimale nicht total geodätische Lie-Unteralgebra, wenn gilt:*
$$\{0\} \subsetneq \mathfrak{v} \subsetneq span(\widetilde{\mathfrak{X}} \cup i\,\widetilde{\mathfrak{X}}).$$

3. *Sei $\mathfrak{w} = \mathbb{R}i \oplus \mathbb{R}j$.*
   (a) *Sei $\mathfrak{v} = \{0\}$. Es ist $\mathfrak{h} = \mathbb{R}a \oplus (\mathbb{R}i \oplus \mathbb{R}j)$ eine total geodätische Lie-Unteralgebra von $\mathfrak{f}_{\mathbb{H}}$, welche isometrisch isomorph zur Iwasawa-Lie-Algebra von $\mathbb{R}H^3$ ist.*
   (b) *Sei $\mathfrak{v} \neq \{0\}$. Dann ist $\mathfrak{h} = \mathbb{R}a \oplus \mathfrak{v} \oplus \mathfrak{w}$ nicht total geodätisch. Es ist genau dann $\mathfrak{h}$ eine minimale Lie-Unteralgebra von $\mathfrak{f}_{\mathbb{H}}$, wenn gilt:*
$$\mathfrak{v} \subseteq span(\widetilde{\mathfrak{X}} \cup i\,\widetilde{\mathfrak{X}} \cup j\,\widetilde{\mathfrak{X}}).$$

4. *Sei $\mathfrak{w} = \Im(\mathbb{H})$. Die Lie-Unteralgebra $\mathfrak{h} = \mathbb{R}a \oplus \mathfrak{v} \oplus \Im(\mathbb{H})$ ist genau dann total geodätisch, wenn $l\,\mathfrak{v} \subseteq \mathfrak{v}$ für alle $l \in \{i, j, k\}$ gilt. Dann existiert $\mathcal{A} \in \mathbf{Sp}(n)$ derart, dass*
$$\Psi_{\mathcal{A}}(\mathfrak{h}) \;=\; \mathbb{R}a \,\oplus\, span\{e_0, i\,e_0, j\,e_0, k\,e_0, ..., e_c, i\,e_c, j\,e_c, k\,e_c\} \,\oplus\, \Im(\mathbb{H}),$$

d.h. so, dass $\mathfrak{h}$ isometrisch isomorph zur Iwasawa-Lie-Algebra von $\mathbb{H}H^{c+1}$ ist.
Es ist $\mathfrak{h}$ genau dann minimal und nicht total geodätisch, wenn gilt:

$$\{0\} \subsetneq \mathfrak{v} \subsetneq span(\widetilde{\mathfrak{X}} \cup i\,\widetilde{\mathfrak{X}} \cup j\,\widetilde{\mathfrak{X}} \cup k\,\widetilde{\mathfrak{X}}).$$

Beweis. 1. „$\Rightarrow$“: Sei $\mathfrak{h} = \mathbb{R}a \oplus \mathfrak{v}$ eine Lie-Unteralgebra. Dann ist $\mathfrak{v}$ abelsch und mit Lemma 4.1.5 gilt $l\,\mathfrak{v} \subseteq \mathfrak{v}^\perp$ für alle $l \in \{i, j, k\}$. Ergänze $\widetilde{\mathfrak{X}}$ zu einer $\mathbb{H}$-Orthonormalbasis $\mathfrak{X}$ von $\mathbb{H}^n$. Dann ist $\mathfrak{h}$ unter dem orthogonalen Lie-Automorphismus $\Psi_{\mathcal{A}(\mathfrak{X})}$ isometrisch isomorph zur Iwasawa-Lie-Algebra von $\mathbb{R}H^{c+1}$.
„$\Leftarrow$“: Analog zu 1. von Satz 4.2.6.

2. (a) „$\Rightarrow$“: Sei $\mathfrak{h} = \mathbb{R}a \oplus \mathfrak{v} \oplus \mathbb{R}i$ eine total geodätische Lie-Unteralgebra. Es gelten $\mathfrak{w} = \mathbb{R}i$ und $\mathfrak{w}^\perp = \mathbb{R}j \oplus \mathbb{R}k$. Mit Satz 4.2.4 folgen $j\,\mathfrak{v}, k\,\mathfrak{v} \subseteq \mathfrak{v}^\perp$ und $i\mathfrak{v} \subseteq \mathfrak{v}$. Setze $\widetilde{\mathfrak{X}}$ zu einer $\mathbb{H}$-Orthonormalbasis $\mathfrak{X}$ von $\mathbb{H}^n$ fort. Dann gilt

$$\Psi_{\mathcal{A}(\mathfrak{X})}(\mathfrak{h}) = \mathbb{R}a \oplus \operatorname{span}\{e_0, i\,e_0, ..., e_c, i\,e_c\} \oplus \mathbb{R}i.$$

„$\Leftarrow$“: Entsprechend zu 2. von Satz 4.2.6.

   (b) Mit Satz 4.2.4 ist $\mathfrak{h}$ genau dann eine minimale Lie-Unteralgebra, wenn die Inklusionen $k\,\mathfrak{v}, j\,\mathfrak{v} \subseteq \mathfrak{v}^\perp$ gelten. Wegen $\{0\} \neq \mathfrak{v} \neq \operatorname{span}(\widetilde{\mathfrak{X}} \cup i\,\widetilde{\mathfrak{X}})$ ist $\mathfrak{h}$ nicht total geodätisch ist.

3. (a) Klar mit Satz 4.2.3.

   (b) Für jedes $\mathbb{K} \in \{\mathbb{R}, \mathbb{C}, \mathbb{H}, \mathbb{O}\}$ und $r \in \mathbb{N}$ hat das Zentrum der Derivierten der Iwasawa-Lie-Algebra von $\mathbb{K}H^{r+1}$ die Dimension $\dim_{\mathbb{R}}(\mathbb{K}) - 1$. Es gelten in diesem Fall $\dim(Z([\mathfrak{h}, \mathfrak{h}])) = \dim(\mathfrak{w}) = 2$ und $\mathfrak{v} \neq \{0\}$.
Also kann $(\mathfrak{h} = \mathbb{R}a \oplus \mathfrak{v} \oplus (\mathbb{R}i \oplus \mathbb{R}j), \Re(\eta)|_{\mathfrak{h}})$ nicht isometrisch isomorph zu einer Iwasawa-Lie-Algebra eines hyperbolischen Raums $\mathbb{K}H^{r+1}$ sein. Mit Beobachtung 4.2.2 ist $\mathfrak{h}$ damit nicht total geodätisch.
Wegen $a \in \mathfrak{h}$ ist $\mathfrak{h}$ genau dann eine minimale Lie-Unteralgebra, wenn $\mathfrak{h}$ unter der Lie-Klammer abgeschlossen ist. Dies ist mit Satz 4.2.4 äquivalent zu $k\,\mathfrak{v} \subseteq \mathfrak{v}^\perp$. Dann ist $\mathfrak{v} \subseteq \operatorname{span}(\widetilde{\mathfrak{X}} \cup i\,\widetilde{\mathfrak{X}} \cup j\,\widetilde{\mathfrak{X}})$.

4. „$\Rightarrow$“: Sei $\mathfrak{h} = \mathbb{R}a \oplus \mathfrak{v} \oplus \Im(\mathbb{H})$ total geodätisch. Offenbar ist $\mathfrak{w}^\perp = \{0\}$. Aus Satz 4.2.4 erhält man $i\,\mathfrak{v} \subseteq \mathfrak{v}$, $j\,\mathfrak{v} \subseteq \mathfrak{v}$ und $k\,\mathfrak{v} \subseteq \mathfrak{v}$. Somit gilt $\mathfrak{v} = \operatorname{span}\{\widetilde{\mathfrak{X}} \cup i\,\widetilde{\mathfrak{X}} \cup j\,\widetilde{\mathfrak{X}} \cup k\,\widetilde{\mathfrak{X}}\}$

aufgrund der Maximalität von $\widetilde{\mathfrak{X}}$. Ergänze $\widetilde{\mathfrak{X}}$ zu einer $\mathbb{H}$-Orthonormalbasis $\mathfrak{X}$ von $\mathbb{H}^n$. Dann gilt

$$\Psi_{\mathcal{A}(\mathfrak{X})}(\mathfrak{h}) = \mathbb{R}a \oplus \operatorname{span}\{e_0, i\,e_0, j\,e_0, k\,e_0, ..., e_c, i\,e_c, j\,e_c, k\,e_c\} \oplus \Im(\mathbb{H}).$$

„$\Leftarrow$“: Entsprechend zu 2. von Satz 4.2.6.
Alle $\mathfrak{h} = \mathbb{R}a \oplus \mathfrak{v} \oplus \Im(\mathbb{H})$ sind Lie-Unteralgebren, welche wegen Satz 3.2.2 minimal sind. Wie in (a) gezeigt wurde, ist $\mathfrak{h}$ genau für $\mathfrak{v} = \operatorname{span}(\widetilde{\mathfrak{X}} \cup i\,\widetilde{\mathfrak{X}} \cup j\,\widetilde{\mathfrak{X}} \cup k\,\widetilde{\mathfrak{X}})$ total geodätisch.

□

Vergleich mit den Beispielen aus [BB01]

Für den Fall $\underline{M} = \mathbb{H}H^{n+1}$ haben Jürgen Berndt und Martina Brück ebenfalls Beispiele für singuläre nicht total geodätische Orbits von Kohomogenität 1-Wirkungen angegeben. Auch hier enthalten die Lie-Unteralgebren $\underline{\mathfrak{s}}$ den direkten Summanden $\mathfrak{z}$ und sind damit von der Gestalt $\underline{\mathfrak{s}} = \mathbb{R}a \oplus \underline{\mathfrak{v}} \oplus \mathfrak{z}$ für einen geeigneten $\mathbb{R}$-Untervektorraum $\underline{\mathfrak{v}} \subseteq \mathfrak{u}$. Alle in [BB01] aufgeführten Beispiele fallen somit unter 4.
Für $n = 2$ liefert Theorem 3 für $\dim(\underline{\mathfrak{v}}) \in \{1, 2\}$ die gewünschten Beispiele. Wie allerdings Satz 4.2.7 4 zu entnehmen ist, kann für eine minimale nicht total geodätische Lie-Unteralgebra auch $\dim(\mathfrak{v}) = 3$ gelten. Die Orbits der hierzu assoziierten zusammenhängende Lie-Untergruppe haben aber Kodimension 1 und sind daher keine singulären Orbits einer Kohomogenität 1-Wirkung.
Für den Fall $n \geq 3$ bedienen sich die Autoren einer Verallgemeinerung des Kähler Winkels: des *quaternionischen Kähler Winkels* $(\phi_1(v), \phi_2(v), \phi_3(v)) \in [0, \frac{\pi}{2}]^3$ (für Details siehe Lemma 3 in [BB01]).
Analog zum komplexen Fall gilt: Entsteht aus einem Vektorraum $\underline{\mathfrak{v}}$ ein singulärer Orbit einer Kohomogenität 1-Wirkung, so hat der Senkrechtraum $\underline{\mathfrak{v}}^\perp$ konstanten quaternionischen Kähler Winkel (Proposition 8).
Es wird jedoch keine Charakterisierung aller Vektorräume mit konstantem quaternionischem Kähler Winkel angegeben. Somit ist - anders als für $\mathbb{K} = \mathbb{C}$ - die Beispielklasse nicht vollständig beschrieben, zumal mit Proposition 9 bewiesen wird, dass für jedes $\phi \in]0, \frac{\pi}{2}[$ zu dem Tripel $(0, 0, \phi)$ keine $\mathbb{R}$-Untervektorräume $\underline{\mathfrak{v}} \subseteq \mathbb{H}^n$ existieren, die einen solchen quaternionischen Kähler Winkel aufweisen. Es werden aber die Beispielklassen $(0,0,0), (0,0,\frac{\pi}{2}), (0,\frac{\pi}{2},\frac{\pi}{2}), (\frac{\pi}{2},\frac{\pi}{2},\frac{\pi}{2})$ diskutiert. Es ist auch hier leicht einzusehen, dass

$$(\phi_1, \phi_2, \phi_3) = (0,0,0) \quad \Leftrightarrow \quad i\underline{\mathfrak{v}}^\perp,\ j\underline{\mathfrak{v}}^\perp,\ k\underline{\mathfrak{v}}^\perp \subseteq \underline{\mathfrak{v}}^\perp \quad \Leftrightarrow \quad i\underline{\mathfrak{v}},\ j\underline{\mathfrak{v}},\ k\underline{\mathfrak{v}} \subseteq \underline{\mathfrak{v}}.$$

Entsprechend Satz 4.2.7 4 ergeben sich also nur aus den letzten drei quaternionischen Kähler Winkeln nicht total geodätische Beispiele:
Für $(\phi_1, \phi_2, \phi_3) = (0, 0, \frac{\pi}{2})$ erhält man $\underline{\mathfrak{v}}^\perp = \Im(\mathbb{H})v_0$ für einen geeigneten Einheitsvektor $v_0 \in \underline{\mathfrak{v}}^\perp$. Die Räume, die $(\phi_1, \phi_2, \phi_3) = (0, \frac{\pi}{2}, \frac{\pi}{2})$ bzw. $(\phi_1, \phi_2, \phi_3) = (\frac{\pi}{2}, \frac{\pi}{2}, \frac{\pi}{2})$ erfüllen, sind Kopien von $\mathbb{C}^r$ mit $r = \frac{1}{2}\dim_{\mathbb{R}}(\underline{\mathfrak{v}}^\perp)$ bzw. $\mathbb{R}^{\dim_{\mathbb{R}}(\underline{\mathfrak{v}}^\perp)}$.
Gesondert werden noch einzelne Räume mit quaternionischem Kähler Winkel $(\phi, \frac{\pi}{2}, \frac{\pi}{2})$ und $(0, \phi, \phi)$ für beliebiges $\phi \in]0, \frac{\pi}{2}[$ angegeben, welche ebenfalls zu nicht total geodätischen singulären Orbits einer Kohomogenität 1-Wirkung führen.

4.2.3 $\mathbb{K} = \mathbb{O}$

Die Iwasawa-Lie-Algebra von $\mathbb{O}H^2$ ist

$$\mathfrak{f}_{\mathbb{O}} = \mathfrak{a} \oplus \mathbb{O} \oplus \Im(\mathbb{O}) = \mathbb{R}a \oplus \mathbb{O} \oplus \mathrm{span}\{i_1, ..., i_7\}.$$

Für jede minimale Lie-Unteralgebra $\mathfrak{h} \leq \mathfrak{f}_{\mathbb{O}}$ existieren Teilräume $\mathfrak{v} \subseteq \mathbb{O}$ und $\mathfrak{w} \subseteq \Im(\mathbb{O})$ so, dass $\mathfrak{h} = \mathbb{R}a \oplus \mathfrak{v} \oplus \mathfrak{w}$ gilt.

Wir verwenden auch hier die Resultate aus Abschnitt 10 von [Pan89] (bzw. aus 6.5 von [Heb97]). Entsprechend zur Präambel von Abschnitt 4.2.2 gilt:

$$\mathrm{Aut}_a(\mathfrak{f}_{\mathbb{O}}) \cap \mathbf{O}(\mathfrak{f}_{\mathbb{O}}) = \{\Psi_z\,;\ z \in \mathbf{Spin}(7)\},$$

wobei

$$\Psi_z : \mathfrak{f}_{\mathbb{O}} \to \mathfrak{f}_{\mathbb{O}}, a + v + y \mapsto a + (\Delta_7)_z(v) + \rho_z^{tw}(y) \qquad \text{für jedes } z \in \mathbf{Spin}(7).$$

Hierbei ist Δ_7 die reelle **Spin**-Darstellung (Definition A.3.5) und ρ^{tw} die getwistete adjungierte Darstellung der Clifford-Gruppe $\Gamma_7 \leq Cl_7^*$ (Definition A.2.1).
An dieser Stelle ist nur von Bedeutung, dass ein orthogonaler Lie-Automorphismus existiert, unter dem $\mathfrak{h}$ die gewünschte Gestalt erhält. In Abschnitt B.3 geben wir der Vollständigkeit halber an, wie die Abbildungen $(\Delta_7)_z$ und ρ_z^{tw} tatsächlich aussehen. Genaueres über Clifford-Algebren und **Spin**-Gruppen ist zusätzlich in Anhang A zusammengestellt worden.

Im Fall $\mathbb{K} = \mathbb{H}$ haben wir den in $\Im(\mathbb{H})$ liegenden Anteil eines a-enthaltenden Untervektorraums $\mathfrak{h} \subseteq \mathfrak{f}_{\mathbb{H}}$ mit dem Aufspann einer Teilmenge von $\{i, j, k\}$ identifiziert und

eine Fallunterscheidung nach der Dimension dieses Aufspanns gemacht. Gleichzeitig ließen sich orthogonale Lie-Automorphismen angeben, die den in $\mathbb{H}^n$-liegenden Anteil von $\mathfrak{h}$ in Normalform brachten. Diese Vorgehensweise kann im Fall $\mathbb{K} = \mathbb{O}$ nicht aufrecht erhalten werden, da die Operation von **Spin**(7) auf einem der Summanden den jeweils anderen im Allgemeinen nicht invariant lässt.
Wir wählen hier den Ansatz, die Wirkung auf dem Summanden $\mathfrak{v} \subseteq \mathbb{O}$ zu kontrollieren, und machen eine Fallunterscheidung nach dessen Dimension. Hierzu verwenden wir, dass die Gruppe **Spin**(7) auf $\{v \in \mathbb{O};\ \|v\| = 1\}$ transitiv operiert (Theorem 8.2 in [LM89]). Wir können damit annehmen, dass $1 \in \mathfrak{v}$.

GV: Sei $\mathfrak{v} \subseteq \mathbb{O}$ ein $\mathbb{R}$-Untervektorraum mit $1 \in \mathfrak{v}$. Setze $\mathfrak{w}_\mathfrak{v} := \Im(\mathfrak{v})$. Dann zerfällt $\mathfrak{v}$ in die orthogonale direkte Summe $\mathfrak{v} = \mathbb{R}1 \oplus \mathfrak{w}_\mathfrak{v}$.

Wie wir sehen werden, entscheidet sich nur anhand von $\mathfrak{w}_\mathfrak{v}$, ob $\mathfrak{h} = \mathbb{R}a \oplus \mathfrak{v} \oplus \mathfrak{w}$ eine Lie-Unteralgebra ist. Für jeden $\mathbb{R}$-Untervektorraum $\widehat{\mathfrak{w}} \subseteq \Im(\mathbb{O})$ setze

$$\widehat{\mathfrak{w}} \oplus \widehat{\mathfrak{w}}\widehat{\mathfrak{w}} := \operatorname{span}\{w + \Im(w_1 w_2)\,;\ w, w_1, w_2 \in \widehat{\mathfrak{w}}\}.$$

4.2.8 Lemma (Lie-Unteralgebren-Eigenschaft).
Es ist genau dann $\mathfrak{h} = \mathbb{R}a \oplus \mathfrak{v} \oplus \mathfrak{w} = \mathbb{R}a \oplus (\mathbb{R}1 \oplus \mathfrak{w}_\mathfrak{v}) \oplus \mathfrak{w}$ eine minimale Lie-Unteralgebra von $\mathfrak{f}_\mathbb{O}$, wenn $\mathfrak{w}_\mathfrak{v} \oplus \mathfrak{w}_\mathfrak{v}\mathfrak{w}_\mathfrak{v} \subseteq \mathfrak{w}$.

Beweis. Wir erinnern daran, dass die Lie-Klammer von $\mathfrak{f}_\mathbb{O}$ für alle $u, w \in \mathfrak{v}$ und $x, y \in \mathfrak{z}$ durch $[a + u + x, a + w + y] = w - u + 2y - 2x + \Im(u\overline{w})$ definiert ist. Daher gilt

$$\begin{aligned}
[\mathfrak{v}, \mathfrak{v}] &= \{[t\,1, w] + [w_1, w_2]\,;\ t \in \mathbb{R}\,,\ w, w_1, w_2 \in \mathfrak{w}_\mathfrak{v}\} \\
&= \{w + [w_1, w_2]\,;\ w, w_1, w_2 \in \mathfrak{w}_\mathfrak{v}\} = \{w + \Im(w_1 w_2)\,;\ w, w_1, w_2 \in \mathfrak{w}_\mathfrak{v}\}.
\end{aligned}$$

□

In der nachfolgenden Klassifikation werden wir zu $\mathfrak{v}$ somit hauptsächlich den rein imaginären Anteil $\mathfrak{w}_\mathfrak{v}$ untersuchen müssen. Vorher sind eingehendere Betrachtungen dazu nötig, welche Gestalt der Aufspann $\mathfrak{w}_\mathfrak{v} \oplus \mathfrak{w}_\mathfrak{v}\mathfrak{w}_\mathfrak{v}$ besitzen kann. Sehr hilfreich ist hierbei der Begriff des Cayley-Tripels.

4.2.9 Definition (Cayley-Tripel).
Ein Tripel aus Oktonionen (u_1, u_2, u_3) mit $\|u_1\|^2 = \|u_2\|^2 = \|u_3\|^2 = 1$ heißt *Cayley-Tripel*, falls u_1, u_2, u_3 paarweise orthogonal sind und zusätzlich u_3 orthogonal zu $u_1 u_2$ ist.

Offenbar ist (i_1, i_2, i_4) ein Cayley-Tripel. Die Cayley-Tripel besitzen die folgende Eigenschaft, die sich zur Berechnung von $\mathfrak{w}_\mathfrak{v} \oplus \mathfrak{w}_\mathfrak{v}\mathfrak{w}_\mathfrak{v}$ als nützlich erweisen wird.

4.2.10 Satz (11.16 in [SBG+95]).
Für je zwei Cayley-Tripel (u_1, u_2, u_3) *und* (w_1, w_2, w_3) *existiert genau ein Automorphismus* $\varphi \in \mathrm{Aut}(\mathbb{O})$ *der Divisionsalgebra* $\mathbb{O}$ *mit der Eigenschaft* $\varphi(u_l) = w_l$ *für alle* $l \in \{1, 2, 3\}$.

Da die Lie-Klammer und das Skalarprodukt auf dem direkten Summanden $\mathbb{O}$ aus Real- bzw. Imaginärteilbildung und Oktonionenmultiplikation zusammengesetzt ist, respektieren Automorphismen von $\mathbb{O}$ diese.
Das folgende Lemma liefert für beliebige reelle Teilräume $\widehat{\mathfrak{w}} \subseteq \Im(\mathbb{O})$ die benötigten Informationen über den Aufspann $\widehat{\mathfrak{w}} \oplus \widehat{\mathfrak{w}}\widehat{\mathfrak{w}}$ und ist damit nach Lemma 4.2.8 das zentrale Hilfsmittel der angestrebten Klassifikation aller minimalen Lie-Unteralgebren von $\mathfrak{f}_\mathbb{O}$ (Satz 4.2.12). Vorweg halten wir fest, dass für je zwei zueinander orthogonale Vektoren $w_1, w_2 \in \widehat{\mathfrak{w}}$ ein $\widetilde{w} \in \Im(\mathbb{O})$ so existiert, dass $(w_1, w_2, \widetilde{w})$ ein Cayley-Tripel ist. Daher findet man mit Satz 4.2.10 zu solchen $w_1, w_2 \in \widehat{\mathfrak{w}}$ stets ein $\varphi \in \mathrm{Aut}(\mathbb{O})$ derart, dass $\varphi(w_1) = i_1$ und $\varphi(w_2) = i_2$ gelten.

4.2.11 Lemma (Bestimmung von $\widehat{\mathfrak{w}} \oplus \widehat{\mathfrak{w}}\widehat{\mathfrak{w}}$).
Sei $\widehat{\mathfrak{w}} \subseteq \Im(\mathbb{O})$ ein $\mathbb{R}$-Untervektorraum.

1. Sei $\widehat{\mathfrak{w}} = \{0\}$. Dann gilt $\widehat{\mathfrak{w}} \oplus \widehat{\mathfrak{w}}\widehat{\mathfrak{w}} = \{0\}$.
2. Sei $\dim_\mathbb{R}(\widehat{\mathfrak{w}}) = 1$. Dann gilt $\widehat{\mathfrak{w}} = \widehat{\mathfrak{w}} \oplus \widehat{\mathfrak{w}}\widehat{\mathfrak{w}}$.
3. Sei $\dim_\mathbb{R}(\widehat{\mathfrak{w}}) = 2$. Dann ist $\widehat{\mathfrak{w}} \oplus \widehat{\mathfrak{w}}\widehat{\mathfrak{w}}$ unter einem Isomorphismus $\varphi \in \mathrm{Aut}(\mathbb{O})$ isomorph zu $\mathbb{R}i_1 \oplus \mathbb{R}i_2 \oplus \mathbb{R}i_3$.
4. Sei $\dim_\mathbb{R}(\widehat{\mathfrak{w}}) = 3$. Dann ist $\widehat{\mathfrak{w}} \oplus \widehat{\mathfrak{w}}\widehat{\mathfrak{w}}$ unter einem Isomorphismus $\psi \in \mathrm{Aut}(\mathbb{O})$ isomorph zu $\mathbb{R}i_1 \oplus \mathbb{R}i_2 \oplus \mathbb{R}i_3$ oder es gilt $\dim_\mathbb{R}(\widehat{\mathfrak{w}} \oplus \widehat{\mathfrak{w}}\widehat{\mathfrak{w}}) = 6$.
5. Sei $\dim_\mathbb{R}(\widehat{\mathfrak{w}}) \geq 4$. Dann enthält $\widehat{\mathfrak{w}}$ ein Cayley-Tripel.
6. Sei $\dim_\mathbb{R}(\widehat{\mathfrak{w}}) \geq 4$. Dann gilt $\widehat{\mathfrak{w}} \oplus \widehat{\mathfrak{w}}\widehat{\mathfrak{w}} = \Im(\mathbb{O})$.

Beweis. 1. Klar.

2. Da $\widehat{\mathfrak{w}} \subseteq \Im(\mathbb{O})$ gilt, ist $w^2 = -w\overline{w} = -\|w\|^2 \in \mathbb{R}$ und somit $\Im(w^2) = 0$ für alle $w \in \widehat{\mathfrak{w}}$.

3. Seien $w_1, w_2 \in \widehat{\mathfrak{w}}$. Nach obiger Überlegung existiert ein $\varphi \in \mathrm{Aut}(\mathbb{O})$ mit der Eigenschaft, dass $\varphi(\widehat{\mathfrak{w}}) = \mathbb{R}i_1 \oplus \mathbb{R}i_2$ gilt. Damit ist

$$\varphi(\widehat{\mathfrak{w}} \oplus \widehat{\mathfrak{w}}\widehat{\mathfrak{w}}) = \varphi(\widehat{\mathfrak{w}}) \oplus \varphi(\widehat{\mathfrak{w}})\varphi(\widehat{\mathfrak{w}}) = \mathbb{R}i_1 \oplus \mathbb{R}i_2 \oplus \mathbb{R}i_3 \; .$$

4. Falls $\widehat{\mathfrak{w}}$ unter einem Automorphismus $\psi \in \mathrm{Aut}(\mathbb{O})$ isomorph zu $\mathbb{R}i_1 \oplus \mathbb{R}i_2 \oplus \mathbb{R}i_3$ ist, gilt $\psi(\widehat{\mathfrak{w}} \oplus \widehat{\mathfrak{w}}\widehat{\mathfrak{w}}) = \psi(\widehat{\mathfrak{w}}) \oplus \psi(\widehat{\mathfrak{w}})\psi(\widehat{\mathfrak{w}}) = \mathbb{R}i_1 \oplus \mathbb{R}i_2 \oplus \mathbb{R}i_3$.
Sei andernfalls (w_1, w_2, w_3) eine Orthonormalbasis von $\widehat{\mathfrak{w}}$. Dann gibt es $\varphi \in \mathrm{Aut}(\mathbb{O})$ mit der Eigenschaft $i_1, i_2 \in \varphi(\widehat{\mathfrak{w}})$. Ergänze durch w' zu einer Orthonormalbasis von $\widehat{\mathfrak{w}}$. Zerlege $w' = (w')^\top + (w')^\perp$, wobei

$$(w')^\top \in \mathbb{R}i_1 \oplus \mathbb{R}i_2 \oplus \mathbb{R}i_3 \qquad \text{und} \qquad (w')^\perp \in (\mathbb{R}i_1 \oplus \mathbb{R}i_2 \oplus \mathbb{R}i_3)^\perp \; .$$

Dann ist $(i_1, i_2, \frac{1}{\|(w')^\perp\|}(w')^\perp)$ ein Cayley-Tripel. Dementsprechend findet man einen Automorphismus $\varphi' \in \mathrm{Aut}(\mathbb{O})$ derart, dass

$$\varphi'(i_1) = i_1 \, , \; \varphi'(i_2) = i_2 \text{ und } \quad \varphi'\left(\frac{1}{\|(w')^\perp\|}(w')^\perp\right) = i_4 \; .$$

Da φ' die Multiplikation erhält, gilt $\varphi'(i_1 \, i_2) = \varphi'(i_1)\varphi'(i_2) = i_1 \, i_2 = i_3$; damit folgt $\varphi'((w')^\top) \in \mathbb{R}i_1 \oplus \mathbb{R}i_2 \oplus \mathbb{R}i_3$. Also existieren $c_3, c_4 \in \mathbb{R}$ mit $c_4 \neq 0$ und $c_3^2 + c_4^2 = 1$ so, dass $(i_1, i_2, c_3 i_3 + c_4 i_4)$ eine Orthonormalbasis von $\varphi'(\varphi(\widehat{\mathfrak{w}}))$ ist. Es gelten

$$i_1 \, (c_3 i_3 + c_4 i_4) = -c_3 i_2 + c_4 i_5 \qquad \text{und} \qquad i_2 \, (c_3 i_3 + c_4 i_4) = c_3 i_1 + c_4 i_6 \; .$$

Somit folgen $i_1, i_2, i_3, i_4, i_5, i_6 \in \varphi'(\varphi(\widehat{\mathfrak{w}} \oplus \widehat{\mathfrak{w}}\widehat{\mathfrak{w}}))$, aber $i_7 \notin \varphi'(\varphi(\widehat{\mathfrak{w}} \oplus \widehat{\mathfrak{w}}\widehat{\mathfrak{w}}))$, also gilt $\dim(\widehat{\mathfrak{w}} \oplus \widehat{\mathfrak{w}}\widehat{\mathfrak{w}})_{\mathbb{R}} = 6$.

5. Sei $(w_1, ..., w_{\dim(\widehat{\mathfrak{w}})})$ eine Orthonormalbasis von $\widehat{\mathfrak{w}}$. Dann existiert $\varphi \in \mathrm{Aut}(\mathbb{O})$ derart, dass $i_1, i_2 \in \varphi(\widehat{\mathfrak{w}})$ gilt. Es genügt nun zu zeigen, dass $\varphi(\widehat{\mathfrak{w}})$ ein Cayley-Tripel enthält. Ergänze i_1, i_2 zu einer Orthonormalbasis $(i_1, i_2, w_3', w_4', ..., w'_{\dim(\widehat{\mathfrak{w}})})$ mit der Eigenschaft, dass es $c_3^3, ..., c_7^3, c_3^4, ..., c_7^4 \in \mathbb{R}$ derart gibt, dass $w_3' = c_3^3 i_3 + ... + c_7^3 i_7$ und $w_4' = c_3^4 i_3 + ... + c_7^4 i_7$, d.h. dass w_3' und w_4' keine i_1- und i_2-Anteile besitzen. Dann gilt

$$0 = \Re(w_3'\overline{w_4'}) = \Re\left((c_3^3 i_3 + ... + c_7^3 i_7)(\overline{c_3^4 i_3 + ... + c_7^4 i_7})\right) = \sum_{l=3}^{7} c_l^3 c_l^4 .$$

Falls $c_3^3 = 0$, so ist (i_1, i_2, w_3') ein Cayley-Tripel.
Gilt $c_3^3 \neq 0$, so folgt $c_3^4 = -\frac{1}{c_3^3} \sum_{l=4}^{7} c_l^3 c_l^4$. Setze $\underline{w} := w_4' + (\frac{1}{(c_3^3)^2} \sum_{l=4}^{7} c_l^3 c_l^4) w_3'$. Dann

gilt $\underline{w} \in \varphi(\widehat{\mathfrak{w}}) \setminus \{0\}$ und

$$\begin{aligned}\underline{w} &= \left(c_3^4 + \left(\frac{1}{(c_3^3)^2}\sum_{l=4}^{7} c_l^3 c_l^4\right) c_3^3\right) i_3 + \ldots + \left(c_7^4 + \left(\frac{1}{(c_3^3)^2}\sum_{l=4}^{7} c_l^3 c_l^4\right) c_7^3\right) i_7 \\ &= \left(c_3^4 + \frac{1}{c_3^3}\sum_{l=4}^{7} c_l^3 c_l^4\right) i_3 + \ldots + \left(c_7^4 + \frac{c_7^3}{(c_3^3)^2}\sum_{l=4}^{7} c_l^3 c_l^4\right) i_7 \in \mathbb{R}i_4 \oplus \ldots \oplus \mathbb{R}i_7.\end{aligned}$$

Damit ist $(i_1, i_2, \underline{w})$ ein Cayley-Tripel.

6. Nach Aussage 2 enthält $\widehat{\mathfrak{w}}$ ein Cayley-Tripel. Satz 4.2.10 liefert einen Automorphismus $\widehat{\varphi} \in \mathrm{Aut}(\mathbb{O})$, der das Cayley-Tripel auf (i_1, i_2, i_4) abbildet. Da $\dim_{\mathbb{R}}(\varphi(\widehat{\mathfrak{w}})) \geq 4$ gilt, existieren $c_3, c_5, c_6, c_7 \in \mathbb{R}$ nicht alle gleich 0 mit $w' := c_3 i_3 + \ldots + c_7 i_7 \in \varphi(\widehat{\mathfrak{w}})$. Multiplikation der Basiselemente ergibt

$$\begin{aligned} i_1\, w' &= -c_3 i_2 - c_5 i_4 - c_6 i_7 + c_7 i_6 \\ i_2\, w' &= c_3 i_1 + c_5 i_7 - c_6 i_4 - c_7 i_5 \\ i_4\, w' &= -c_3 i_7 + c_5 i_1 + c_6 i_2 + c_7 i_3\ . \end{aligned}$$

Da $(i_1, i_2, i_4, w', i_1 w', i_2 w', i_4 w')$ linear unabhängig ist, folgt $\dim(\varphi(\widehat{\mathfrak{w}} \oplus \widehat{\mathfrak{w}}\widehat{\mathfrak{w}})) = 7$, also gilt auch $\widehat{\mathfrak{w}} \oplus \widehat{\mathfrak{w}}\widehat{\mathfrak{w}} = \Im(\mathbb{O})$.

□

Wir kommen nun zur Klassifikation der minimalen nicht total geodätischen Lie - Unteralgebren von $\mathfrak{f}_{\mathbb{O}}$.

4.2.12 Satz (Charakterisierung im Fall $\mathbb{K} = \mathbb{O}$).

1. *Es gelte* $\mathfrak{v} = \{0\}$. *Für jeden* $\mathbb{R}$*-Untervektorraum* $\mathfrak{w} \subseteq \Im(\mathbb{O})$ *ist* $\mathfrak{h} = \mathbb{R}a \oplus \mathfrak{w}$ *eine total geodätische Lie-Unteralgebra, die isometrisch isomorph zur Iwasawa-Lie-Algebra von* $\mathbb{R}H^{\dim_{\mathbb{R}}(\mathfrak{w})+1}$ *ist.*

2. *Es gelte* $\dim_{\mathbb{R}}(\mathfrak{v}) = 1$. *Für jeden* $\mathbb{R}$*-Untervektorraum* $\mathfrak{w} \subseteq \Im(\mathbb{O})$ *ist* $\mathfrak{h} = \mathbb{R}a \oplus \mathfrak{v} \oplus \mathfrak{w}$ *eine minimale Lie-Unteralgebra von* $\mathfrak{f}_{\mathbb{O}}$*, die aber nicht total geodätisch ist sofern* $\mathfrak{w} \neq \{0\}$*. Die total geodätische Lie-Unteralgebra* $\mathfrak{h} = \mathbb{R}a \oplus \mathfrak{v} = \mathbb{R}a \oplus \mathbb{R}1$ *ist isometrisch isomorph zur Iwasawa-Lie-Algebra von* $\mathbb{R}H^2$.

3. *Es gelte* $\dim_{\mathbb{R}}(\mathfrak{v}) = 2$. *Für genau diejenigen* $\mathbb{R}$*-Untervektorräume* $\mathfrak{w} \subseteq \Im(\mathbb{O})$ *mit* $\mathfrak{w}_{\mathfrak{v}} \subseteq \mathfrak{w}$ *ist* $\mathfrak{h} = \mathbb{R}a \oplus \mathfrak{v} \oplus \mathfrak{w}$ *eine minimale Lie-Unteralgebra von* $\mathfrak{f}_{\mathbb{O}}$*, die aber nicht total geodätisch ist sofern* $\mathfrak{w} \neq \mathfrak{w}_{\mathfrak{v}}$*. Die total geodätische Lie-Unteralgebra* $\mathfrak{h} = \mathbb{R}a \oplus \mathfrak{v} \oplus \mathfrak{w}_{\mathfrak{v}}$ *ist isometrisch isomorph zu* $\mathbb{C}H^2$.

4. *Es gelte* $\dim_{\mathbb{R}}(\mathfrak{v}) = 3$ *oder es sei* $\mathfrak{v}$ *unter einem Automorphismus* $\varphi \in \mathrm{Aut}(\mathbb{O})$ *isomorph zu* $\mathbb{R}1 \oplus \mathbb{R}i_1 \oplus \mathbb{R}i_2 \oplus \mathbb{R}i_3$. *Im ersten Fall können wir* $\mathfrak{v} = \mathbb{R}1 \oplus \mathbb{R}i_1 \oplus \mathbb{R}i_2$ *identifizieren. Für genau diejenigen* $\mathbb{R}$*-Untervektorräume* $\mathfrak{w} \subseteq \Im(\mathbb{O})$ *mit* $\mathbb{R}i_1 \oplus \mathbb{R}i_2 \oplus \mathbb{R}i_3 \subseteq \mathfrak{w}$ *sind* $\mathfrak{h} = \mathbb{R}a \oplus (\mathbb{R}1 \oplus \mathbb{R}i_1 \oplus \mathbb{R}i_2) \oplus \mathfrak{w}$ *und* $\mathfrak{h} = \mathbb{R}a \oplus (\mathbb{R}1 \oplus \mathbb{R}i_1 \oplus \mathbb{R}i_2 \oplus \mathbb{R}i_3) \oplus \mathfrak{w}$ *minimale Lie-Unteralgebren von* $\mathfrak{f}_{\mathbb{O}}$.
Im Fall $\dim_{\mathbb{R}}(\mathfrak{v}) = 3$ *gibt es keine total geodätischen Beispiele.*
Es ist $\mathfrak{h} = \mathbb{R}a \oplus (\mathbb{R}1 \oplus \mathbb{R}i_1 \oplus \mathbb{R}i_2 \oplus \mathbb{R}i_3) \oplus \mathfrak{w}$ *dann und nur dann total geodätisch, wenn* $\mathfrak{w} = \mathfrak{w}_{\mathfrak{v}} \oplus \mathfrak{w}_{\mathfrak{v}}\mathfrak{w}_{\mathfrak{v}} = \mathbb{R}i_1 \oplus \mathbb{R}i_2 \oplus \mathbb{R}i_3$, *d.h. wenn* $\mathfrak{h}$ *die Iwasawa-Lie-Algebra von* $\mathbb{H}H^2$ *ist.*

5. *Es gelte* $\dim_{\mathbb{R}}(\mathfrak{v}) = 4$ *so, dass* $\mathfrak{v}$ *nicht unter einem Automorphismus* $\varphi \in \mathrm{Aut}(\mathbb{O})$ *isomorph zu* $\mathbb{R}1 \oplus \mathbb{R}i_1 \oplus \mathbb{R}i_2 \oplus \mathbb{R}i_3$ *ist. Dann sind nur* $\mathfrak{h} = \mathbb{R}a \oplus \mathfrak{v} \oplus (\mathfrak{w}_{\mathfrak{v}} \oplus \mathfrak{w}_{\mathfrak{v}}\mathfrak{w}_{\mathfrak{v}})$ *und* $\mathfrak{h} = \mathbb{R}a \oplus \mathfrak{v} \oplus \Im(\mathbb{O})$ *minimale Lie-Unteralgebren von* $\mathfrak{f}_{\mathbb{O}}$. *Von diesen beiden ist keine total geodätisch.*

6. *Es gelte* $\dim_{\mathbb{R}}(\mathfrak{v}) > 4$. *Dann ist nur* $\mathfrak{h} = \mathbb{R}a \oplus \mathfrak{v} \oplus \Im(\mathbb{O})$ *eine minimale Lie-Unteralgebra von* $\mathfrak{f}_{\mathbb{O}}$ *und diese ist dann und nur dann total geodätisch, wenn* $\mathfrak{v} = \mathbb{O}$.

Beweis. 1. Klar mit Satz 4.2.3.

2. Sei $\mathfrak{w} \subseteq \Im(\mathbb{O})$ ein Untervektorraum. Da $\mathfrak{v}$ abelsch ist, erfüllt $\mathfrak{h} = \mathbb{R}a \oplus \mathfrak{v} \oplus \mathfrak{w}$ die Lie-Unteralgebren-Eigenschaft. Die Minimalität folgt mit Satz 4.2.1. Es gelte $\mathfrak{w} \neq \{0\}$. Dann gilt $J_{\mathfrak{w}}(\mathfrak{v}) = J_{\mathfrak{w}}(\mathbb{R}1) \not\subseteq \mathbb{R}1$. Mit Satz 4.2.4 ist $\mathfrak{h} = \mathbb{R}a \oplus \mathfrak{w} \oplus \mathfrak{v}$ damit nicht total geodätisch.

3. Es gilt $\dim_{\mathbb{R}}(\mathfrak{w}_{\mathfrak{v}}) = 1$ und damit folgt $\mathfrak{w}_{\mathfrak{v}} \oplus \mathfrak{w}_{\mathfrak{v}}\mathfrak{w}_{\mathfrak{v}} = \mathfrak{w}_{\mathfrak{v}}$ aus Lemma 4.2.11. Es liefert dann Lemma 4.2.8 die Lie-Unteralgebren-Eigenschaft von $\mathfrak{h} = \mathbb{R}a \oplus (\mathbb{R}1 \oplus \mathfrak{w}_{\mathfrak{v}}) \oplus \mathfrak{w}$ für alle $\mathbb{R}$-Untervektorräume $\mathfrak{w} \subseteq \Im(\mathbb{O})$ mit $\mathfrak{w}_{\mathfrak{v}} \subseteq \mathfrak{w}$. Seien $w \in \Im(\mathbb{O})$ sowie $r \in \mathbb{R}$ und $w_{\mathfrak{v}} \in \mathfrak{w}_{\mathfrak{v}}$. Dann gilt

$$J_w(r1 + w_{\mathfrak{v}}) = -w(r1 + w_{\mathfrak{v}}) = -(rw + ww_{\mathfrak{v}}) \in \mathbb{R}1 \oplus \mathfrak{w}_{\mathfrak{v}} \quad \Leftrightarrow \quad w \in \mathfrak{w}_{\mathfrak{v}}.$$

Satz 4.2.4 liefert, dass $\mathfrak{h} = \mathbb{R}a \oplus (\mathbb{R}1 \oplus \mathfrak{w}_{\mathfrak{v}}) \oplus \mathfrak{w}_{\mathfrak{v}}$ bis auf Automorphismen die einzige total geodätische Lie-Unteralgebra von $\mathfrak{f}_{\mathbb{O}}$ ist. Für ein $\varphi \in \mathrm{Aut}(\mathbb{O})$ mit $\varphi(\mathfrak{w}_{\mathfrak{v}}) = \mathbb{R}i_1$, erhält man die Iwasawa-Lie-Algebra von $\mathbb{C}H^2$.

4. Aufgrund der vor Lemma 4.2.11 gemachten Überlegung, und da $1 \in \mathfrak{v}$ gilt, können wir $\mathfrak{v}$ mit $\mathbb{R}1 \oplus \mathbb{R}i_1 \oplus \mathbb{R}i_2$ identifizieren, falls $\dim_{\mathbb{R}}(\mathfrak{v}) = 3$. Es gelten also $\mathfrak{w}_{\mathfrak{v}} = \mathbb{R}i_1 \oplus \mathbb{R}i_2$

für $\dim_{\mathbb{R}}(\mathfrak{v}) = 3$ und $\mathfrak{w}_{\mathfrak{v}} = \mathbb{R}i_1 \oplus \mathbb{R}i_2 \oplus \mathbb{R}i_3$ für $\mathfrak{v} = \mathbb{R}1 \oplus \mathbb{R}i_1 \oplus \mathbb{R}i_2 \oplus \mathbb{R}i_3$. Nach Lemma 4.2.11 gilt in beiden Fällen $\mathfrak{w}_{\mathfrak{v}} \oplus \mathfrak{w}_{\mathfrak{v}}\mathfrak{w}_{\mathfrak{v}} = \mathbb{R}i_1 \oplus \mathbb{R}i_2 \oplus \mathbb{R}i_3$ und mit Lemma 4.2.8 sowie Satz 4.2.1 sind die beiden in der Behauptung 4 aufgeführten $\mathfrak{h}$ alle minimalen Lie-Unteralgebren.

Im Fall $\dim_{\mathbb{R}}(\mathfrak{v}) = 3$ gilt nach obiger Identifikation $i_3 \in \mathfrak{w}_{\mathfrak{v}} \oplus \mathfrak{w}_{\mathfrak{v}}\mathfrak{w}_{\mathfrak{v}}$ aber $i_3 \notin \mathfrak{v}$. Das bedeutet für alle $\mathfrak{w} \subseteq \Im(\mathbb{O})$ mit $\mathfrak{w}_{\mathfrak{v}} \oplus \mathfrak{w}_{\mathfrak{v}}\mathfrak{w}_{\mathfrak{v}} \subseteq \mathfrak{w}$:

$$J_{\mathfrak{w}}(\mathfrak{v}) \ni J_{i_3}(\mathfrak{v}) = J_{i_3}(\mathbb{R}1 \oplus \mathbb{R}i_1 \oplus \mathbb{R}i_2) = \mathbb{R}i_3 \oplus \mathbb{R}i_2 \oplus \mathbb{R}i_1 \not\subseteq \mathfrak{v} .$$

Also folgt mit Satz 4.2.4, dass $\mathfrak{h} = \mathbb{R}a \oplus (\mathbb{R}1 \oplus \mathbb{R}i_1 \oplus \mathbb{R}i_2) \oplus \mathfrak{w}$ nicht total geodätisch ist. Es gilt für alle $w \in \Im(\mathbb{O})$ und alle $r, c_1, c_2, c_3 \in \mathbb{R}$:

$$\begin{aligned} J_w(r1 + c_1i_1 + c_2i_2 + c_3i_3) &= -(rw + c_1wi_1 + c_2wi_2 + c_3wi_3) \\ &\in \mathbb{R}1 \oplus \mathbb{R}i_1 \oplus \mathbb{R}i_2 \oplus \mathbb{R}i_3 \\ \Leftrightarrow \qquad & \qquad w \in \mathbb{R}i_1 \oplus \mathbb{R}i_2 \oplus \mathbb{R}i_3 \end{aligned}$$

Es gilt damit allgemein:

Falls $\mathfrak{v}' \subseteq \mathbb{O}$ mit $1 \in \mathfrak{v}'$ zu $\mathbb{H}$ isomorph ist, ist $\mathbb{R}a \oplus \mathfrak{v}' \oplus (\mathfrak{w}_{\mathfrak{v}'} \oplus \mathfrak{w}_{\mathfrak{v}'}\mathfrak{w}_{\mathfrak{v}'})$ isometrisch isomorph zur Iwasawa-Lie-Algebra von $\mathbb{H}H^2$.

5. Mit Lemma 4.2.11 gilt in diesem Fall $\dim_{\mathbb{R}}(\mathfrak{w}_{\mathfrak{v}} \oplus \mathfrak{w}_{\mathfrak{v}}\mathfrak{w}_{\mathfrak{v}}) = 6$. Da $\mathfrak{h} = \mathbb{R}a \oplus \mathfrak{v} \oplus \mathfrak{w}$ nur für $\mathbb{R}$-Untervektorräume $\mathfrak{w} \subseteq \Im(\mathbb{O})$ mit der Eigenschaft $\mathfrak{w}_{\mathfrak{v}} \oplus \mathfrak{w}_{\mathfrak{v}}\mathfrak{w}_{\mathfrak{v}} \subseteq \mathfrak{w}$ eine Lie-Unteralgebra ist, bleiben für $\mathfrak{w}$ nur $\mathfrak{w}_{\mathfrak{v}} \oplus \mathfrak{w}_{\mathfrak{v}}\mathfrak{w}_{\mathfrak{v}}$ und $\Im(\mathbb{O})$. Da $\dim(\mathfrak{w}_{\mathfrak{v}} \oplus \mathfrak{w}_{\mathfrak{v}}\mathfrak{w}_{\mathfrak{v}}) = 6$ gilt, kann $\mathfrak{w}_{\mathfrak{v}} \oplus \mathfrak{w}_{\mathfrak{v}}\mathfrak{w}_{\mathfrak{v}}$ nach Beobachtung 4.2.2 nicht als Zentrum einer total geodätischen Lie-Unteralgebra von $\mathfrak{f}_{\mathbb{O}}$ auftreten. Außerdem existiert in beiden Fällen ein $w \in \Im(\mathbb{O})$ mit $w \notin \mathfrak{w}_{\mathfrak{v}}$. Dann ist $J_w(1) = -w \notin \mathfrak{v}$, also sind die beiden Lie-Unteralgebren $\mathfrak{h}$ aus der Behauptung nicht total geodätisch.

6. Falls $\mathfrak{v} \neq \mathbb{O}$ gibt es wegen $1 \in \mathfrak{v}$ ein $w \in \Im(\mathbb{O}) \setminus \mathfrak{v}$. Dann gilt wieder $J_w(1) = -w \notin \mathfrak{v}$. Gilt $\mathfrak{v} = \mathbb{O}$, so ist nach Lemma 4.2.11 $\mathfrak{h} = \mathfrak{f}_{\mathbb{O}}$.

Die Fallunterscheidung nach der Dimension von $\mathfrak{v}$ ist für $\mathbb{K} = \mathbb{O}$ im Vergleich zu den Fällen $\mathbb{K} = \mathbb{C}, \mathbb{H}$ besonders sinnvoll, da die Möglichkeiten für $\mathfrak{v}$ hier klar überschaubar sind und ein enger Zusammenhang zwischen der Lie-Klammer auf $\mathfrak{u} = \mathbb{O}$ und der Oktonionen-multiplikation besteht.

Vergleich mit den Beispielen aus [BB01]

Für $\underline{M} = \mathbb{O}H^2$ wird auch in [BB01] eine Fallunterscheidung nach der Dimension von $\underline{\mathfrak{v}} \subseteq \mathbb{O}$ gemacht. Die Autoren geben für $\dim_{\mathbb{R}}(\underline{\mathfrak{v}}) \in \{0, 1, 2, 4, 5, 6\}$ jeweils eine Gruppe $K(\underline{\mathfrak{v}})$ an, welche die Eigenschaften ($\bigstar$) und ($\bigstar\bigstar$) besitzt. Auch in diesem Fall ist in den so bestimmten Lie-Algebren $\underline{\mathfrak{s}} = \mathbb{R}a \oplus \underline{\mathfrak{v}} \oplus \mathfrak{z}$ stets das Zentrum $\mathfrak{z}$ von $\mathfrak{n}$ enthalten.
Theorem 6 sagt zusammenfassend aus, dass für $\dim_{\mathbb{R}}(\underline{\mathfrak{v}}) \in \{1, 2, 4, 5, 6\}$ zu $\underline{\mathfrak{s}}$ eine Lie - Untergruppe $\underline{S}$ assoziiert ist, die einen minimalen nicht total geodätischen Orbit besitzt, welcher als singulärer Orbit einer Kohomogenität 1-Wirkung auf $\mathbb{O}H^2$ entsteht. Aus Satz 4.2.12 ist bekannt, dass jeder echte nichttriviale Unterraum $\mathfrak{v} \subseteq \mathbb{O}$ eine minimale nicht total geodätische Lie-Unteralgebra $\mathbb{R}a \oplus \mathfrak{v} \oplus \mathfrak{z}$ festlegt. Da für $\dim_{\mathbb{R}}(\underline{\mathfrak{v}}) \in \{3, 7\}$ keine Gruppe mit den Eigenschaften ($\bigstar$) und ($\bigstar\bigstar$) existiert, besitzen die assoziierten Lie-Untergruppen für $\dim_{\mathbb{R}}(\mathfrak{v}) \in \{3, 7\}$ aber keinen singulären Orbit einer Kohomogenität 1-Wirkung.

Kapitel 5

Minimale Lie-Untergruppen von Iwasawa-Typ Lie-Gruppen

Die in Kapitel 3 gelungene Charakterisierung minimaler Lie-Unteralgebren von Standard-Erweiterungen von zweischritt nilpotenten Lie-Algebren soll im fünften Kapitel nun auf eine größere Klasse von Lie-Algebren ausgeweitet werden, nämlich auf Lie-Algebren vom Iwasawa-Typ.
Diese Beispielklasse von auflösbaren Lie-Algebren wurde 1991 von T.H. Wolter in [Wol91] als eine direkte Verallgemeinerung des auflösbaren Anteils der Iwasawa-Zerlegung halbeinfacher Lie-Algebren eingeführt: Sie lassen sich als orthogonale direkte Summe ihrer Derivierten und eines abelschen Komplements schreiben und die Endomorphismen ad(a) für Elemente a aus dem abelschen Summanden sind selbstadjungiert und zum Teil positiv definit.
Die zu solchen Lie-Algebren assoziierten Lie-Gruppen - Iwasawa-Typ Lie-Gruppen genannt - lassen stets eine linksinvariante Metrik mit nichtpositiver Schnittkrümmung zu. T.H. Wolter untersucht in dem eben erwähnten Artikel vornehmlich die Existenz von Einsteinmetriken und die Existenz von Einsteinmetriken mit nichtpositiver Schnittkrümmung auf solchen Iwasawa-Typ Lie-Gruppen.
In [Heb97] wurde 1997 bewiesen: Auflösbare Lie-Algebren, welche eine Einsteinmetrik mit der Eigenschaft tragen, dass die Derivierte ein abelsches orthogonales Komplement besitzt, sind isometrisch zu einer Lie-Algebra vom Iwasawa-Typ (Theorem 4.10). Jede Lie-Algebra vom Iwasawa-Typ, die eine Einsteinmetrik trägt, geht laut Theorem 4.18 aus eben einer solchen Lie-Algebra mit eindimensionalem abelschem Summanden hervor. In Abschnitt 5.3 (D) von [Heb97] wird aber auch eine Möglichkeit beschrieben, Lie-Algebren

vom Iwasawa-Typ (mit eindimensionalem abelschem Summanden) zu konstruieren, die keine Einsteinmetrik besitzen können.
In Abschnitt 1 von [Dru02] werden ausführlich einige Grundlagen über Struktur, globale Koordinaten und Krümmung von Lie-Algebren vom Iwasawa-Typ mit algebraischem Rang 1 bzw. der assoziierten Iwasawa-Typ Lie-Gruppen dargestellt, bevor M.J. Druetta Jakobi-Operatoren entlang Geodätischer und deren Eigenwerte untersucht. Eine Riemannsche Mannigfaltigkeit heißt ein $\mathfrak{P}$-Raum, wenn für jede Geodätische γ die Jakobi-Operatoren $R_{\gamma'(t)} := R(.,\gamma'(t))\gamma'(t)$ bezüglich einer zu γ parallelen Orthonormalbasis entlang γ diagonalisierbar sind. Die Autorin zeigt, dass jede Iwasawa-Typ Lie-Gruppe mit algebraischem Rang 1, die zusätzlich ein $\mathfrak{P}$-Raum ist, schon ein Damek-Ricci-Raum (Abschnitt 3.1) ist.
In der Arbeit [Dru01] wurde ein Jahr früher bewiesen, dass eine Iwasawa-Typ Lie-Gruppe mit algebraischem Rang 1 sogar ein Rang 1-symmetrischer Raum vom nicht-kompakten Typ sein muss, sofern die Operatoren $R_{\gamma'(t)}$ nicht nur auf die beschriebene Art diagonalisierbar sind, sondern sogar von t unabhängige Eigenwerte besitzen. Eine Riemannsche Mannigfaltigkeit deren Jakobi-Operatoren $R_{\gamma'(t)}$ dies erfüllen, bezeichnet man als $\mathfrak{C}$-Raum.

Im ersten Abschnitt zeigen wir, dass - sofern der abelsche Summand als eindimensional vorausgesetzt - wird, eine direkte Verallgemeinerung von Satz 3.2.2 gilt: Es ist eine notwendige und hinreichende Bedingung für die Minimalität einer Lie-Unteralgebra, dass das Komplement der Derivierten in ihr enthalten ist. Für den Beweis muss in dieser allgemeineren Situation erneut die Existenz eines Lie-Automorphismus φ geklärt werden, der $\mathfrak{a} \subseteq \varphi^{-1}(\mathfrak{h})$ erfüllt und eine spezielle Invarianz-Eigenschaft besitzt. Anschließend formulieren wir für Lie-Untergruppen von Iwasawa-Typ Lie-Gruppen noch ein Kriterium für die Existenz und Eindeutigkeit eines minimalen Orbits.
Im zweiten Abschnitt beschäftigen wir uns mit dem Fall, dass das Komplement der Derivierten nicht eindimensional ist. Unter anderem gewinnen wir die Erkenntnis, dass jede graduierte Lie-Unteralgebra einer graduierten nilpotenten Lie-Algebra minimal ist. Desweiteren stellt sich anhand der in [Heb91] ausführlich behandelten Beispielklasse der Parallelenräume von total geodätischen Untermannigfaltigkeiten heraus, dass die im ersten Abschnitt erarbeitete charakterisierende Bedingung für die Minimalität einer Lie-Unteralgebra keine direkte Übertragung auf den höherdimensionalen Fall erlaubt. Die Äquivalenz verliert auch dann ihre Gültigkeit, wenn die Lie-Algebra nicht vom Iwasawa-Typ ist.
Letzteres zeigt sich im dritten Abschnitt, wo wir eine Lie-Algebra konstruieren, die nicht vom Iwasawa-Typ ist, und eine Lie-Unteralgebra darin angeben, welche zwar das Komple-

ment der Derivierten enthält, jedoch nicht minimal ist.
Der vierte und letzte Abschnitt beschäftigt sich mit dem Fall $\mathbb{R}H^{n+1}$. Wie 2001 in [DSO01] bewiesen wurde, fallen für Orbits in den reellen hyperbolischen Räumen die Begriffe „minimal" und „total geodätisch" zusammen. Hier geben wir mit Hilfe des Resultats aus dem ersten Abschnitt einen alternativen Beweis dafür an, dass Orbits von Lie-Untergruppen der Iwasawa-Gruppe von $\mathbb{R}H^{n+1}$ genau dann minimal sind, wenn sie total geodätisch sind.

5.1 Verallgemeinerung des Resultats auf Iwasawa-Typ Lie-Gruppen

In den Kapiteln 3 und 4 haben wir mit den Iwasawa-Lie-Algebren der hyperbolischen Räume gearbeitet. Um die Verallgemeinerung auf Lie-Algebren vom Iwasawa-Typ zu motivieren, rufen wir uns diejenigen zentralen Eigenschaften dieser Lie-Algebren ins Gedächtnis, welche zum Beweis von Satz 3.2.2 relevant waren:

Die Iwasawa-Lie-Algebren sind der auflösbare Teil $\mathfrak{f} = \mathfrak{a} \oplus \mathfrak{n}$ der Iwasawa-Zerlegung (Satz 1.2.16) einer halbeinfachen Lie-Algebra vom nicht-kompakten Typ. Hierbei ist $\mathfrak{n}$ die Derivierte der Iwasawa-Lie-Algebra, und $\mathfrak{a}$ wurde abelsch gewählt.
Die beiden Summanden sind orthogonal bezüglich des durch die Killing-Form induzierten Skalarprodukts. Für jedes $a \in \mathfrak{a}$ ist der Endomorphismus $\mathrm{ad}(a)$ selbstadjungiert (Definition 1.2.14).
Da die Menge der Wurzeln Λ bezüglich $\mathfrak{a}$ (Definition 1.2.15) endlich ist, existiert ein $a_0 \in \mathfrak{a}$, welches $\alpha(a_0) > 0$ für alle $\alpha \in \Lambda$ erfüllt. Für dieses a_0 gilt $\langle \mathrm{ad}(a_0)x, x\rangle > 0$ für alle $x \in \mathfrak{n}$, da $\mathfrak{n}$ die lineare Hülle der Eigenvektoren zu den $\alpha \in \Lambda$ mit $\alpha(a_0) > 0$ ist.

Für Lie-Algebren vom Iwasawa-Typ macht man nun genau diese Eigenschaften zu definierenden Bedingungen.

5.1.1 Definition (Lie-Algebren vom Iwasawa-Typ (vergleiche Definition 1.2 in [Wol91])). Eine auflösbare Lie-Algebra $\mathfrak{g}$, welche ein Skalarprodukt $\langle .,..\rangle$ trägt, heißt *vom Iwasawa-Typ*, falls

1. $\mathfrak{g}$ zerfällt als orthogonale, semidirekte Summe $\mathfrak{g} = \mathfrak{a} \oplus \mathfrak{n}$ in seine Derivierte $\mathfrak{n} := [\mathfrak{g}, \mathfrak{g}]$ und ein abelsches Komplement $\mathfrak{a}$.

2. Für jedes $a \in \mathfrak{a}$ ist der Operator $\mathrm{ad}(a)$ selbstadjuniert bezüglich $\langle .,..\rangle$.

3. Es gibt einen Vektor $a_0 \in \mathfrak{a}$, für den $\mathrm{ad}(a_0)|_{\mathfrak{n}} : \mathfrak{n} \to \mathfrak{n}$ positiv definit ist. Das bedeutet, es gilt $\langle \mathrm{ad}(a_0)x, x\rangle > 0$ für alle $x \in \mathfrak{n}$.

Die zusammenhängenden einfach zusammenhängenden Lie-Gruppen, welche zu Lie - Algebren vom Iwasawa-Typ assoziiert sind, bezeichnet man als *Iwasawa-Typ Lie-Gruppen.*

Insbesondere sind die zu Damek-Ricci-Räumen assoziierten Lie-Algebren vom Iwasawa-Typ.

Eine auflösbare Lie-Algebra $\mathfrak{g}$ heißt *vollständig auflösbar*, wenn für alle $x \in \mathfrak{g}$ der Endomorphismus $\mathrm{ad}(x)$ nur reelle Eigenwerte besitzt (Definition 2.6 in [Heb97]). Lie-Algebren vom Iwasawa-Typ sind stets vollständig auflösbar, insbesondere besitzt dann $\mathrm{ad}(a_0)$ für das ausgezeichnete Element $a_0 \in \mathfrak{a}$ aus Bedingung 3 in obiger Definition nur nichtnegative reelle Eigenwerte. Ist $\mathfrak{g}$ vom Iwasawa-Typ, so ist $\mathfrak{a}$ eine Cartan-Unteralgebra (Bemerkungen 4.3 in [Heb97]) und somit der algebraische Rang von $\mathfrak{s}$ gleich $\dim(\mathfrak{a})$ (Definition 1.2.5).

In Definition 4.2 in [Heb97] wird der Bedingung 2 unserer Definition 5.1.1 hinzugefügt, dass $\mathrm{ad}(a)$ nicht die Nullabbildung sein darf, sofern $a \neq 0$ gilt. Es existiert auf der zu $\mathfrak{g}$ gehörigen einfach zusammenhängenden Lie-Gruppe G dann nicht nur eine linksinvariante Metrik mit nichtpositiver Schnittkrümmung, sondern man kann aufgrund dieser zusätzlichen Bedingung die Metrik sogar so wählen, dass $\mathfrak{g}$ keinen euklidischen de Rham Faktor besitzt und dass der Krümmungsoperator auf 2-Formen negativ semidefinit ist. Das Hauptresultat des vorliegenden Kapitels wird für Lie-Algebren vom Iwasawa-Typ mit Rang 1 formuliert. In diesem Fall liefert Bedingung 3 diese Zusatzvoraussetzung.

GV: Sei $\mathfrak{g}$ mit dem Skalarprodukt $\langle .,..\rangle$ eine Lie-Algebra vom Iwasawa-Typ. Es bezeichne $\mathfrak{n} := [\mathfrak{g}, \mathfrak{g}]$ die Derivierte. Es sei $\mathfrak{a}$ das abelsche orthogonale Komplement zu $\mathfrak{n}$ in $\mathfrak{g}$. Sei G die zusammenhängende einfach zusammenhängende Lie-Gruppe zu $\mathfrak{g}$ und mit einer linksinvarianten Metrik ausgestattet.

5.1.2 Lemma (Existenz einer Graduierung).
Es gelte $\dim_{\mathbb{R}}(\mathfrak{a}) = 1$. Dann besitzt $\mathfrak{g}$ eine orthogonale Graduierung über einer endlichen Indexmenge $\Omega_0 \subseteq \mathbb{R}$ mit $0 \in \Omega_0$ gemäß Definition 2.2.5.

Beweis. Sei $a \in \mathfrak{a} \setminus \{0\}$ derart, dass $\mathrm{ad}(a)|_\mathfrak{n}$ positiv definit ist. Außerdem ist $\mathrm{ad}(a)|_\mathfrak{n} \not\equiv 0$ und selbstadjungiert bezüglich $\langle .,.. \rangle$ und damit diagonalisierbar. Seien $\omega_1, ..., \omega_\nu \in \mathbb{R}_{>0}$ die Eigenwerte von $\mathrm{ad}(a)|_\mathfrak{n}$ in aufsteigender Reihenfolge. Für jedes $l \in \{1, ..., \nu\}$ bezeichne $\mathfrak{n}_{\omega_l} := \mathrm{ER}_{\omega_l}(\mathrm{ad}(a)|_\mathfrak{n})$ und für alle $\tau \notin \{0, \omega_1, ..., \omega_\nu\}$ sei $\mathfrak{n}_\tau = \{0\}$. Die Derivierte $\mathfrak{n} = [\mathfrak{g}, \mathfrak{g}]$ ist dann die orthogonale direkte Summe der Eigenräume: $\mathfrak{n} = \mathfrak{n}_{\omega_1} \oplus ... \oplus \mathfrak{n}_{\omega_\nu}$. Seien nun $k, l \in \{1, ..., \nu\}$. Seien $x \in \mathfrak{n}_{\omega_k}$ und $y \in \mathfrak{n}_{\omega_l}$. Es folgt

$$\mathrm{ad}(a)([x,y]) = [a,[x,y]] = -[x,[y,a]] - [y,[a,x]] = [x, \omega_l y] - [y, \omega_k x] = (\omega_k + \omega_l)[x,y].$$

Ist $\omega_k + \omega_l$ kein Eigenwert, so folgt $[x,y] = 0$. Also gilt $[\mathfrak{n}_{\omega_k}, \mathfrak{n}_{\omega_l}] \subseteq \mathfrak{n}_{\omega_k+\omega_l}$. Setze $\mathfrak{n}_0 := \mathfrak{a}$ und $\Omega_0 := \{0, \omega_1, ..., \omega_\nu\}$. Dann folgt $[\mathfrak{n}_0, \mathfrak{n}_{\omega_l}] \subseteq \mathfrak{n}_{\omega_l}$, also ist $\mathfrak{g} = \mathfrak{a} \oplus \mathfrak{n} = \bigoplus_{\omega \in \Omega_0} \mathfrak{n}_\omega$ eine orthogonale Graduierung bezüglich Ω_0.

□

Jede Lie-Unteralgebra $\mathfrak{h} \leq \mathfrak{g}$ mit der Eigenschaft $\mathfrak{a} \subseteq \mathfrak{h}$ erbt von $\mathfrak{g}$ die Graduierung über Ω_0, denn es gilt $\mathfrak{h} = \bigoplus_{\omega \in \Omega_0} \mathfrak{h}_\omega$, wobei $\mathfrak{h}_\omega := \mathfrak{h} \cap \mathfrak{n}_\omega$ für jedes $\omega \in \Omega_0$. Insbesondere ist die Derivierte $\mathfrak{n}$ graduiert über $\Omega := \Omega_0 \setminus \{0\}$.
Für den Senkrechtraum $\mathfrak{d} = \mathfrak{h}^\perp$ einer Lie-Unteralgebra gilt $\mathfrak{d} = \bigoplus_{\omega \in \Omega_0} \mathfrak{d}_\omega$. Für jedes $\omega \in \Omega_0$ sei hierbei mit $\mathfrak{d}_\omega$ der Senkrechtraum von $\mathfrak{h}_\omega$ in $\mathfrak{n}_\omega$ bezeichnet. Damit genügt $\mathfrak{g}$ im Fall $\dim(\mathfrak{a}) = 1$ den Voraussetzungen von Unterabschnitt 2.2.1.

Charakterisierung der minimalen Lie-Unteralgebren

Das Resultat von Satz 3.2.2 behält für Lie-Algebren vom Iwasawa-Typ seine Richtigkeit.

5.1.3 Satz (Minimale Lie-Unteralgebren von Lie-Algebren vom Iwasawa-Typ).
Es gelte $\dim_\mathbb{R}(\mathfrak{a}) = 1$. *Sei* $\mathfrak{h} \leq \mathfrak{g}$ *eine Lie-Unteralgebra. Dann sind äquivalent*

1. $\mathfrak{h}$ *ist minimal.*

2. $\mathfrak{a} \subseteq \mathfrak{h}$.

Gelten eine und damit beide der obigen Aussagen, so ist $\mathfrak{h}$ *genau dann total geodätisch, wenn* $[\mathfrak{h}_+, \mathfrak{d}] \subseteq \mathfrak{d}$, *wobei* $\mathfrak{h}_+ := \mathfrak{h} \cap \mathfrak{n}$ *ist und* $\mathfrak{d}$ *den Senkrechtraum von* $\mathfrak{h}$ *in* $\mathfrak{g}$ *bezeichne.*

Die eine Richtung der Äquivalenz folgt wieder aus Korollar 2.2.9. Zum Beweis der anderen Implikation benötigen wir einen Lie-Automorphismus, der den Vektor a auf die orthogonale Projektion von a auf $\mathfrak{h}$ abbildet. Da die Lie-Klammer bekannt war, konnten wir einen solchen für Standard-Erweiterungen von zweischritt nilpotenten Lie-Algebren

(Kapitel 3) konkret angeben. In dieser allgemeineren Situation sind hierzu vor dem Beweis des Hauptresultats einige Vorarbeiten nötig.

5.1.4 Satz (a stets Urbild unter geeignetem Lie-Automorphismus).
Sei $a \in \mathfrak{a}$ derart, dass $\mathrm{ad}(a)|_{\mathfrak{n}}$ invertierbar ist. Sei $v = \mu a + x$, wobei $\mu \in \mathbb{R} \setminus \{0\}$ und $x \in \mathfrak{n}$. Dann gibt es einen Lie-Automorphismus $\varphi \in \mathrm{Aut}(\mathfrak{g})$ mit $\varphi(\mu a) = v$.

Um dies zeigen zu können, zitieren wir folgendes Lemma, welches zum Beispiel in [Heb97] bewiesen wird.

5.1.5 Lemma (Lemma 2.9 aus [Heb97]).
Sei L eine einfach zusammenhängende, auflösbare Lie-Gruppe. Es bezeichne $\mathfrak{l}$ bzw. $\mathfrak{p} = [\mathfrak{l}, \mathfrak{l}]$ die zu L bzw. $P := [L, L]$ assoziierte Lie-Algebra. Es existiere ein Vektor $z \in \mathfrak{l}$ mit der Eigenschaft, dass $\mathrm{ad}_{\mathfrak{l}}(z)|_{\mathfrak{p}} : \mathfrak{p} \to \mathfrak{p}$ invertierbar ist. Dann wird durch

$$\Phi_z(X) := z - \mathrm{Ad}_L(X^{-1})(z)$$

ein Diffeomorphismus $\Phi_z : P \to \mathfrak{p}$ definiert.

Beweis. zu Satz 5.1.4
Es sei N die zusammenhängende Lie-Gruppe zu $\mathfrak{n}$. Nach Satz 5.1.8 (III.3.31 in [HN91]) ist N sogar einfach zusammenhängend. Dann ist N nilpotent, also ist die Exponentialabbildung $\exp_N : \mathfrak{n} \to N$ ein Diffeomorphismus.
Mit $\mathrm{ad}(a)|_{\mathfrak{n}}$ ist, da $\mu \neq 0$ gilt, auch $\mathrm{ad}(\mu a)|_{\mathfrak{n}}$ invertierbar. Somit ist $\Phi_{\mu a} : N \to \mathfrak{n}$ nach Lemma 5.1.5 ein Diffeomorphismus. Folglich ist $\Phi_{\mu a} \circ \exp_N$ ein Diffeomorphismus auf $\mathfrak{n}$. Für jedes $y \in \mathfrak{n}$ gilt:

$$\begin{aligned}(\Phi_{\mu a} \circ \exp_N)(y) &= \Phi_{\mu a}(\exp_N(y)) = \mu a - \mathrm{Ad}(\exp_N(-y))(\mu a) \overset{(1.4)}{=} \mu a - \exp(\mathrm{ad}(-y))(\mu a) \\ &= \mu a - \left(\sum_{l=0}^{\infty} \frac{1}{l!}(\mathrm{ad}(-y))^l\right)(\mu a) = -\left(\sum_{l=1}^{\infty} \frac{1}{l!}(\mathrm{ad}(-y))^l\right)(\mu a).\end{aligned}$$

Aufgrund der Bijektivität von $\Phi_{\mu a} \circ \exp_N$ finden wir zu $x \in \mathfrak{n}$ ein eindeutig bestimmtes $y \in \mathfrak{n}$ mit $-x = (\Phi_{\mu a} \circ \exp_N)(y)$. Setze nun $\varphi := \exp(\mathrm{ad}(-y))$. Dann ist $\varphi \in \mathrm{Aut}(\mathfrak{g})$ ein Lie-Automorphismus. Es gilt

$$\begin{aligned}\varphi(\mu a) &= \exp(\mathrm{ad}(-y))(\mu a) = \left(\sum_{l=0}^{\infty} \frac{1}{l!}(\mathrm{ad}(-y))^l\right)(\mu a) \\ &= \mu a + \left(\sum_{l=1}^{\infty} \frac{1}{l!}(\mathrm{ad}(-y))^l\right)(\mu a) = \mu a - (\Phi_{\mu a} \circ \exp_N)(y) \\ &= \mu a + x = v.\end{aligned}$$

□

Die Berechnung von Spur(ad(a)) gelingt in Kapitel 3 nach Wahl einer geeigneten Basis. In der vorliegenden Situation benötigt man zusätzlich, dass Lie-Automorphismen der Gestalt $\exp(\mathrm{ad}(y))$ die direkte Zerlegung der Lie-Algebra in die Haupträume eines zerfallenden Endomorphismus $\mathrm{ad}(\widetilde{a})$ abschnittsweise respektieren. Beachte hierbei, dass zerfallende Endomorphismen nur reelle Eigenwerte besitzen (II.2.13 in [HN91]).

5.1.6 Lemma (Invarianz-Eigenschaft von $\exp(\mathrm{ad}(y))$).
Seien $\mathfrak{l}$ eine Lie-Algebra und $\widetilde{a} \in \mathfrak{l}$ derart, dass $\mathrm{ad}(\widetilde{a})$ zerfallend über $\mathbb{R}$ ist und nur nichtnegative Eigenwerte besitzt. Seien $\omega_1, ..., \omega_\nu$ die Eigenwerte von $\mathrm{ad}(\widetilde{a})$ in absteigender Reihenfolge. Für jedes $k \in \{1, ..., \nu\}$ bezeichne mit t_k die algebraische Vielfachheit von ω_k und mit $\mathfrak{l}_{\omega_k} := \mathrm{Kern}((\mathrm{ad}(\widetilde{a}) - \omega_k \mathrm{Id}_{\mathfrak{l}})^{t_k})$ den Hauptraum von $\mathrm{ad}(\widetilde{a})$ zu ω_k. Sei außerdem $y \in \mathfrak{l}$ und $\varphi := \exp(\mathrm{ad}(y))$. Dann gilt:

$$\varphi\left(\bigoplus_{l=1}^{k} \mathfrak{l}_{\omega_l}\right) \subseteq \bigoplus_{l=1}^{k} \mathfrak{l}_{\omega_l} \quad \text{für alle} \quad k \in \{1, ..., \nu\}. \tag{5.1}$$

Beweis. Da $\mathrm{ad}(\widetilde{a})$ zerfallend ist, gilt $\mathfrak{l} = \oplus_{l=1}^{\nu} \mathfrak{l}_{\omega_l}$, daher lässt sich y als Summe von Hauptvektoren $y = \sum_{l=1}^{\nu} y_l$ schreiben. Seien $k \in \{1, ..., \nu\}$ und $z \in \mathfrak{l}_{\omega_k}$. Dann gilt für jedes $l \in \{1, ..., \nu\}$:

$$\begin{aligned}
(\mathrm{ad}(\widetilde{a}) - (\omega_l + \omega_k)\mathrm{Id}_{\mathfrak{l}})([y_l, z]) &= [\widetilde{a}, [y_l, z]] - (\omega_l + \omega_k)[y_l, z] \\
&\overset{\text{Jacobi-Id.}}{=} -[y_l, [z, \widetilde{a}]] - [z, [\widetilde{a}, y_l]] - (\omega_l + \omega_k)[y_l, z] \\
&\overset{y_l \in \mathfrak{l}_{\omega_l}, z \in \mathfrak{l}_{\omega_k}}{=} -[y_l, -\omega_k z] - [z, \omega_l y_l] - (\omega_l + \omega_k)[y_l, z] \\
&= (\omega_l + \omega_k)[y_l, z] - (\omega_l + \omega_k)[y_l, z] = 0.
\end{aligned}$$

Also gilt $[y_l, z] \in \mathrm{Kern}(\mathrm{ad}(\widetilde{a}) - (\omega_l + \omega_k)\mathrm{Id}_{\mathfrak{l}}) \subseteq \mathfrak{l}_{\omega_l + \omega_k}$, sofern $\omega_l + \omega_k$ ein Eigenwert ist. Ansonsten gilt $[y_l, z] = 0$. Da die Eigenwerte absteigend geordnet sind, ist der Index des Eigenwerts $\omega_l + \omega_k$ kleiner oder gleich k. Damit folgen:

$$\mathrm{ad}(y)(z) = \sum_{l=1}^{\nu} \mathrm{ad}(y_l)(z) = \sum_{l=1}^{\nu} \underbrace{[y_l, z]}_{\in \mathfrak{l}_{\omega_l + \omega_k}} \in \bigoplus_{l=1}^{k} \mathfrak{l}_{\omega_l} \tag{5.2}$$

und

$$\mathrm{ad}(y)^2(z) = \mathrm{ad}(y)\left(\underbrace{\mathrm{ad}(y)(z)}_{\in \bigoplus_{l=1}^{k} \mathfrak{l}_{\omega_l}}\right) \in \bigoplus_{l=1}^{k} \mathfrak{l}_{\omega_l}. \tag{5.3}$$

Insgesamt erhält man

$$\varphi(z) = \exp(\mathrm{ad}(y))(z) = z + \left(\sum_{l=1}^{\infty} \frac{1}{l!}\mathrm{ad}(y)^l\right)(z) \overset{(5.2),(5.3)}{\in} \mathfrak{l}_{\omega_k} \oplus \bigoplus_{l=1}^{k} \mathfrak{l}_{\omega_l} = \bigoplus_{l=1}^{k} \mathfrak{l}_{\omega_l}.$$

□

Es folgt nun der Beweis des Hauptresultats.

Beweis. von Satz 5.1.3
„$\Rightarrow$“: Sei $\mathfrak{h}$ minimal und $\dim(\mathfrak{h}) = r$. Sei $a \in \mathfrak{a} \setminus \{0\}$ derart, dass $\mathrm{ad}(a)|_{\mathfrak{n}}$ positiv definit ist. Wegen Beobachtung 2.2.10 gilt dann $\mathfrak{h} \nleq \mathfrak{n}$. Wir nehmen an, dass $a \notin \mathfrak{h}$. Sei dann $v = \mu a + x$ die orthogonale Projektion von a auf $\mathfrak{h}$ mit $x \in \mathfrak{n} \setminus \{0\}$ und $\mu \in]0, 1[$.
Nach Satz 5.1.4 gibt es einen Lie-Automorphismus φ mit der Eigenschaft $\varphi(\mu a) = v$. Da $\mathfrak{g}$ vom Iwasawa-Typ ist und $a \in \mathfrak{a}$ sowie $\mu \neq 0$ gelten, ist mit $\mathrm{ad}(a)$ auch $\mathrm{ad}(\mu a)$ selbstadjungiert und damit auch diagonalisierbar. Dann ist mit Lemma 3.2.3 auch $\mathrm{ad}(\varphi(\mu a)) = \mathrm{ad}(v)$ diagonalisierbar. Es sei daran erinnert, dass $\mathrm{ad}(a)$ nur reelle Eigenwerte besitzt, die alle nichtnegativ sind. Für die in absteigender Reihenfolge geordneten Eigenwerte $\omega_1, ..., \omega_\nu$ von $\mathrm{ad}(\mu a)$ und $\mathrm{ad}(v)$ und die Eigenräume $\mathfrak{g}_{\omega_l} := \mathrm{ER}_{\omega_l}(\mathrm{ad}(\mu a))$ für alle $l \in \{1, ..., \nu\}$ erhält man analog zum Beweis von 3.2.2:

$$\sum_{l=1}^{r} \langle [a, f_l], f_l \rangle = \mathrm{Spur}(\mathrm{ad}(v)|_{\mathfrak{h}}) = \sum_{l=1}^{\nu} \omega_l \cdot \dim(\varphi(\mathfrak{g}_{\omega_l}) \cap \mathfrak{h}). \tag{5.4}$$

Andererseits gilt $a \in \varphi^{-1}(\mathfrak{h}) := \mathfrak{h}'$. Damit ist $\mathfrak{h}'$ eine $\mathrm{ad}(\mu a)$-invariante Lie-Unteralgebra von $\mathfrak{g}$ und zerfällt in die direkte Summe $\mathfrak{h}' = \oplus_{l=1}^{\nu} \mathfrak{h}'_{\omega_l}$, wobei $\mathfrak{h}'_{\omega_l} := \mathrm{ER}_{\omega_l}(\mathrm{ad}(\mu a)|_{\mathfrak{h}'}) = \mathfrak{g}_{\omega_l} \cap \mathfrak{h}'$. Für jedes $l \in \{1, ..., \nu\}$ setze $s_l := \dim(\mathfrak{h}'_{\omega_l})$, $r_l := \sum_{k=1}^{l} s_k$, $r_0 := 0$. Dann ist $r_\nu = r$.
Es sei $b_1^l, ..., b_{s_l}^l$ eine Basis von $\mathfrak{h}'_{\omega_l}$. Dann ist $(b_1^1, ..., b_{s_\nu}^\nu)$ eine Basis von $\mathfrak{h}'$, die aus Eigenvektoren von $\mathrm{ad}(\mu a)$ besteht. Folglich erhält man unter φ eine Basis $(\varphi(b_1^1), ..., \varphi(b_{s_\nu}^\nu))$ von $\mathfrak{h}$ bestehend aus Eigenvektoren von $\mathrm{ad}(v)$. Aus dieser gewinnt man mit Hilfe des Orthogonalisierungsverfahrens von Gram-Schmidt eine Orthonormalbasis

$$\mathfrak{F} = (f_1, ..., \underbrace{f_{s_1}}_{=f_{r_1}}, f_{1+s_1}, ..., \underbrace{f_{s_1+s_2}}_{=f_{r_2}}, ..., f_{1+r_{\nu-1}}, ..., \underbrace{f_{r_\nu}}_{=f_r}),$$

welche aufgrund des Orthogonalsierungsverfahrens folgende Eigenschaft hat:

$$f_1, ..., f_{s_1} \in \varphi(\mathfrak{g}_{\omega_1}) \quad \text{und} \quad f_{1+r_l}, ..., f_{r_{l+1}} \in \bigoplus_{k=1}^{l+1} \varphi(\mathfrak{g}_{\omega_k}) \quad \text{für alle } l \in \{1, ..., \nu - 1\}.$$

Da φ die Gestalt $\exp(\mathrm{ad}(y))$ (siehe Beweis zu Satz 5.1.4) und damit die Invarianz - Eigenschaft (5.1) besitzt, folgt hieraus

$$(5.5)\quad f_1, ..., f_{s_1} \in \mathfrak{g}_{\omega_1} \quad \text{und} \quad f_{1+r_l}, ..., f_{r_{l+1}} \in \bigoplus_{k=1}^{l+1} \mathfrak{g}_{\omega_k} \quad \text{für alle } l \in \{1, ..., \nu - 1\}.$$

Damit gilt $\langle [\mu a, f_l], f_l \rangle = \omega_1$ für alle $l \in \{1, ..., s_1\}$ und

$$(5.6)\quad \langle [\mu a, f_k], f_k \rangle \geq \omega_{l+1} \quad \text{für alle } l \in \{1, ..., \nu - 1\},\ k \in \{1 + r_l, ..., r_{l+1}\},$$

da die Eigenwerte absteigend geordnet sind. Nun errechnet man

$$\begin{aligned}
\sum_{l=1}^{r} \langle [a, f_l], f_l \rangle &= \frac{1}{\mu} \sum_{l=1}^{r} \langle [\mu a, f_l], f_l \rangle = \frac{1}{\mu} \sum_{l=0}^{\nu-1} \sum_{k=1+r_l}^{r_{l+1}} \langle [\mu a, f_k], f_k \rangle \\
&= \frac{1}{\mu} \left(\sum_{k=1}^{s_1} \langle [\mu a, f_k], f_k \rangle + \sum_{l=1}^{\nu-1} \sum_{k=1+r_l}^{r_{l+1}} \langle [\mu a, f_k], f_k \rangle \right) \\
&\overset{(5.5)}{=} \frac{1}{\mu} \left(\omega_1 s_1 + \sum_{k=1+s_1}^{s_2} \underbrace{\langle [\mu a, f_k], f_k \rangle}_{\geq \omega_2} + \sum_{l=2}^{\nu-1} \sum_{k=1+r_l}^{r_{l+1}} \langle [\mu a, f_k], f_k \rangle \right) \\
&\overset{(5.6)}{\geq} \frac{1}{\mu} \left(\omega_1 s_1 + \sum_{l=2}^{\nu} \omega_l s_l \right) = \frac{1}{\mu} \sum_{l=1}^{\nu} \omega_l \dim(\mathfrak{g}_{\omega_l} \cap \mathfrak{h}').
\end{aligned}$$

Da φ bijektiv ist, gilt für alle $l \in \{1, ..., \nu\}$

$$\dim(\varphi(\mathfrak{g}_{\omega_l}) \cap \mathfrak{h}) = \dim(\varphi^{-1}(\varphi(\mathfrak{g}_{\omega_l}) \cap \mathfrak{h})) = \dim(\mathfrak{g}_{\omega_l} \cap \mathfrak{h}'),$$

und somit

$$\frac{1}{\mu} \sum_{l=1}^{\nu} \omega_l \dim(\varphi(\mathfrak{g}_{\omega_l}) \cap \mathfrak{h}) = \frac{1}{\mu} \sum_{l=1}^{\nu} \omega_l \dim(\mathfrak{g}_{\omega_l} \cap \mathfrak{h}') \leq \sum_{l=1}^{r} \langle [a, f_l], f_l \rangle \overset{(5.4)}{=} \sum_{l=1}^{\nu} \omega_l \dim(\varphi(\mathfrak{g}_{\omega_l}) \cap \mathfrak{h}).$$

Es folgt $\frac{1}{\mu} \leq 1$ im Widerspruch zu $\mu < 1$. Insgesamt folgt damit $a \in \mathfrak{h}$, also $\mathfrak{a} \subseteq \mathfrak{h}$.

Aufgrund von Lemma 5.1.2 erfüllen Lie-Algebren vom Iwasawa-Typ die Voraussetzungen von Satz 2.2.7. Im Fall einer minimalen Lie-Unteralgebra $\mathfrak{h}$ greift also auch hier Korollar 2.2.9, weswegen $\mathfrak{h}$ genau dann total geodätisch ist, wenn $[\mathfrak{h}_+, \mathfrak{d}] \subseteq \mathfrak{d}$.

□

5.1.1 Existenz- und Eindeutigkeitsresultate

GV: Für die Dauer von Abschnitt 5.1.1 gelte $\dim(\mathfrak{a}) = 1$ und es sei $a \in \mathfrak{a}$ mit der Eigenschaft, dass $\mathrm{ad}(a)|_{\mathfrak{n}}$ positiv definit ist. Seien $A := \{\exp(ta)\,;\ t \in \mathbb{R}\}$ und $N = [G, G]$ die zusammenhängenden Lie-Untergruppen zu $\mathfrak{a}$ und $\mathfrak{n}$. Dann ist G isomorph zum semidirekten Produkt $A \cdot N$

Im Beweis zu Satz 5.1.4 haben wir gesehen, dass im Fall $\mathfrak{h} \not\leq \mathfrak{n}$ und $a \notin \mathfrak{h}$ zu $\mathfrak{h}$ ein eindeutig bestimmtes $y = y_{\mathfrak{h}} \in \mathfrak{n}$ existiert, für welches $a \in \mathrm{Ad}(\exp(y_{\mathfrak{h}}))(\mathfrak{h})$ gilt. Ist H die zu $\mathfrak{h}$ gehörige zusammenhängende Lie-Untergruppe von G, so ist die durch Konjugation mit $\exp(y_{\mathfrak{h}})$ aus H hervorgehende Lie-Untergruppe minimal. Hiermit lässt sich eine Existenz- und Eindeutigkeitsaussage über minimale Orbits von Lie-Untergruppen $H \leq G$ formulieren.

5.1.7 Satz (Existenz und Eindeutigkeit eines minimalen Orbits).
Es gelte $\dim(\mathfrak{a}) = 1$. *Die zusammenhängende Lie-Untergruppe* $H \leq G$ *einer Lie - Unteralgebra* $\mathfrak{h} \leq \mathfrak{g}$ *besitzt genau dann einen minimalen Orbit, wenn* $\mathfrak{h} \not\leq \mathfrak{n}$. *Dieser ist dann eindeutig.*
Im Fall $a \in \mathfrak{h}$ *ist die Lie-Untergruppe selber minimal. Falls* $a \notin \mathfrak{h}$ *gilt, ist* $H \cdot \exp(-y_{\mathfrak{h}})$ *für das* $y_{\mathfrak{h}} \in \mathfrak{n}$ *aus dem Beweis von Satz 5.1.4 der minimale Orbit. Das Element* $y_{\mathfrak{h}}$ *wird als Urbild unter* $\Phi_{\mu a} \circ \exp_N$ *von* $-x$ *gewählt, wobei* $\mu a + x$ *mit* $x \in \mathfrak{n} \setminus \{0\}$ *die orthogonale Projektion von* a *auf* $\mathfrak{h}$ *ist.*

Ist G eine Standard-Erweiterung einer zweischritt nilpotenten Lie-Gruppe, so kann man im Fall $\mathfrak{h} \not\leq \mathfrak{n}$ und $a \notin \mathfrak{h}$ mit $y_{\mathfrak{h}} = -\frac{1}{\mu}u - \frac{1}{2\mu}z$ das Element konkret angeben, durch welches der minimale H-Orbit verläuft. Hierbei ist $\mu a + u + z$ mit $u + z \in (\mathfrak{u} \oplus \mathfrak{z}) \setminus \{0\}$ die orthogonale Projektion von a auf $\mathfrak{h}$.

Vorbereitend für den Beweis von Satz 5.1.7 untersuchen wir einige Eigenschaften von Lie-Untergruppen $H \leq G$.

5.1.8 Satz (Abgeschlossenheit von $H \leq G$, Zusammenhang von Schnitten mit N).
Sei $\mathfrak{h} \leq \mathfrak{g} = \mathfrak{a} \oplus \mathfrak{n}$ *eine Lie-Unteralgebra. Sei* $H \leq G = A \cdot N$ *die zusammenhängende Lie-Untergruppe mit assoziierter Lie-Algebra* $\mathfrak{h}$.

1. *Dann ist* H *abgeschlossen und einfach zusammenhängend.*

2. *Seien $\mathfrak{h}$ und damit auch H minimal. Dann ist die Einschränkung $\Phi_a|_{H\cap N}$ der in Lemma 5.1.5 definierten Abbildung ein Diffeomorphismus von $H \cap N$ auf $\mathfrak{h} \cap \mathfrak{n}$.*

3. *Seien $\mathfrak{h}$ und damit auch H minimal. Dann ist $H \cap N$ zusammenhängend.*

Insbesondere sind A und N einfach zusammenhängend.

Beweis. 1. Dies folgt aus Satz III.3.31 in [HN91], da G auflösbar und einfach zusammenhängend ist.

2. Da $\mathfrak{g}$ vom Iwasawa-Typ ist, ist $\mathrm{ad}(a)|_{\mathfrak{n}}$ invertierbar. Die Abbildung $\Phi_a : N \to \mathfrak{n}$ aus Lemma 5.1.5 ist ein Diffeomorphismus. Sei nun $Z \in H \cap N$. Da $a \in \mathfrak{h} = \mathrm{Ad}(Z)(\mathfrak{h})$ gilt, wissen wir $\mathrm{Ad}(Z^{-1})(a) \in \mathfrak{h}$. Es folgt hieraus $\Phi_a(Z) = a - \mathrm{Ad}(Z^{-1})(a) \in \mathfrak{h} \cap \mathfrak{n}$. Damit ist $\Phi_a(H \cap N) \subseteq \mathfrak{h} \cap \mathfrak{n}$. Die Einschränkung $\Phi_a|_{H\cap N}$ ist eine stetige Bijektion von $H \cap N$ auf $\Phi_a(H \cap N)$. Die Tangentialabbildung von Φ_a in jedem Punkt von $H \cap N$ ist ein Isomorphismus und damit insbesondere injektiv. Also ist $\Phi_a(H \cap N)$ eine offene Teilmenge von $\mathfrak{h} \cap \mathfrak{n}$.
Nach 1 sind sowohl H als auch N abgeschlossen. Damit ist $\Phi_a(H \cap N)$ abgeschlossen in $\mathfrak{n}$ als Urbild der abgeschlossenen Menge $H \cap N$ unter der stetigen Abbildung $\Phi_a^{-1} : \mathfrak{n} \to N$. Es folgt $\Phi_a(H \cap N) = \mathfrak{h} \cap \mathfrak{n}$.

3. Als Bild des Untervektorraums $\mathfrak{h} \cap \mathfrak{n}$ unter der stetigen Funktion $(\Phi_a|_{H\cap N})^{-1}$ ist $H \cap N$ zusammenhängend.

□

5.1.9 Korollar (Zu $\mathfrak{h} \cap \mathfrak{n}$ assoziierte Lie-Untergruppen).
Es gelten die Voraussetzungen von Satz 5.1.8. Zusätzlich sei $\mathfrak{h}$ minimal. Die zu der Lie - Unteralgebra $\mathfrak{h} \cap \mathfrak{n}$ assoziierte zusammenhängende Lie-Untergruppe ist $H \cap N$. Diese ist sogar einfach zusammenhängend.

Beweis. Es bezeichne $\underline{H} \leq G$ die zusammenhängende Lie-Untergruppe, die zu $\mathfrak{h} \cap \mathfrak{n}$ assoziiert ist. Dann gilt $\underline{H} \leq H \cap N$. Nach Aussage 3 von Satz 5.1.8 ist $H \cap N$ zusammenhängend. Aussage 1 (Satz III.3.31 in [HN91]) liefert, dass $\underline{H}$, H sowie N und damit auch $H \cap N$ einfach zusammenhängend sind. Wegen $\underline{H} \leq H \cap N \leq N$ sind $\exp_{H\cap N} : \mathfrak{h} \cap \mathfrak{n} \to H \cap N$ und $\exp_{\underline{H}} : \mathfrak{h} \cap \mathfrak{n} \to \underline{H}$ Diffeomorphismen und damit folgt $\underline{H} = H \cap N$.

□

Für den Beweis des Satzes 5.1.7 benötigen wir zusätzlich noch die Aussage, dass das Konjugieren einer bereits minimalen Lie - Untergruppe keine weiteren minimalen Lie-Untergruppen erzeugt. Diese können wir als Korollar aus dem vorbereitenden Satz 5.1.8 ziehen.

5.1.10 Korollar (Eindeutigkeit einer Konjugierten, die a enthält).
Es gelte $\dim(\mathfrak{a}) = 1$. Sei $\mathfrak{h} \leq \mathfrak{g}$ eine minimale Lie-Unteralgebra. Sei $H \leq G$ die zu $\mathfrak{h}$ gehörige zusammenhängende minimale Lie-Untergruppe. Dann besitzt H keine weiteren minimalen Orbits.

Wir werden zum Beweis zeigen, dass die Bedingungen $a \in \mathfrak{h}$ und $a \in \mathrm{Ad}(X)(\mathfrak{h})$ nur gleichzeitig gelten können, wenn $X \in H$ ist.

Beweis. Sei $X \in G$ mit der Eigenschaft, dass der Orbit $H \cdot X^{-1}$ minimal ist. Dann ist die durch Konjugation mit X aus H hervorgehende Lie-Untergruppe minimal. Mit Satz 5.1.3 ist dies gleichbedeutend mit $a \in \mathrm{Ad}(X)(\mathfrak{h})$. Finde $Y \in N$ und $t \in \mathbb{R}$ so, dass $X^{-1} = Y\exp(ta)$. Dann gilt

$$a \in \mathrm{Ad}(X)(\mathfrak{h}) = \mathrm{Ad}((Y\exp(ta))^{-1})(\mathfrak{h}) = \exp(\mathrm{ad}(-ta))\left(\mathrm{Ad}(Y^{-1})(\mathfrak{h})\right).$$

Wegen $[ta, a] = 0$ gilt $\exp(\mathrm{ad}(ta))(a) = a$. Es folgt also $a \in \mathrm{Ad}(Y^{-1})(\mathfrak{h})$, bzw. $\mathrm{Ad}(Y)(a) \in \mathfrak{h}$. Da $\mathfrak{g}$ vom Iwasawa-Typ ist, ist $\mathrm{ad}(a)|_{\mathfrak{n}}$ invertierbar. Die Abbildung $\Phi_a : N \to \mathfrak{n}$ aus Lemma 5.1.5 ist ein Diffeomorphismus, für den wegen $a \in \mathfrak{h}$ gilt:

$$\Phi_a(Y^{-1}) = a - \mathrm{Ad}(Y)(a) \in \mathfrak{h} \cap \mathfrak{n}.$$

Satz 5.1.8 liefert $\Phi_a(H \cap N) = \mathfrak{h} \cap \mathfrak{n}$. Also ist $Y^{-1} \in H \cap N$ und damit auch $Y \in H \cap N$. Wegen $a \in \mathfrak{h}$ gilt $X^{-1} = Y\exp(ta) \in H$. Damit ist der H-Orbit durch X^{-1} gerade die Lie-Untergruppe H.

□

Beweis. von Satz 5.1.7
Im Fall $a \in \mathfrak{h}$ ist H mit Korollar 5.1.10 der einzige minimale H-Orbit.
Genau dann, wenn $\mathfrak{h} \nleq \mathfrak{n}$ und $a \notin \mathfrak{h}$ gelten, existiert zu $\mathfrak{h}$ ein nach dem Beweis zu Satz 5.1.4 eindeutig bestimmtes $y_{\mathfrak{h}} \in \mathfrak{n}$ derart, dass $a \in \mathrm{Ad}(\exp(y_{\mathfrak{h}}))(\mathfrak{h})$. Es ist $a \in \mathrm{Ad}(\exp(y_{\mathfrak{h}}))(\mathfrak{h})$ äquivalent dazu, dass die Lie-Untergruppe $\exp(y_{\mathfrak{h}})H\exp(-y_{\mathfrak{h}})$ minimal ist. Da die Linksmultiplikationen mit Gruppenelementen sämtlichst Isometrien sind, ist das mit Korollar 2.2.3 gleichbedeutend zu der Minimalität des H-Orbits durch $\exp(-y_{\mathfrak{h}})$.

Korollar 5.1.10 liefert, dass es keine weiteren Elemente von G gibt, durch die ein minimaler H- Orbit verläuft.

□

Ebenso gilt: Da $\mathcal{L}_{\exp(y)}$ eine Isometrie ist, ist ein minimaler Orbit $H \cdot \exp(-y)$ genau dann total geodätisch, wenn die zu H konjugierte Untergruppe $H_y := \exp(y)H\exp(-y)$ total geodätisch ist. Dies ist mit Satz 5.1.3 äquivalent dazu, dass die zu H_y gehörige Lie-Algebra $\mathfrak{h}_y$ der Bedingung $[\mathfrak{h}_y \cap \mathfrak{n}, \mathfrak{h}_y^\perp] \subseteq \mathfrak{h}_y^\perp$ genügt.
Für Standard-Erweiterungen gilt konkreter: Ist G eine Standard-Erweiterung einer zweischritt nilpotenten Lie-Gruppe und $\mathfrak{h} \leq \mathfrak{g} = \mathfrak{a} \oplus \mathfrak{u} \oplus \mathfrak{z}$ eine Lie-Unteralgebra mit $\mathfrak{h} \not\leq \mathfrak{n}$ und $a \notin \mathfrak{h}$ sowie $\mu a + u + z$ die orthogonale Projektion von a auf $\mathfrak{h}$, so gilt

$$a \in \mathrm{Ad}\left(\exp\left(\frac{1}{\mu}u + \frac{1}{2\mu}z\right)\right)(\mathfrak{h}) =: \mathfrak{h}' .$$

Dann ist der minimale H-Orbit durch $\exp(-\frac{1}{\mu}u - \frac{1}{2\mu}z)$ genau dann total geodätisch, wenn $[\mathfrak{h}' \cap \mathfrak{u}, (\mathfrak{h}')^\perp \cap \mathfrak{u}] \subseteq (\mathfrak{h}')^\perp \cap \mathfrak{z}$.

Es folgt ein Beispiel für eine Lie-Algebra vom Iwasawa-Typ, die kein Damek-Ricci-Raum ist, in der man aber das Element $y_{\mathfrak{h}'}$ ausrechnen kann.

5.1.11 Beispiel.
Seien $\mathfrak{a}'$ ein eindimensionaler $\mathbb{R}$-Vektorraum und $a' \in \mathfrak{a}'$. Sei $\mathfrak{n}' := \mathbb{R}^2$ mit dem euklidischen Skalarprodukt und der trivialen Lie-Klammer versehen. Setze $\mathfrak{g}' := \mathfrak{a}' \oplus \mathfrak{n}'$ und das Skalarprodukt durch die Bedingungen $\mathfrak{a}' \perp \mathfrak{n}'$ und $\|a'\| = 1$ auf $\mathfrak{g}'$ fort. Seien $\chi \in \mathbb{R} \setminus \{0\}$ und $\mu, \mu' \in \mathbb{R}_{>0}$. Es sei $\mathrm{ad}(a')|_{\mathfrak{n}'}$ durch die Matrix $\mathcal{M}(\mathrm{ad}(a')|_{\mathfrak{n}'}) =: \mathcal{M} = \begin{pmatrix} \mu & \chi \\ \chi & \mu' \end{pmatrix}$ bezüglich der Standardbasis gegeben. Dann ist $\mathfrak{g}'$ eine auflösbare Lie-Algebra mit Skalarprodukt, für welche $[\mathfrak{g}', \mathfrak{g}'] = \mathfrak{n}'$ gilt. Da $\mathcal{M} = \mathcal{M}^t$ gilt, ist $\mathrm{ad}(a')$ selbstadjungiert und $\mathrm{ad}(a')|_{\mathfrak{n}'}$ ist positiv definit, sofern $\mu\mu' > \chi^2$ gilt. Dann ist $\mathfrak{g}'$ eine Lie-Algebra vom Iwasawa-Typ vom algebraischen Rang 1. Aufgrund der Gestalt von $\mathrm{ad}(a')$ kann die zu $\mathfrak{g}'$ gehörige zusammenhängende einfach zusammenhängende Lie-Gruppe kein Damek-Ricci-Raum sein.
Der Endomorphismus $\mathrm{ad}(a')|_{\mathfrak{n}'}$ hat die Eigenwerte $\omega_{1/2} = \frac{1}{2}(\mu' + \mu \pm \sqrt{(\mu' - \mu)^2 + 4\chi^2}\ )$. Dann sind $e_1' := e_1 + s_1 e_2$ und $e_2' = e_1 + s_2 e_2$ mit $s_{1/2} = \frac{1}{2\chi}(\mu' - \mu \pm \sqrt{(\mu' - \mu)^2 + 4\chi^2}\ )$ zu $\omega_{1/2}$ gehörige Eigenvektoren.
Es gibt keine minimalen nicht total geodätischen Lie-Unteralgebren von $\mathfrak{g}'$: Die Bedingung (2.2.7 (b)) ist stets erfüllt, da die Derivierte abelsch ist. Die existierenden total geodätischen echten Lie-Unteralgebren sind $\mathfrak{a}'$ und $\mathfrak{h}_1 = \mathfrak{a}' \oplus \mathbb{R}e_1'$ sowie $\mathfrak{h}_2 = \mathfrak{a}' \oplus \mathbb{R}e_2'$.

Betrachtungen zu dem Fall „$\mathfrak{a} = \{0\}$“

Wir betrachten eine eindimensionale Lie-Unteralgebra, die nicht in $\mathfrak{n}'$ enthalten ist: Seien $\nu, \nu' \in \mathbb{R}$ und nicht beide gleich 0. Setze $v := a' + \nu e_1 + \nu' e_2$ und $\mathfrak{h}' := \mathbb{R}v$. Dann ist $\mathfrak{h}'$ nicht minimal, da $a' \notin \mathfrak{h}'$. Da aber auch $\mathfrak{h}' \not\leq \mathfrak{n}'$ gilt, existiert nach Satz 5.1.7 ein $y_{\mathfrak{h}'} = y = y_1 e_1 + y_2 e_2 \in \mathfrak{n}_1$ mit der Eigenschaft $a' \in \mathfrak{h}'_y = \exp(\mathrm{ad}(y))$. Durch die Konjugation entsteht hierbei die Lie-Unteralgebra $\mathfrak{a}'$, welche sogar total geodätisch ist. In diesem einfachen Beispiel lässt sich $y_{\mathfrak{h}'}$ ausrechnen. Es gilt

$$\mathrm{ad}(y)(v) = [y_1 e_1 + y_2 e_2, a + \nu e_1 + \nu' e_2] = -(y_1 \mu + y_2 \chi) e_1 - (y_1 \chi + y_2 \mu') e_2$$

und damit $\mathrm{ad}(y)^2(v) = 0$. Aus der Bedingung $\exp(\mathrm{ad}(y))(v) = a'$ folgen damit

$$\nu - y_1 \mu - y_2 \chi = 0 \qquad \text{und} \qquad \nu' - y_1 \chi - y_2 \mu' = 0.$$

Daraus ergeben sich

$$y_1 = \frac{\mu \nu' - \chi \nu}{\mu \mu' - \chi^2} \qquad \text{und} \qquad y_2 = \frac{\nu \mu' - \chi \nu'}{\mu \mu' - \chi^2}.$$

5.2 Der Fall $\dim(\mathfrak{a}) \neq 1$

Wir untersuchen in diesem Unterabschnitt zunächst, welche Rückschlüsse die in Abschnitt 5.1 für $\dim(\mathfrak{a}) = 1$ gewonnenen Ergebnisse in Bezug auf minimale Lie-Unteralgebren von nilpotenten Lie-Algebren zulassen. Anschließend klären wir, ob im Fall $\dim(\mathfrak{a}) \geq 2$ - d.h. für Lie-Algebren vom Iwasawa-Typ mit algebraischem Rang ≥ 2 - ein Resultat gelten kann, welches der Charakterisierung in Satz 5.1.3 entspricht.

5.2.1 „$\mathfrak{a} = \{0\}$“

GV: Auch in Abschnitt 5.2.1 sei $\mathfrak{g} = \mathfrak{a} \oplus \mathfrak{n}$ eine Lie-Algebra vom Iwasawa-Typ vom algebraischen Rang 1.

Wir wollen in diesem Abschnitt einerseits Schnitte von Lie-Unteralgebren von $\mathfrak{g}$ mit der Derivierten $\mathfrak{n}$ auf ihre Minimalität als Lie-Unteralgebren von $\mathfrak{n}$ untersuchen. Andererseits werden wir dann mit einer nilpotenten Lie-Algebra $\mathfrak{n}'$ starten, um Lie-Unteralgebren von $\mathfrak{n}'$ zu studieren, die sich zu Lie-Unteralgebren einer $\mathfrak{n}'$ enthaltenden Lie-Algebra vom Iwasawa-Typ mit algebraischem Rang 1 erweitern lassen.

Betrachtungen zu dem Fall „$\mathfrak{a} = \{0\}$“

Mit Satz 5.1.8 1 ist N sogar einfach zusammenhängend und außerdem nilpotent und mit der von G vererbten linksinvarianten Metrik ein Riemannscher homogener Raum. Es lässt sich leicht feststellen, dass der in $\mathfrak{n}$ liegende Anteil minimaler oder total geodätischer Lie-Unteralgebren von $\mathfrak{g}$ minimale oder total geodätische Lie-Unteralgebren von $\mathfrak{n}$ sind. Es kann passieren, dass minimale Lie-Unteralgebren von $\mathfrak{n}$ als Lie-Unteralgebren von $\mathfrak{g}$ nicht minimal sind. Wir sprechen daher von „minimal (total geodätisch) in $\mathfrak{g}$“ und „minimal (total geodätisch) in $\mathfrak{n}$“.

5.2.1 Lemma (Schnitte mit der Derivierten).
Sei $\mathfrak{h} \leq \mathfrak{g}$ eine minimale Lie-Unteralgebra. Dann ist $\mathfrak{h}_+ := \mathfrak{h} \cap \mathfrak{n}$ eine minimale Lie-Unteralgebra von $\mathfrak{n}$. Ist $\mathfrak{h}$ sogar total geodätisch in $\mathfrak{g}$, so ist $\mathfrak{h}_+$ total geodätisch in $\mathfrak{n}$.

Beweis. Für N sind die Voraussetzungen von Satz 2.2.2 erfüllt. Somit müssen wir für die Minimalität nur Bedingung (2.2) überprüfen. Sei hierzu $d \in (\mathfrak{h}_+)^{\perp_\mathfrak{n}}$ aus dem Senkrechtraum von $\mathfrak{h}_+$ in $\mathfrak{n}$. Da $d \in \mathfrak{n}$ gilt, ist auch $d \in \mathfrak{h}^\perp$. Sei außerdem $\dim(\mathfrak{h}_+) = r$ und $(e_1, ..., e_r)$ eine Orthonormalbasis von $\mathfrak{h}_+$. Sei $a \in \mathfrak{a}$. Dann ist $(\frac{1}{\|a\|}a, e_1, ..., e_r)$ eine Orthonormalbasis von $\mathfrak{h}$. Da $\mathfrak{h}$ minimal ist, gilt $\langle [d, \frac{1}{\|a\|}a], \frac{1}{\|a\|}a\rangle + \sum_{l=1}^r \langle [d, e_l], e_l\rangle = 0$. Es folgt aufgrund der Selbstadjungiertheit von $\mathrm{ad}(a)$:

$$\sum_{l=1}^r \langle [d, e_l], e_l\rangle = \frac{-1}{\|a\|^2}\langle [d, a], a\rangle = \frac{1}{\|a\|^2}\langle d, \mathrm{ad}(a)(a)\rangle = 0.$$

Sei $\mathfrak{h}$ zusätzlich total geodätisch. Seien $h \in \mathfrak{h}_+ \subseteq \mathfrak{h}$ und $d \in (\mathfrak{h}_+)^{\perp_\mathfrak{n}}$. Dann ist auch $d \in \mathfrak{h}^\perp$, also folgt $\langle [d, h], h\rangle = 0$ (Satz 2.2.2).

□

Korollar 5.1.9 liefert an dieser Stelle, dass der Schnitt von N mit einer minimalen Lie-Untergruppe von $H \leq G$ eine minimale Lie-Untergruppe $H \cap N$ von N ergibt.

Der umgekehrte Ansatz besteht nun darin, eine nilpotente Lie - Algebra $\mathfrak{n}'$ zu einer Lie-Algebra $\mathfrak{g}'$ vom Iwasawa-Typ mit algebraischem Rang 1 zu erweitern und zu untersuchen wie sich Lie-Unteralgebren von $\mathfrak{n}'$, die mit einem Vektor $v' \in \mathfrak{g}' \setminus \mathfrak{n}'$ erweitert worden sind, als Untervektorräume von $\mathfrak{g}'$ verhalten.

GV: Sei nun $\mathfrak{n}'$ eine nilpotente Lie-Algebra mit Skalarprodukt $\langle ., ..\rangle_{\mathfrak{n}'}$. Seien $\mathfrak{a}'$ ein eindimensionaler $\mathbb{R}$-Vektorraum und $a' \in \mathfrak{a}'$. Setze $\mathfrak{g}' := \mathfrak{a}' \oplus \mathfrak{n}'$ und das Skalarprodukt so auf $\mathfrak{g}'$ fort, dass $\mathfrak{a}' \perp \mathfrak{n}'$ und $\|a'\| = 1$. Das auf $\mathfrak{g}'$ fortgesetzte Skalarprodukt wird mit $\langle ., .. \rangle_{\mathfrak{g}'}$ notiert.

Wir wollen $\mathfrak{n}'$ *auf Rang* 1 *erweiterbar* nennen, falls $\mathfrak{g}'$ eine Lie-Algebra vom Iwasawa-Typ mit algebraischem Rang 1 und der Eigenschaft $\mathfrak{n}' = [\mathfrak{g}', \mathfrak{g}']$ ist.

5.2.2 Beobachtung (Auf Rang 1 erweiterbare nilpotente Lie-Algebren).
Es ist $\mathfrak{n}'$ genau dann auf Rang 1 erweiterbar, wenn eine endliche Teilmenge $\Omega \subseteq \mathbb{R}_{>0}$ existiert, über der $\mathfrak{n}'$ graduiert ist.

Beweis. Die Notwendigkeit einer Graduierung liefert Lemma 5.1.2.
Sei $\Omega \subseteq \mathbb{R}_{>0}$ derart, dass $\mathfrak{n}' = \bigoplus_{\omega \in \Omega} \mathfrak{n}'_\omega$ eine orthogonale Graduierung im Sinne von Definition 2.2.5 ist. Die Setzung $D_{a'}(a') = 0$ und $D_{a'}|_{\mathfrak{n}'_\omega} := \omega \operatorname{Id}_{\mathfrak{n}'_\omega}$ für jedes $\omega \in \Omega$ definiert einen bezüglich $\langle ., .. \rangle_{\mathfrak{g}'}$ selbstadjungierten Endomorphismus von $\mathfrak{g}'$, der auf $\mathfrak{n}'$ positiv definit ist, da Ω nur positive reelle Zahlen enthält. Durch

$$(x, y) \mapsto \mathrm{JAKOBI}_{a'}(x, y) := D_{a'}([x, y]_{\mathfrak{n}'}) - [x, D_{a'}(y)]_{\mathfrak{n}'} + [y, D_{a'}(x)]_{\mathfrak{n}'}$$

wird eine bilineare Abbildung $\mathrm{JAKOBI}_{a'} : \mathfrak{n} \times \mathfrak{n} \to \mathfrak{n}$ definiert. Sei $(x_l)_{l \in \mathbb{N}_{\leq \dim(\mathfrak{n}')}}$ eine Basis von $\mathfrak{n}'$ derart, dass für jedes $l \in \{1, ..., \dim(\mathfrak{n}')\}$ ein $\omega(l) \in \Omega$ existiert, für welches $x_l \in \mathfrak{n}'_{\omega(l)}$ gilt. Dann gelten $[x_k, x_l] \in \mathfrak{n}'_{\omega(k)+\omega(l)}$ und damit $\mathrm{JAKOBI}_{a'}(x_k, x_l) = 0$ für alle $k, l \in \{1, ..., \dim(\mathfrak{n}')\}$. Daher genügt die für alle $x, y \in \mathfrak{n}'$ durch

$$[a' + x, a' + y] := D_{a'}(y) - D_{a'}(x) + [x, y]_{\mathfrak{n}'}$$

definierte bilineare schiefsymmetrische Abbildung der Jakobi-Identität und definiert eine Lie-Klammer auf $\mathfrak{g}'$ mit $\mathrm{ad}(a') = D_{a'}$ und $[\mathfrak{g}', \mathfrak{g}'] = \mathfrak{n}'$. Damit ist $\mathfrak{g}'$ eine Lie-Algebra vom Iwasawa-Typ mit algebraischem Rang 1.

□

Es wird hier kein Versuch unternommen, alle nilpotenten Lie-Algebren, die eine solche Graduierung besitzen, zu beschreiben. Die Klassifikation der nilpotenten Lie-Algebren ist ein klassisches Problem. Es existieren hierzu verschiedene Teilresultate, von denen einige ausgewählte hier Erwähnung finden sollen:
Die nilpotenten Lie-Algebren $\mathfrak{n}'$ mit $\dim(\mathfrak{n}') \leq 7$ werden zum Beispiel in [Mag86] und [ABG89] dargestellt. Klassifikationsresultate für graduierte nilpotente Lie-Algebren findet man in [Kuz99] oder [ABCS02] und [ABCS01]. Für $\dim(\mathfrak{n}') \geq 8$ existieren Beispiele, die

nicht als Derivierte einer auflösbaren Lie-Algebra vorkommen. Ein solches findet sich in [DL57].

Unter einer *Nilmannigfaltigkeit zu einer halbeinfachen graduierten Lie-Algebra* $\bigoplus_{l\in\mathbb{Z}} \mathfrak{g}_l$ versteht Hiroshi Tamaru in [Tam08] die nilpotente Lie-Unteralgebra $\bigoplus_{l>0} \mathfrak{g}_l$ ausgestattet mit dem von der Killing-Form induzierten Skalarprodukt. Man erhält zum Beispiel alle $\mathbb{Z}$-Graduierungen halbeinfacher nicht-kompakter Lie-Algebren aus den zu Wurzelsystemen der Lie-Algebra gehörigen Zerlegungen (siehe Theorem 2.2 in [Tam08]). Auf diese Weise erhält man eine große Beispielklasse graduierter nilpotenter Lie-Algebren, die zu Lie-Algebren vom Iwasawa-Typ vom algebraischen Rang 1 erweitert werden können.

GV: Von nun an besitze $\mathfrak{n}'$ eine Graduierung über $\Omega \subseteq \mathbb{R}_{>0}$ und werde auf die im obigen Beweis beschriebene Weise zu einer Lie-Algebra vom Iwasawa-Typ $\mathfrak{g}' = \mathfrak{a}' \oplus \mathfrak{n}'$ erweitert.

5.2.3 Satz (Minimale Lie-Unteralgebren graduierter nilpotenter Lie-Algebren).
Sei $\mathfrak{h} \leq \mathfrak{n}'$ eine graduierte Lie-Unteralgebra. Dann ist $\mathfrak{h}' := \mathfrak{a}' \oplus \mathfrak{h}$ eine minimale Lie-Unteralgebra von $\mathfrak{g}' := \mathfrak{a}' \oplus \mathfrak{n}'$, die genau dann total geodätisch ist, wenn $\mathfrak{h}$ total geodätisch in $\mathfrak{n}'$ ist. Insbesondere ist $\mathfrak{h}$ minimal in $\mathfrak{n}'$.

Beweis. Sei $h = \sum_{\omega\in\Omega} h_\omega \in \bigoplus_{\omega\in\Omega} \mathfrak{h}_\omega$. Dann gilt

$$[a', h] = \sum_{\omega\in\Omega} [a', h_\omega] = \sum_{\omega\in\Omega} \underbrace{\omega h_\omega}_{\in\mathfrak{h}_\omega} \in \mathfrak{h}.$$

Sei $\mathfrak{h}'$ total geodätisch. Lemma 5.2.1 liefert, dass $\mathfrak{h} = \mathfrak{h}' \cap \mathfrak{n}'$ total geodätisch in $\mathfrak{n}'$ ist. Mit demselben Argument ist $\mathfrak{h}$ minimal in $\mathfrak{n}'$.

Sei umgekehrt $\mathfrak{h}$ total geodätisch in $\mathfrak{n}'$. Seien $h' = a' + h_{\mathfrak{n}'} \in \mathfrak{h}'$ und $d = \sum_{\omega\in\Omega} d_\omega \in (\mathfrak{h}')^\perp$. Dann gilt mit Satz 5.1.3

$$\begin{aligned}
\langle [d,h'], h'\rangle_{\mathfrak{g}'} &= \langle \underbrace{[d,a']}_{\in\mathfrak{n}'}, a'\rangle_{\mathfrak{g}'} + \langle [d,a'], h_{\mathfrak{n}'}\rangle_{\mathfrak{g}'} + \langle \underbrace{[d,h_{\mathfrak{n}'}]}_{\in\mathfrak{n}'}, a'\rangle_{\mathfrak{g}'} + \langle [d,h_{\mathfrak{n}'}], h_{\mathfrak{n}'}\rangle_{\mathfrak{g}'} \\
&\overset{\mathfrak{a}'\perp\mathfrak{n}'}{=} -\sum_{\omega\in\Omega} \langle \omega d_\omega, h_{\mathfrak{n}'}\rangle_{\mathfrak{g}'} + \langle [d,h_{\mathfrak{n}'}], h_{\mathfrak{n}'}\rangle_{\mathfrak{g}'} \\
&\overset{d_\omega\perp\mathfrak{h}}{=} \langle [d,h_{\mathfrak{n}'}], h_{\mathfrak{n}'}\rangle_{\mathfrak{n}'} = 0.
\end{aligned}$$

□

Mit Satz 5.1.7 wissen wir, dass genau die Lie-Unteralgebren von sowohl $\mathfrak{g}$ als auch $\mathfrak{g}'$, die nicht vollständig in der Derivierten enthalten sind, zu Lie-Untergruppen assoziiert sind,

die einen minimalen Orbit besitzen. Es müssen also noch solche Lie-Unteralgebren von $\mathfrak{g}$ und $\mathfrak{g}'$ betrachtet werden, in denen $\mathfrak{a}$ bzw. $\mathfrak{a}'$ nicht enthalten ist.
Einerseits untersuchen wir ausgehend von einer Lie-Algebra $\mathfrak{g}$ vom Iwasawa-Typ den Schnitt von $\mathfrak{n}$ mit einer Lie-Unteralgebra von $\mathfrak{g}$, die den Vektor a nicht enthält. Andererseits werden wir eine Lie-Unteralgebra $\mathfrak{h} \leq \mathfrak{n}'$ nicht um den Vektor a' erweitern, sondern um einen Vektor $v' \in \mathfrak{g}'$, der sowohl aus einem $\mathfrak{a}'$- als auch einem nichttrivialen $\mathfrak{n}'$-Anteil besteht:

1. Sei - wie am Anfang von Abschnitt 5.2.1 vorausgesetzt - $\mathfrak{g}$ eine Lie-Algebra vom Iwasawa-Typ mit $\dim(\mathfrak{a}) = 1$ und sei $\mathfrak{h} \leq \mathfrak{g}$ eine Lie-Unteralgebra mit $a \notin \mathfrak{h}$.
   Falls $\mathfrak{h} \leq \mathfrak{n}$ gilt, ist $\mathfrak{h}$ auch eine Lie-Unteralgebra von $\mathfrak{n}$. Sofern $\mathfrak{h}$ graduiert ist, ist $\mathfrak{h}$ nach Satz 5.2.3 minimal in $\mathfrak{n}$ aber nicht minimal in $\mathfrak{g}$.
   Gilt $\mathfrak{h} \nleq \mathfrak{n}$, so ist $\mathfrak{h}$ nicht minimal in $\mathfrak{g}$, aber es existiert ein Element $y_{\mathfrak{h}} \in \mathfrak{n}$ mit der Eigenschaft, dass $\mathrm{Ad}(\exp(y_{\mathfrak{h}}))(\mathfrak{h})$ minimal in $\mathfrak{g}$ ist (Satz 5.1.7). Mit Lemma 5.2.1 ist $\mathrm{Ad}(\exp(y_{\mathfrak{h}}))(\mathfrak{h}) \cap \mathfrak{n}$ eine minimale Lie-Unteralgebra von $\mathfrak{n}$. Damit liefert Korollar 5.1.9, dass $\exp(y_{\mathfrak{h}})H\exp(-y_{\mathfrak{h}}) \cap N$ eine minimale Lie-Untergruppe von N ist.

2. Sei $\mathfrak{h} \leq \mathfrak{n}'$ eine graduierte Lie-Unteralgebra. Sei $x' \in \mathfrak{n}' \setminus \mathfrak{h}$. Setze $v' := a' + x'$ sowie $\mathfrak{h}' := \mathrm{span}(\{v'\} \cup \mathfrak{h})$. Dann ist $\mathfrak{h}'$ genau dann eine Lie-Unteralgebra von $\mathfrak{g}'$, wenn
   $$x' \in Z_{\mathfrak{n}'}(\mathfrak{h}) \qquad \text{oder} \qquad x' \in N_{\mathfrak{n}'}(\mathfrak{h}),$$
   wobei mit $Z_{\mathfrak{n}'}(\mathfrak{h})$ der Zentralisator und mit $N_{\mathfrak{n}'}(\mathfrak{h})$ der Normalisator von $\mathfrak{h}$ in $\mathfrak{n}'$ notiert sei. Ist $\mathfrak{h}'$ eine Lie-Unteralgebra von $\mathfrak{g}'$, so ist $\mathfrak{h}'$ nicht minimal, aber die zu $\mathfrak{h}'$ assoziierte Lie-Untergruppe H' des semidirekten Produkts $A' \cdot N'$ besitzt einen minimalen Orbit durch $\exp(-y_{\mathfrak{h}'})$. Hierbei ist N' (bzw. A') die zusammenhängende einfach zusammenhängende nilpotente Lie-Gruppe zur Lie-Algebra $\mathfrak{n}'$ (bzw. $\mathfrak{a}'$).

5.2.2 Höherer Rang

Wir werden feststellen, dass der Fall $\dim(\mathfrak{a}) \geq 2$ tiefergehende Betrachtungen erfordert: Der folgende Unterabschnitt fußt auf der Beschreibung spezieller Parallelenräume $\mathfrak{Par}(v)$ als total geodätische Lie - Untergruppen eines homogenen Raumes mit nichtpositiver Schnittkrümmung. Diese Beschreibung wird in [Heb91] ausführlich vorgenommen und bewiesen. Einige der Ergebnisse finden sich zusammengefasst auch in [Heb93].
Für symmetrische Räume vom nicht-kompakten Typ mit höherem Rang lassen sich aus der Beispielklasse $\mathfrak{Par}(v)$ eine Vielzahl total geodätische Lie-Unteralgebren angeben, ohne dass - wie im Rang 1-Fall - ein ausgezeichneter Vektor im Komplement der Derivierten

auszumachen ist, der stets enthalten sein muss.

GV: Sei $M = \underline{G}/\underline{K}$ eine zusammenhängende Hadamard-Mannigfaltigkeit, d.h. eine zusammenhängende einfach zusammenhängende vollständige Riemannsche Mannigfaltigkeit mit nichtpositiver Schnittkrümmung. Sei außerdem $B \subseteq M$ eine vollständige total geodätische Untermannigfaltigkeit.

Eine total geodätische Untermannigfaltigkeit $B' \subseteq M$ heißt *parallel zu B*, wenn der Hausdorff -Abstand $\mathrm{Hd}(B, B')$ endlich ist.

5.2.4 Definition (Hausdorff-Abstand (siehe z. Bsp. 1.2 in [Ebe96])).
Sei $(\underline{M}, g^M)$ eine zusammenhängende vollständige Riemannsche Mannigfaltigkeit. Wir notieren mit $\mathrm{dist}(.,..)$ die Abstandsfunktion auf $\underline{M}$. Für alle $p \in \underline{M}$, für alle Teilmengen $\underline{B}, \underline{B}' \subseteq \underline{M}$ und jedes $c > 0$ seien $T_c(\underline{B}) := \{q \in \underline{M}\,;\ \mathrm{dist}(q, \underline{B}) < c\}$, wobei

$$\mathrm{dist}(p, \underline{B}) := \inf\{\mathrm{dist}(p, q)\,;\ q \in \underline{B}\}$$

der Abstand von p zu $\underline{B}$ sei, und

$$\mathrm{Hd}(\underline{B}, \underline{B}') := \inf\{c > 0\,;\ \underline{B} \subseteq T_c(\underline{B}') \text{ und } \underline{B}' \subseteq T_c(\underline{B})\}$$

der Hausdorff-Abstand der Mengen $\underline{B}$ und $\underline{B}'$. Es kann der Fall $\mathrm{Hd}(\underline{B}, \underline{B}') = +\infty$ eintreten.

Die Menge der zu B gehörigen Punkte im Unendlichen kann in $M(\infty)$ eingebettet werden, da Geodätische in B auch Geodätische in M sind. Das „Sandwich-Lemma“ (Sublemma 1 zu Lemma 2.1 in [Ebe82]) liefert, dass endlicher Hausdorff - Abstand zwischen B und B' gleichbedeutend mit $B(\infty) = B'(\infty)$ ist.

5.2.5 Definition (Parallelenraum (1.2 c in [Heb91], 2.1(c) in [Heb93])).
Für alle $q \in B$ sei *der Parallelenraum (zu B)* wie folgt definiert:

$$\begin{aligned}\mathfrak{Par}(T_qB) &:= \bigcup\left\{B'' \leq M\,;\ B''\,\text{vollständig, total geodätisch, } B''\,\text{parallel zu } \exp_q(T_qB)\right\}\\ &= \bigcup\left\{B'' \leq M\,;\ B''\,\text{vollständig, total geodätisch, } B''(\infty) = \exp_q(T_qB)(\infty)\right\}\\ &\subseteq M\,.\end{aligned}$$

Gilt $T_qB = \mathbb{R}v$, so schreiben wir kurz $\mathfrak{Par}(v)$ statt $\mathfrak{Par}(T_qB)$.

Laut „Sandwich-Lemma" (Lemma 2.1) gibt es für jeden Punkt $p \in M$ höchstens eine vollständige total geodätische Untermannigfaltigkeit $B' = B(p)$, die parallel zu B ist. Definiere

$$M^*(B) := \{p \in M \,;\ \exists\, B' \subseteq M \,\text{vollständig, total geodätisch} : B' = B(p),\ B'(\infty) = B(\infty)\}.$$

Offenbar gilt $\mathfrak{Par}(T_qB) = M^*(B)$ und $\exp_q(T_qB) \subseteq M^*(B)$ ist eine total geodätische Untermannigfaltigkeit. Durch $p \mapsto T_pB(p)$ und $p \mapsto \nu_pB(p)$ werden parallele C^∞-Distributionen $\mathcal{B}$ und $\mathcal{B}^\perp$ auf $M^*(B)$ definiert (Beweis zu Proposition 2.2 in [Ebe82]). Durch jeden Punkt des Parallelenraums $\mathfrak{Par}(T_qB)$ verläuft nach dem Satz von Frobenius (Prop. 1.2 in [KN63]) sowohl eine eindeutige maximale Integralmannigfaltigkeit von $\mathcal{B}$ als auch eine, die zu $\mathcal{B}^\perp$ gehört. Es ist $\exp(T_qB)$ eine maximale Integralmannigfaltigkeit von $\mathcal{B}$. Sei $B_\perp$ eine maximale Integralmannigfaltigkeit von $\mathcal{B}^\perp$. Dann liefert der Satz über die de Rham Zerlegung (Theorem 6.1 [KN63]), dass $\mathfrak{Par}(T_qB) = M^*(B)$ isometrisch zu dem Riemannschen Produkt $\exp(T_qB) \times B_\perp$ ist. Der Parallelenraum $\mathfrak{Par}(T_qB)$ ist nach Definition eine total geodätische Untermannigfaltigkeit, die offenbar $\exp_q(T_qB)$ enthält.

GV: Sei nun spezieller M symmetrisch und habe Rang ≥ 2.

Die Iwasawa-Lie-Gruppe $F = A \cdot N$ aus der Iwasawa-Zerlegung von $\mathrm{Iso}_0(M)$ operiert isometrisch und einfach transitiv auf M. Sei $\mathfrak{f} = \mathfrak{a} \oplus \mathfrak{n}$ die zugehörige Iwasawa-Lie-Algebra. Sei Λ die Menge aller Wurzeln von $\underline{\mathfrak{g}}$ bezüglich $\mathfrak{a}$ (Definition 1.2.15). Für jedes $v \in \mathfrak{a}$ mit $\|v\| = 1$ setze

$$\mathfrak{u}_v := \bigcap \{\mathrm{Kern}(\alpha)\,;\ \alpha \in \Lambda\,,\ \alpha(v) = 0\} \subseteq \mathfrak{a} \quad \text{bzw.} \quad \mathfrak{u}_v := \mathfrak{a} \text{ falls } \alpha(v) \neq 0 \text{ für alle } \alpha \in \Lambda$$

sowie (Definition 3.4 in [Heb91], Definition 4.5 in [Heb93])

$$\mathfrak{a}_v := \mathfrak{a} \cap \mathfrak{u}_v^\perp \qquad \text{und} \qquad \mathfrak{n}_v := \bigoplus_{\substack{\alpha\in\Lambda \\ \alpha(v)=0}} \mathfrak{g}_\alpha .$$

Offenbar gelten $v \in \mathfrak{u}_v$ und $v \notin \mathfrak{a}_v$.
Für jedes $v \in \mathfrak{a}$ mit $\|v\| = 1$ ist $\mathfrak{u}_v$ abelsch, also insbesondere ein Lie-Tripel-System im Sinne von Definition 2.3.6. Damit ist $U_v := \exp_{p_0}(\mathfrak{u}_v)$ eine total geodätische Untermannigfaltigkeit von M mit Tangentialraum $T_{p_0} U_v = \mathfrak{u}_v$, wobei p_0 den Basispunkt von $M = \underline{G}/\underline{K}$ bezeichne. Für den Parallelenraum gilt dann $\mathfrak{Par}(v) = \mathfrak{Par}(\mathfrak{u}_v)$ nach Satz 3.5(ii) in [Heb91] und damit

$$\mathfrak{Par}(v) = \mathfrak{Par}(\mathfrak{u}_v) = U_v \times W_v$$

für eine vollständige total geodätische Untermannigfaltigkeit $W_v \subseteq M$.

Wir weisen darauf hin, dass das so definierte $\mathfrak{u}_v$ nach [Heb91] identisch mit dem Aufspann des Kegels $\mathrm{Pol}^{\sim}_v$ aus der Zerlegung von $\mathfrak{a} \setminus \{0\}$ in konvexe polyedrale Kegel gemäß Abschnitt 2.6 in [Heb91] ist und dort mit U_v bezeichnet wird. Wir wählen stattdessen die Bezeichnung U_v für die zugehörige Lie-Untergruppe $\exp(\mathfrak{u}_v) \leq A$, da in dieser Arbeit durchgehend Lie-Gruppen mit Großbuchstaben und Lie-Algebren mit kleinen Frakturbuchstaben bezeichnet werden.

GV: Seien A_v (bzw. N_v) die zusammenhängende Lie-Untergruppe von A (bzw. N), welche zu $\mathfrak{a}_v$ (bzw. $\mathfrak{n}_v$) assoziiert ist.

Die obige Zerlegung der Parallelenräume liefert Beispiele für total geodätische Untergruppen der Iwasawa-Lie-Gruppe (Sätze 3.5 (iii), 3.6 (ii) in [Heb91], Propositionen 4.6 (ii), 4.7 (i) in [Heb93]).

5.2.6 Satz (Beispiele für total geodätische Untergruppen von F).
Sei $v \in \mathfrak{a}$ mit $\|v\| = 1$.

1. *Das semidirekte Produkt $A \cdot N_v$ operiert einfach transitiv auf $\mathfrak{Par}(v)$. Der Tangentialraum $T_{p_0}\mathfrak{Par}(v)$ lässt sich mit der Lie-Unteralgebra $\mathfrak{a} \oplus \mathfrak{n}_v$ identifizieren.*

2. *Das semidirekte Produkt $A_v{\cdot}N_v$ operiert einfach transitiv auf W_v. Der Tangentialraum $T_{p_0}W_v$ lässt sich mit der Lie-Unteralgebra $\mathfrak{a}_v \oplus \mathfrak{n}_v$ identifizieren.*

Damit sind sowohl $A \cdot N_v$ als auch $A_v \cdot N_v$ total geodätische Lie-Untergruppen von F.

Für jedes $v \in \mathfrak{a}$ mit $\|v\| = 1$ und der Eigenschaft, dass es ein $\alpha \in \Lambda$ mit $\alpha(v) = 0$ gibt, ist $\mathfrak{a} \oplus \mathfrak{n}_v$ mit Satz 5.2.6 eine total geodätische Lie-Unteralgebra, die v enthält und für die $\mathfrak{a} \oplus \mathfrak{n}_v \not\leq \mathfrak{a}$ gilt. Andererseits ist $\mathfrak{a}_v \oplus \mathfrak{n}_v \not\leq \mathfrak{a}$ eine total geodätische Lie-Unteralgebra, auf welcher v senkrecht steht. Es gibt also im Allgemeinen keinen ausgezeichneten Vektor $v \in \mathfrak{a} \setminus \{0\}$, der Element von allen minimalen Lie-Unteralgebren von $\mathfrak{f}$ ist. Insbesondere existieren minimale Lie-Unteralgebren, in denen nicht der ganze Summand $\mathfrak{a}$ enthalten ist. Ein Satz 5.1.3 entsprechendes Resultat existiert für den Fall höheren Rangs also nicht. Daher wird es nicht mehr Gegenstand der vorliegenden Arbeit sein, notwendige und hinreichende Bedingungen für die Minimalität von Lie-Unteralgebren in Lie-Algebren vom Iwasawa-Typ mit algebraischem Rang ≥ 2 anzugeben.

5.3 Notwendigkeit des Iwasawa-Typs

Wir wenden uns nun der Frage zu, ob die Bedingung, dass das Komplement der Derivierten enthalten sein muss, auch für andere Lie-Algebren als solche vom Iwasawa-Typ gleichbedeutend mit der Minimalität einer Lie-Unteralgebra ist. Tatsächlich ist die Voraussetzung an die Lie-Algebra, vom Iwasawa-Typ zu sein, aber notwendig:
Im Folgenden verändern wir bei der Iwasawa-Lie-Algebra von $\mathbb{C}H^2$ das Skalarprodukt. Die entstehende Lie-Algebra ist nicht länger vom Iwasawa-Typ. In ihr lässt sich dann eine Lie-Unteralgebra finden, welche das Komplement der Derivierten enthält aber nicht minimal ist.

Setze $\mathfrak{l} := \mathbb{C}e_1 \oplus \mathbb{R}e_2$. Es bezeichne $\langle .,..\rangle$ das euklidische Skalarprodukt auf $\mathfrak{l} \cong \mathbb{R}^3$. Seien wieder $\mathfrak{a}'$ ein eindimensionaler $\mathbb{R}$-Vektorraum und $a' \in \mathfrak{a}'$. Setze $\|a'\| = 2$ und $\mathfrak{a}' \perp \mathfrak{l}$. Statte $\mathbb{R}a' \oplus \mathfrak{l}$ folgendermaßen mit einer Lie-Klammer aus

$$\begin{aligned} [a', e_1] &= e_1 \ , \quad [a', ie_1] = ie_1 \ , \quad [a', e_2] = 2e_2 \\ \text{und} \quad [e_2, e_1] &= 0 = [e_2, ie_1] \quad \text{sowie} \quad [ie_1, e_1] = e_2. \end{aligned}$$

Dann ist $\mathfrak{f} := \mathbb{R}a' \oplus \mathfrak{l}$ mit $[.,..]$ und $\langle .,..\rangle$ isomorph zur Iwasawa-Lie-Algebra von $\mathbb{C}H^2$ und insbesondere vom Iwasawa-Typ. Setze

$$\mathfrak{h} := \mathbb{R}a' \oplus \mathbb{R}e_1.$$

Nach Satz 5.1.3 ist $\mathfrak{h}$ eine minimale Lie-Unteralgebra von $\mathfrak{f}$, die sogar total geodätisch ist (Klassifikation 4.2.6).

5.3.1 Beispiel (für eine nicht minimale Lie-Unteralgebra $\mathfrak{h}$ mit $a' \in \mathfrak{h}$).
Sei $\lambda \in \mathbb{R} \setminus \{0\}$. Setze $e_2' := e_2 + \lambda e_1$. Statte nun $\mathfrak{l}$ mit einem Skalarprodukt $\langle\langle .,..\rangle\rangle_\lambda$ so aus, dass (e_1, ie_1, e_2') eine $\mathbb{R}$-Orthonormalbasis von $\mathfrak{l}$ bildet. Es gelte wieder $\|a'\|_\lambda = 2$ und $a' \perp e_1, ie_1, e_2'$.

1. Dann ist $\mathfrak{f}_\lambda := (\mathbb{R}a' \oplus \mathfrak{l}, [.,..], \langle\langle .,..\rangle\rangle_\lambda)$ eine $\mathbb{R}$-Lie-Algebra mit Skalarprodukt, die nicht vom Iwasawa-Typ ist. Desweiteren ist $\mathfrak{h}$ eine Lie-Unteralgebra von $\mathfrak{f}_\lambda$.

2. Es gilt $a' \in \mathfrak{h}$, aber $\mathfrak{h}$ ist nicht minimal.

Beweis. 1. Es gilt

$$\langle\langle [a', e_2'], e_1\rangle\rangle_\lambda = \langle\langle 2e_2' - \lambda e_1, e_1\rangle\rangle_\lambda = -\lambda \neq 0 = \langle\langle e_2', e_1\rangle\rangle_\lambda = \langle\langle e_2', [a', e_1]\rangle\rangle_\lambda.$$

Damit ist $\mathrm{ad}(a')$ nicht selbstadjungiert, also $\mathfrak{f}_\lambda$ nicht vom Iwasawa-Typ.

2. Es gilt $ie_1 \perp \mathfrak{h}$, aber

$$\begin{aligned} \frac{1}{4}\langle\langle [ie_1, a'], a'\rangle\rangle_\lambda + \langle\langle [ie_1, e_1], e_1\rangle\rangle_\lambda &= \frac{1}{4}\langle\langle -ie_1, a'\rangle\rangle_\lambda + \langle\langle e_2, e_1\rangle\rangle_\lambda \\ &= \langle\langle e_2' - \lambda e_1, e_1\rangle\rangle_\lambda = -\lambda \ . \end{aligned}$$

Nach Satz 2.2.6 ist $\mathfrak{h}$ damit nicht minimal.

□

5.3.1 Konjugierte von $\mathfrak{h}$

Seien F_λ und H die zusammenhängenden Lie-Gruppen zu den Lie-Algebren $\mathfrak{f}_\lambda$ und $\mathfrak{h}$. Da die Lie-Algebren $\mathfrak{f}$ und $\mathfrak{f}_\lambda$ isomorph sind, ist $\mathfrak{l}$ die Derivierte von $\mathfrak{f}_\lambda$. Wir notieren daher $[F_\lambda, F_\lambda] =: L$. Dann ist L ebenfalls einfach zusammenhängend. Das Zentrum der Derivierten ist $\mathbb{R}e_2$. Außerdem ist $\mathfrak{l}$ zweischritt nilpotent. Damit ist $\mathfrak{f}_\lambda$ auflösbar und die Exponentialfunktion $\exp : \mathfrak{l} \to L$ ist ein Diffeomorphismus.

Auch wenn H selber nicht minimal ist, können minimale H-Orbits durch andere Punkte als das neutrale Element existieren. In diesem Unterabschnitt werden wir wenigstens teilweise klären, ob überhaupt und durch welche Punkte minimale H-Orbits existieren. Hierzu untersuchen wir die Lie-Untergruppen von F_λ, die durch Konjugieren von H mit Elementen aus L entstehen. Für jedes $y \in \mathfrak{l}$ setze

$$H_y := \exp(y)H\exp(-y) \quad \text{und} \quad \mathfrak{h}_y := \mathrm{Ad}(\exp(y))(\mathfrak{h}) = \exp(\mathrm{ad}(y))(\mathfrak{h}) \ .$$

Da $\mathfrak{f}_\lambda$ isomorph zu einer Lie-Algebra vom Iwasawa-Typ ist, können wir Korollar 5.1.10 anwenden und uns daher auf die Konjugation mit Elementen $Y \in L$ aus der Derivierten beschränken. Jedes Element von L kann auf eindeutige Weise in zwei Faktoren $\exp(\chi e_1)$ und $\exp(\nu ie_1 + \mu e_2)$ zerlegt werden.

5.3.2 Satz (Eindeutige Faktorisierung von Elementen der Derivierten).
Die Abbildung

$$\Upsilon : (\mathbb{R}ie_1 \oplus \mathbb{R}e_2) \times \mathbb{R}e_1 \to L\,, \ (\nu ie_1 + \mu e_2, \chi e_1) \mapsto \exp(\nu ie_1 + \mu e_2)\exp(\chi e_1)$$

ist ein Diffeomorphismus.

Beweis. Setze $\mathfrak{p} := \mathbb{R}e_1$ und $\mathfrak{q} := \mathbb{R}ie_1 \oplus \mathbb{R}e_2$. Dann sind $\mathfrak{p}$ und $\mathfrak{q}$ abelsche Lie-Unteralgebren von $\mathfrak{l}$. Seien $P, Q \leq L$ die zusammenhängenden Lie-Untergruppen zu $\mathfrak{p}$ und $\mathfrak{q}$. Die Lie-Gruppe L ist auflösbar und einfach zusammenhängend, daher sind mit Satz III.3.31 in

[HN91] die Lie - Untergruppen P, Q einfach zusammenhängend. Es gelten

$$P := \{\exp(\chi e_1)\,;\ \chi \in \mathbb{R}\} \qquad \text{und} \qquad Q := \{\exp(\nu i e_1 + \mu e_2)\,;\ \nu, \mu \in \mathbb{R}\}.$$

Die Exponentialfunktionen $\exp_P : \mathfrak{p} \to P$ und $\exp_Q$ sind also Diffeomorphismen. Die Abbildung $(\exp_Q, \exp_P) : \mathfrak{q} \times \mathfrak{p} \to Q \times P$ ist somit ein Diffeomorphismus bezüglich der Produktmannigfaltigkeitsstruktur von $Q \times P$.

Die Lie-Untergruppen P und Q sind abgeschlossen und es gilt $P \cap Q = \{e\}$. Die Lie - Unteralgebra $\mathfrak{q}$ ist ein Ideal von $\mathfrak{l}$, daher ist Q ein Normalteiler. Dann ist das (innere) semidirekte Produkt $Q \rtimes P$ isomorph zu einer Lie-Untergruppe von L. Es sind jedoch L und $Q \rtimes P$ beides Lie-Gruppen der Dimension 3, also gilt $L \cong Q \rtimes P$. Das semidirekten Produkt $Q \rtimes P$ trägt die Produktmannigfaltigkeitsstruktur von $Q \times P$. Damit ist $(\exp_Q, \exp_P)$ ein Diffeomorphismus zwischen $\mathfrak{q} \times \mathfrak{p}$ und $Q \rtimes P \cong L$.

□

5.3.3 Korollar (Reduktion auf den $(\mathbb{R}ie_1 \oplus \mathbb{R}e_2)$-Anteil).
Für jedes $Y \in L$ gibt es $\nu, \mu \in \mathbb{R}$ so, dass $YHY^{-1} = H_{\nu i e_1 + \mu e_2}$. Das bedeutet, dass die e_1-Komponente eines Vektors $y \in \mathfrak{l}$ für die Konjugation der Gruppe H mit $\exp(y)$ keine Rolle spielt.

Beweis. Da $e_1 \in \mathfrak{h}$ gilt, ist $\exp(\chi e_1) \in H$ für alle $\chi \in \mathbb{R}$. Sei nun $Y \in L$. Da Υ nach Satz 5.3.2 ein Diffeomorphismus ist, gibt es $\chi, \nu, \mu \in \mathbb{R}$ mit $Y^{-1} = \exp(-\chi e_1) \cdot \exp(-\nu i e_1 - \mu e_2)$. Damit folgt

$$\begin{aligned} YHY^{-1} &= \exp(\nu i e_1 + \mu e_2) \cdot \exp(\chi e_1) \cdot H \cdot \exp(-\chi e_1) \cdot \exp(-\nu i e_1 - \mu e_2) \\ &\overset{\exp(\pm\chi e_1) \in H}{=} \exp(\nu i e_1 + \mu e_2) \cdot H \cdot \exp(-\nu i e_1 - \mu e_2) = H_{\nu i e_1 + \mu e_2}. \end{aligned}$$

□

GV: Sei $y = \nu i e_1 + \mu e_2 \in \mathbb{R}ie_1 \oplus \mathbb{R}e_2$.

5.3.4 Satz (Konjugierte von $\mathfrak{h}$).
Es gilt

$$\mathfrak{h}_y = \{r(a' - y - \mu e_2) + s(e_1 + \nu e_2)\,;\ r, s \in \mathbb{R}\}.$$

Beweis. Seien $r, s \in \mathbb{R}$. Dann gilt

$$ad(y)(ra' + se_1) = [\nu i e_1 + \mu e_2, ra' + se_1] = -r(y + \mu e_2) + s\nu e_2,$$

also

$$ad(y)^2(ra' + se_1) = [y, -r(y + \mu e_2) + s\nu e_2] = [y, (s\nu - r\mu)e_2] = 0.$$

Es folgt

$$\exp(ad(y))(ra' + se_1) = ra' + se_1 - r(y + \mu e_2) + s\nu e_2 = r(a' - y - \mu e_2) + s(e_1 + \nu e_2).$$

□

Eine Orthogonalbasis von $\mathfrak{h}_y$.
Da $\dim(\mathfrak{h}_y) = \dim(\mathfrak{h}) = 2$ gilt, liefert die Darstellung $r(a' - y - \mu e_2) + s(e_1 + \nu e_2)$ für Elemente aus $\mathfrak{h}_y$ eine Basis $(a' - y - \mu e_2, e_1 + \nu e_2)$, die wir nur noch orthogonalisieren müssen. Es gilt

$$\langle\langle a' - y - \mu e_2, e_1 + \nu e_2 \rangle\rangle_\lambda = 2\mu(\lambda - \nu - \lambda^2 \nu).$$

Mit Hilfe des Gram-Schmidt-Verfahrens erhält man eine Orthogonalbasis (f_1, f_2) von $\mathfrak{h}_y$ mit

$$f_1 := e_1 + \nu e_2 = (1 - \nu\lambda)e_1 + \nu e_2'$$

und

$$\begin{aligned} f_2 &:= a' - Ce_1 - \nu i e_1 - (2\mu + C\nu)e_2 \\ &= a' - (C(1 - \nu\lambda) - 2\mu\lambda)e_1 - \nu i e_1 - (2\mu + C\nu)e_2', \end{aligned}$$

wobei $C := \frac{2\mu(\lambda - \nu - \lambda^2\nu)}{(1-\nu\lambda)^2 + \nu^2}$.

Untersuchung der $\mathfrak{h}_y$ auf Minimalität

Unter Verwendung der Äquivalenz aus Satz 2.2.6 untersuchen wir nun, welche der Lie-Algebren $\mathfrak{h}_y$ minimal sind. Tatsächlich existiert mindestens ein minimaler Orbit von H (Satz 5.3.6). Korollar 5.1.10 liefert, dass a in keiner der Lie-Algebren $\mathfrak{h}_y$ enthalten ist, weil wir die Gruppe H nur mit Elementen $\exp(y)$ für Vektoren $y \in \mathfrak{h}^\perp$ konjugieren. Beispiel 5.3.1 liefert also nicht nur eine Lie-Unteralgebra, die a enthält, aber nicht minimal ist, sondern führt auch zu einer minimalen Lie-Unteralgebra, die den Vektor a' nicht enthält.

Als erstes stellt man leicht fest, dass die Konjugation mit $\exp(y)$ keine minimalen Beispiele liefert, sofern y ein Vielfaches von e_2 ist.

5.3.5 Satz (Der Fall $\nu = 0$).
Sei $\nu = 0$. Dann ist $\mathfrak{h}_y$ nicht minimal.

Beweis. Aus $\nu = 0$ folgen $f_1 = e_1$ und $f_2 = a' - 2\mu e_2 - 2\mu\lambda e_1 = a' - 2\mu e_2'$. Dann gelten $\|f_1\| = 1$ und $\|f_2\|^2 = 4 + 4\mu^2$.

1. Sei $\mu \neq 0$. Setze $d := a' + \frac{2}{\mu} e_2'$. Dann gilt sowohl $d \perp f_1, f_2$ als auch

$$\begin{aligned} & \langle\langle [d, e_1], e_1 \rangle\rangle_\lambda + \frac{1}{\|f_2\|^2} \langle\langle [d, a' - 2\mu e_2'], a' - 2\mu e_2' \rangle\rangle_\lambda \\ = \; & \langle\langle e_1, e_1 \rangle\rangle_\lambda + \frac{1}{\|f_2\|^2} \left\langle\!\!\left\langle -4\left(\mu + \frac{1}{\mu}\right) e_2 - 2\lambda \left(\mu + \frac{1}{\mu}\right) e_1, -2\mu e_2' \right\rangle\!\!\right\rangle_\lambda \\ = \; & 1 + \frac{8}{4 + 4\mu^2} (\mu^2 + 1) = 3 \neq 0. \end{aligned}$$

Nach Satz 2.2.6 ist damit $\mathfrak{h}_y$ nicht minimal.

2. Sei $\mu = 0$. Dann gelten $y = 0$ und $\mathfrak{h}_y = \mathfrak{h}$. Nach Beispiel 5.3.1 ist $\mathfrak{h}_y$ damit nicht minimal.

□

Das bedeutet, dass der H-Orbit $H \cdot \exp(-\mu e_2)$ für kein $\mu \in \mathbb{R}$ minimal ist.

Der Fall $\nu \neq 0$

Ab sofort sei $\nu \neq 0$. Der Fall, dass y auch einen ie_1-Anteil besitzt, ist etwas aufwendiger. Für $y = \nu i e_1$ lässt er sich aber noch vollständig aufklären. Hierbei existiert für jedes λ genau eine minimale Konjugierte $\mathfrak{h}_{\nu i e_1}$.

5.3.6 Satz (Konjugierte von $\mathfrak{h}$ im Fall $\mu = 0$).
Es gelte $\mu = 0$.

1. *Genau dann ist $\mathfrak{h}_y$ minimal, wenn*

$$\mathbf{P}_\lambda(\nu) := 3(\lambda^2 + 1)\nu^3 - 5\lambda\nu^2 + (6 + 4\lambda^2)\nu - 4\lambda = 0.$$

2. *Das Polynom $\mathbf{P}_\lambda$ besitzt genau eine reelle Nullstelle. Das bedeutet, es existiert genau eine minimale Konjugierte $\mathfrak{h}_y$ von $\mathfrak{h}$, diese ist jedoch nicht total geodätisch.*

Beweis. 1. Es sind $f_1 = e_1 + \nu e_2 = (1 - \lambda\nu)e_1 + \nu e_2'$ und $f_2 = a' - \nu i e_1$. Damit gelten $\|f_1\|^2 = 1 - 2\lambda\nu + (\lambda^2 + 1)\nu^2$ und $\|f_2\|^2 = 4 + \nu^2$. Sei $d = a' + d_1 e_1 + d_i i e_1 + d_2' e_2' \in \mathfrak{h}_y^\perp$. Dann folgt $d_i = \frac{4}{\nu}$. Es gelten

$$\begin{aligned} & \langle\langle [a' + d_1 e_1 + d_i i e_1 + d_2' e_2', e_1 + \nu e_2], (1 - \lambda\nu) e_1 + \nu e_2' \rangle\rangle_\lambda \\ = \; & \langle\langle (1 - 2\lambda\nu - \lambda d_i) e_1 + (2\nu + d_i) e_2', (1 - \lambda\nu) e_1 + \nu e_2' \rangle\rangle_\lambda \\ = \; & 1 - \lambda d_i + (d_i(\lambda^2 + 1) - 3\lambda)\nu + 2(\lambda^2 + 1)\nu^2 \end{aligned}$$

und

$$(5.7)\quad \langle\langle [a' + d_1e_1 + d_iie_1 + d_2'e_2', a' - \nu ie_1], a' - \nu ie_1\rangle\rangle_\lambda \;=\; \nu^2 + d_i\nu \overset{d_i=\frac{4}{\nu}}{=} \|f_2\|^2 \neq 0.$$

Damit folgt

$$\begin{aligned} &\frac{1-\lambda d_i + (d_i(\lambda^2+1)-3\lambda)\nu + 2(\lambda^2+1)\nu^2}{1-2\lambda\nu+(\lambda^2+1)\nu^2} + 1 \\ =\;& \frac{1}{\|f_1\|^2}(1-\lambda d_i + (d_i(\lambda^2+1)-3\lambda)\nu + 2(\lambda^2+1)\nu^2 + 1 - 2\lambda\nu + (\lambda^2+1)\nu^2) \\ \overset{d_i=\frac{4}{\nu}}{=}\;& \frac{1}{\nu\|f_1\|^2}\left(3(\lambda^2+1)\nu^3 - 5\lambda\nu^2 + (6+4\lambda^2)\nu - 4\lambda\right). \end{aligned}$$

Da $\nu \neq 0$ vorausgesetzt ist und $d \in \mathfrak{h}_y$ beliebig gewählt wurde, ist damit $\mathfrak{h}_y$ genau dann minimal, wenn ν eine Nullstelle des Polynoms in der Klammer ist.

2. Es gilt $\mathbf{P}'_\lambda(\nu) = 9(\lambda^2+1)\nu^2 - 10\lambda\nu + (6+4\lambda^2)$. Das Polynom $\mathbf{R}(x) = -36x^2 - 65x - 54$ besitzt keine reellen Nullstellen und es gilt $\mathbf{R}(x) < 0$ für alle $x \in \mathbb{R}$. Hieraus folgt

$$\left(\frac{5\lambda}{9(\lambda^2+1)}\right)^2 - \frac{6+4\lambda^2}{9(\lambda^2+1)} = \frac{-36\lambda^4 - 65\lambda^2 - 54}{81(\lambda^2+1)^2} < 0.$$

Damit hat $\mathbf{P}'_\lambda$ keine reellen Nullstellen und ist außerdem immer positiv. Damit ist $\mathbf{P}_\lambda$ streng monoton wachsend. Der Zwischenwertsatz liefert nun, dass genau eine reelle Nullstelle existiert. Wegen $f_2 \in \mathfrak{h}_y$ und $d \in \mathfrak{h}_y^\perp$ folgt mit Satz 2.2.2 aus (5.7), dass $\mathfrak{h}_y$ nicht total geodätisch ist.

□

Im Fall $\lambda = 0$ ist 0 die einzige reelle Nullstelle des Polynoms $\mathbf{P}_0(x) = 3x^3 + 6x$. Das bedeutet $\mathfrak{h}_y = \mathfrak{h}_0 = \mathfrak{h}$. Die Lie-Unteralgebra ist in diesem Fall minimal, da das Skalarprodukt $\langle\langle ., ..\rangle\rangle_0$ mit dem euklidischen übereinstimmt. Anderenfalls besitzt H einen minimalen Orbit durch $\exp(-\nu ie_1)$ für die reelle Nullstelle ν des Polynoms $\mathbf{P}_\lambda$.

Es bleibt noch der Fall $\nu \neq 0 \neq \mu$ zu betrachten. Zumindest unter Einschränkung an λ und ausreichend großes ν existieren keine weiteren minimalen Konjugierten $\mathfrak{h}_y$.

5.3.7 Satz (Nicht minimale Beispiele im Fall $\mu \neq 0$).
Sei $\mu \neq 0$. Sei $\lambda \in]-\sqrt{8}, \sqrt{8}[$. Dann gibt es $\nu_0 > 0$ so, dass $\mathfrak{h}_y$ für alle $\nu > \nu_0$ nicht minimal ist.

Beweis. Setze $d := \frac{-2\nu}{\mu} e_1 + \frac{2}{\mu}(1-\lambda\nu)e_2'$. Dann steht d senkrecht auf $\mathfrak{h}_y$. Es gilt analog zu Satz 5.3.6

$$\langle\langle [d, f_1], f_1 \rangle\rangle_\lambda = 1 - 3\lambda\nu + 2(\lambda^2+1)\nu^2.$$

Für $\lambda \in]-\sqrt{8}, \sqrt{8}[$ besitzt dieses Polynom keine reellen Nullstellen und ist daher für alle $\nu \in \mathbb{R}$ positiv. Desweiteren gilt

$$\begin{aligned}
&\langle\langle [d, f_2], f_2 \rangle\rangle_\lambda \\
= \;& \frac{1}{\mu}\langle\langle [\mu a' + (2\lambda(1-\lambda\nu) - 2\nu)e_1 + (2(1-\lambda\nu))e_2, a' - Ce_1 - \nu i e_1 - (2\mu + C\nu)e_2], \\
&\qquad a' - (C(1-\lambda\nu) - 2\mu\lambda)e_1 - \nu i e_1 - (2\mu + C\nu)e_2' \rangle\rangle_\lambda \\
= \;& \frac{1}{\mu}\langle\langle (-C\mu + 2\lambda - 4\lambda^2\nu + 2\nu + 4\lambda\mu^2 + 2\lambda\mu C\nu + 2\lambda\nu^2 + 2\lambda^3\nu^2)e_1 - \mu\nu i e_1 \\
&\qquad + (-4\mu^2 - 2C\mu\nu + 2\nu^2 + 6\lambda\nu - 2\lambda^2\nu^2 - 4)e_2', \\
&\qquad a' - (C(1-\lambda\nu) - 2\mu\lambda)e_1 - \nu i e_1 - (2\mu + C\nu)e_2' \rangle\rangle_\lambda \\
= \;& C^2\left(2(\lambda^2+1)\nu^2 - 3\lambda\nu + 1\right) \\
& -\frac{C}{\mu}\Big(2\lambda + 6\lambda\mu^2 + (-6\lambda^2 - 2 - 8\lambda^2\mu^2 - 8\mu^2)\nu + (6\lambda^3 + 2\lambda)\nu^2 \\
&\qquad + (-2\lambda^4 - 4\lambda^2 - 2)\nu^3\Big) \\
& + (4\lambda^2 + 8\lambda^2\mu^2 - 8\mu^2 + 8) + (-8\lambda^3 - 8\lambda)\nu + (4\lambda^4 + 8\lambda^2 + 5)\nu^2 \\
= \;& C^2\left(2(\lambda^2+1)\nu^2 - 3\lambda\nu + 1\right) \\
& + \frac{1}{\|f_1\|^2}\left(-2\lambda + 2(1+\lambda^2)\nu\right)(\mathbf{T}_C(\nu)) + \frac{1}{\|f_1\|^2}\left(1 - 2\lambda\nu + (1+\lambda^2)\nu\right)(\mathbf{T}(\nu)),
\end{aligned}$$

wobei $\mathbf{T}_C(\nu) = 2\lambda + 6\lambda\mu^2 + (-6\lambda^2 - 2 - 8\lambda^2\mu^2 - 8\mu^2)\nu + (6\lambda^3 + 2\lambda)\nu^2 + (-2\lambda^4 - 4\lambda^2 - 2)\nu^3$ und $\mathbf{T}(\nu) = (4\lambda^2 + 8\lambda^2\mu^2 - 8\mu^2 + 8) + (-8\lambda^3 - 8\lambda)\nu + (4\lambda^4 + 8\lambda^2 + 5)\nu^2$. Weiter errechnet man

$$\begin{aligned}
\mathbf{S}(\nu) &:= \left(-2\lambda + 2(1+\lambda^2)\nu\right)(\mathbf{T}_C(\nu)) + \left(1 - 2\lambda\nu + (1+\lambda^2)\nu\right)(\mathbf{T}(\nu)) \\
&= (\lambda^2+1)\nu^4 + (4\lambda^4 - 28\lambda^3 - 18\lambda)\nu^3 + (-8\lambda^4\mu^2 + \lambda^2(24 - 16\mu^2) - 8\mu^2 + 9)\nu^2 \\
&\qquad + (12\lambda^3\mu^2 + 4\mu^2\lambda - 16\lambda)\nu - 4\lambda^2\mu^2 + 8\mu^2 + 8.
\end{aligned}$$

Der Koeffizient vor ν^4 ist positiv. Damit gibt es $\nu_0 > 0$ derart, dass $\mathbf{S}(\nu) > 0$ für alle $\nu > \nu_0$. Sei $\nu > \nu_0$. Es folgt

$$\begin{aligned}
&\frac{1}{\|f_1\|^2}\langle\langle [d, f_1], f_1 \rangle\rangle_\lambda + \frac{1}{\|f_2\|^2}\langle\langle [d, f_2], f_2 \rangle\rangle_\lambda \\
= \;& \left(\frac{1}{\|f_1\|^2} + \frac{C^2}{\|f_2\|^2}\right)\left(1 - 3\lambda\nu + 2(\lambda^2+1)\nu^2\right) + \frac{1}{\|f_1\|^2\|f_2\|^2}\mathbf{S}(\nu) > 0.
\end{aligned}$$

□

5.4 Die Begriffe „minimal“ und „total geodätisch“ für Orbits in $\mathbb{R}H^{n+1}$

Zu guter Letzt werfen wir noch einen Blick auf den Fall $\mathbb{K} = \mathbb{R}$.
Im Jahr 2001 veröffentlichten Antonio DiScala und Carlos Olmos in [DSO01] eine geometrische Charakterisierung der homogenen Untermannigfaltigkeiten von $\mathbb{R}H^{n+1}$. Als eine direkte Folgerung ergab sich:

Korollar (1.4 in [DSO01]).
Jeder minimale Orbit einer zusammenhängenden Lie-Untergruppe $\underline{G} \subseteq \mathrm{Iso}(\mathbb{R}H^{n+1})$ ist schon total geodätisch.

Die Ergebnisse der Abschnitte 5.1 und 2.2 ermöglichen für Lie-Untergruppen $H \leq F$ der Iwasawa-Lie-Gruppe von $\mathbb{R}H^{n+1}$ einen alternativen Beweis hierfür.
Im Anschluss an Satz 4.2.3 wurde festgehalten, dass die Iwasawa-Lie-Algebra $\mathfrak{f}_\mathbb{R}$ von $\mathbb{R}H^{n+1}$ die Gestalt $\mathbb{R}\underline{a} \oplus \mathbb{R}^n$ besitzt, wobei $\underline{a}$ senkrecht auf dem direkten Summanden $\mathbb{R}^n$ steht. Es trägt hierbei $\mathbb{R}^n$ die triviale Lie-Klammer sowie das euklidische Skalarprodukt und wir haben $\mathrm{ad}(\underline{a})|_{\mathbb{R}^n} = \mathrm{Id}_{\mathbb{R}^n}$.
Insbesondere ist $\mathfrak{f}_\mathbb{R}$ vom Iwasawa-Typ vom algebraischen Rang 1. Nach Satz 5.1.3 sind also die minimalen Lie-Unteralgebren von $\mathfrak{f}_\mathbb{R}$ genau diejenigen, die $\underline{a}$ enthalten. Satz 5.1.7 liefert auch hier, dass eine Lie-Untergruppe H genau dann einen minimalen Orbit besitzt, wenn $\mathfrak{h} \not\leq \mathbb{R}^n$ gilt. Auch die Voraussetzungen von Korollar 2.2.9 sind erfüllt, weswegen sich unter den minimalen Lie-Untergruppen die total geodätischen durch die Bedingung (2.2.7 (b)) auszeichnen.

5.4.1 Satz (Minimale und total geodätische Orbits in $\mathbb{R}H^{n+1}$).
Sei H eine zusammenhängende Lie - Untergruppe der Iwasawa-Lie-Gruppe von $\mathbb{R}H^{n+1}$ und $\mathfrak{h} \leq \mathfrak{f}_\mathbb{R}$ die zu H assoziierte Lie-Unteralgebra. Gilt $\mathfrak{h} \not\leq \mathbb{R}^n$, so ist der nach Satz 5.1.7 existierende minimale Orbit von H total geodätisch.

Beweis. Für ein $y \in \mathbb{R}^n$ sei der durch $\exp(-y)$ verlaufende H - Orbit minimal. Es ist dann $H_y := \exp(y)H\exp(-y)$ eine minimale Lie-Untergruppe und nach Satz 5.1.3 gilt $\underline{a} \in \mathfrak{h}_y$. Damit folgt $\mathfrak{d}_0 := \mathfrak{h}_y^\perp \cap \mathbb{R}\underline{a} = \{0\}$, und somit $\langle [d_0, h], h\rangle = 0$ für alle $d_0 \in \mathfrak{d}_0$ und alle $h \in \mathfrak{h}_y$. Da $\mathbb{R}^n$ abelsch ist, gilt außerdem $[h_+, h'_+] = 0 \in \mathfrak{d}_0$ für alle $h_+ \in \mathfrak{h}_y \cap \mathbb{R}^n$ und alle $h'_+ \in \mathfrak{h}_y^\perp \cap \mathbb{R}^n$. Korollar 2.2.9 liefert dann, dass H_y und damit auch der Orbit $H \cdot \exp(-y)$ total geodätisch ist.

□

Anhang A

Clifford-Algebren und Spin-Gruppen

Aufgrund des engen Zusammenhangs zwischen verallgemeinerten Heisenberg-Algebren und Clifford-Algebren und da bei der Arbeit mit den hyperbolischen Räumen $\mathbb{H}H^{n+1}$ sowie $\mathbb{O}H^2$ wiederholt **Spin**-Gruppen auftauchen, ergänzen wir diese Arbeit um einen Anhang über diese Strukturen. Auf Beweise verzichten wir weitestgehend, da sich diese - ebenso wie die hier vorgestellten Resultate - in [Gal08] und [LM89] befinden.

GV: Seien $\mathbf{k}$ ein Körper und $\mathfrak{V}$ ein $\mathbf{k}$-Vektorraum. Ferner sei $\mathcal{Q} : \mathfrak{V} \to \mathbf{k}$ eine quadratische Form auf $\mathfrak{V}$.

Tensoralgebra eines k-Vektorraums.
Für jedes $r \in \mathbb{N}$ bezeichne $\otimes^r \mathfrak{V}$ *das r-fache Tensorprodukt von* $\mathfrak{V}$ mit sich selber. Die unendliche direkte Summe

$$\mathfrak{T}(\mathfrak{V}) := \bigoplus_{l \geq 0} \otimes^l \mathfrak{V}$$

wird ausgestattet mit dem Tensorprodukt zu einer assoziativen gradierten Algebra, welche *die Tensoralgebra* genannt wird. Die homogenen Elemente vom Grad r sind genau die r-fachen Elementartensoren $x_1 \otimes ... \otimes x_r \in \otimes^r \mathfrak{V}$ für geeignete $x_1, ..., x_r \in \mathfrak{V} \setminus \{0\}$.

A.1 Clifford Algebren

A.1.1 Definition (Clifford-Algebra).
Die Clifford-Algebra $Cl(\mathfrak{V}, \mathcal{Q})$ ist eine unitale, assoziative $\mathbf{k}$-Algebra, die wie folgt aus der Tensoralgebra konstruiert wird:

Es bezeichne $J_{\mathcal{Q}}(\mathfrak{V})$ das von der Menge $\{x\otimes x+\mathcal{Q}(x)\mathbf{1}\,;\ x\in\mathfrak{V}\}$ in der Tensoralgebra $\mathfrak{T}(\mathfrak{V})$ erzeugte Ideal. Wir definieren die Clifford-Algebra als den Quotienten der Tensoralgebra nach $J_{\mathcal{Q}}(\mathfrak{V})$:

$$Cl(\mathfrak{V},\mathcal{Q}) := \mathfrak{T}(\mathfrak{V})/J_{\mathcal{Q}}(\mathfrak{V}).$$

Homogene Elemente vom Grad r haben die Form $x_1\otimes\ldots\otimes x_r + J_Q(\mathfrak{V}) =: x_1\cdot\ldots\cdot x_r$ für geeignete $x_1,\ldots,x_r\in\mathfrak{V}\setminus\{0\}$.

Für jedes $x\in\mathfrak{V}$ gilt für die Multiplikation in der Clifford-Algebra

(A.1) $$x\cdot x = -\mathcal{Q}(x)\,\mathbf{1}.$$

Ist die Charakteristik des Körpers $\mathbf{k}$ nicht 2, dann ist die Eigenschaft (A.1) äquivalent zu

(A.1') $$x\cdot y + y\cdot x = -2\langle x,y\rangle_{\mathcal{Q}}\,\mathbf{1} \qquad \text{für alle } x,y\in\mathfrak{V},$$

wobei $\langle .,..\rangle_{\mathcal{Q}}$ das Skalarprodukt bezeichne, das durch Polarisieren aus $\mathcal{Q}$ hervorgeht.

Es bezeichne $\iota:\mathfrak{T}(\mathfrak{V})\to Cl(\mathfrak{V},\mathcal{Q})$ die Quotientenabbildung. Wir identifizieren den direkten Summanden $\bigoplus^1\mathfrak{V}$ der Tensoralgebra mit dem Vektorraum $\mathfrak{V}$.

A.1.2 Satz (Eindeutigkeit der Clifford-Algebra).
Seien $\mathfrak{A}$ eine assoziative unitale $\mathbf{k}$-Algebra und $\widetilde{\phi}:\mathfrak{V}\to\mathfrak{A}$ eine lineare Abbildung, welche für jedes $x\in\mathfrak{V}$ die Eigenschaft $\widetilde{\phi}(x)\cdot\widetilde{\phi}(x) = -\mathcal{Q}(x)1_{\mathfrak{A}}$ erfüllt. Dann gibt es einen eindeutig bestimmten Algebrenhomomorphismus $\widetilde{\Phi}: Cl(\mathfrak{V},\mathcal{Q})\to\mathfrak{A}$, mit $\widetilde{\phi}=\widetilde{\Phi}\circ\iota$. Außerdem ist $Cl(\mathfrak{V},\mathcal{Q})$ bezüglich der Eigenschaft (A.1) bis auf Isomorphie eindeutig bestimmt.

GV: Sei ab jetzt $\mathbf{k}=\mathbb{R}$.

A.1.3 Korollar (Existenz kanonischer (Anti-)Automorphismen ζ und τ).

1. Es gibt einen eindeutig bestimmten Antiautomorphismus $\tau: Cl(\mathfrak{V},\mathcal{Q})\to Cl(\mathfrak{V},\mathcal{Q})$ mit den Eigenschaften $\tau^2=\mathrm{Id}_{Cl(\mathfrak{V},\mathcal{Q})}$ und $\tau(\iota(x))=\iota(x)$ für alle $x\in\mathfrak{V}$.

2. Es gibt einen eindeutig bestimmten Automorphismus $\zeta: Cl(\mathfrak{V},\mathcal{Q})\to Cl(\mathfrak{V},\mathcal{Q})$ mit den Eigenschaften $\zeta^2=\mathrm{Id}_{Cl(\mathfrak{V},\mathcal{Q})}$ und $\zeta(\iota(x))=-\iota(x)$ für alle $x\in\mathfrak{V}$.

Es gilt außerdem $\tau\circ\zeta=\zeta\circ\tau$.

GV: Sei ab sofort $\dim(\mathfrak{V}) = m < \infty$.

A.1.4 Satz (Einbettung von $\mathfrak{V}$ in die Clifford-Algebra).
Die Einschränkung der Quotientenabbildung $\iota : \mathfrak{T}(\mathfrak{V}) \to Cl(\mathfrak{V}, \mathcal{Q})$ *auf den Summanden* $\mathfrak{V}$ *ist injektiv. D.h. der der Clifford-Algebra zu Grunde liegende Vektorraum* $\mathfrak{V}$ *ist in die Algebra eingebettet. Ist* $(e_1, ..., e_m)$ *eine Basis von* $\mathfrak{V}$*, so bilden* $\mathbf{1}$ *und die Produkte*

$$\iota(e_{i_1}) \cdot \iota(e_{i_2}) \cdot ... \cdot \iota(e_{i_l}) \qquad \textit{für alle} \quad 1 \leq i_1 < ... < i_l \leq m$$

eine Basis von $Cl(\mathfrak{V}, \mathcal{Q})$*. Insbesondere gilt* $\dim(Cl(\mathfrak{V}, \mathcal{Q})) = 2^m$.

GV: Ab sofort schreiben wir nur noch x statt $\iota(x)$.

Nach Satz A.1.4 genügt es, die nach Korollar A.1.3 existierenden linearen Abbildungen ζ und τ auf den Produkten $e_{i_1} \cdot ... \cdot e_{i_l}$ für alle $1 \leq i_1 < ... < i_l \leq m$ explizit anzugeben ([Gal08]). Für diese gelten

1. $\zeta(e_{i_1} \cdot ... \cdot e_{i_l}) = (-1)^l \, e_{i_1} \cdot ... \cdot e_{i_l}$,
2. $\tau(e_{i_1} \cdot ... \cdot e_{i_l}) = e_{i_l} \cdot ... \cdot e_{i_1}$.

Die Clifford-Algebra zerfällt zudem in die direkte Summe der ζ-Eigenräume:

$$Cl(\mathfrak{V}, \mathcal{Q}) = Cl^0(\mathfrak{V}, \mathcal{Q}) \oplus Cl^1(\mathfrak{V}, \mathcal{Q}),$$

mit $Cl^l(\mathfrak{V}, \mathcal{Q}) := \{x \in Cl(\mathfrak{V}, \mathcal{Q})\,;\ \zeta(x) = (-1)^l x\}$ für jedes $l \in \{0, 1\}$.
Es ist $Cl^0(\mathfrak{V}, \mathcal{Q})$ eine Unteralgebra von $Cl(\mathfrak{V}, \mathcal{Q})$, welche auch der gerade Teil der Clifford-Algebra genannt wird. Die Elemente von $Cl^0(\mathfrak{V}, \mathcal{Q})$ sind genau die Linearkombinationen aus Produkten $e_{i_1} \cdot ... \cdot e_{i_{2l}}$, die aus einer geraden Anzahl von Basiselementen e_i bestehen. In dem ungeraden Teil $Cl^1(\mathfrak{V}, \mathcal{Q})$ liegen die Linearkombinationen von Produkten $e_{i_1} \cdot ... \cdot e_{i_{2l+1}}$, die aus einer ungeraden Anzahl von Faktoren gebildet werden.

A.1.5 Definition (Konjugation und Normabbildung in der Clifford-Algebra).
Die Abbildung

$$x \mapsto \breve{\bar{x}} := \tau(\zeta(x))$$

heißt *Konjugation der Clifford-Algebra.*
Zusätzlich wird durch $\aleph(x) := x \cdot \breve{\bar{x}}$ für jedes $x \in Cl(\mathfrak{V}, \mathcal{Q})$ eine *Normabbildung* definiert, welche auf $\mathfrak{V}$ mit $\mathcal{Q}\,\mathbf{1}$ übereinstimmt.

A.1.1 Darstellungen der Clifford-Algebra

A.1.6 Definition ((Irreduzible) Darstellung).
Sei $\mathbf{K}$ ein Oberkörper von $\mathbf{k}$. *Eine* $\mathbf{K}$*-Darstellung der Clifford-Algebra* auf einem endlich-dimensionalen $\mathbf{k}$-Vektorraum $\mathfrak{W}$ ist ein $\mathbf{k}$-Algebren-Homomorphismus

$$\rho^{Cl} : Cl(\mathfrak{V}, Q) \to \mathrm{End}(\mathfrak{W}).$$

Eine $\mathbf{K}$-Darstellung heißt *reduzibel*, falls $\mathfrak{W}$ als nichttriviale direkte Summe $\mathfrak{W} = \mathfrak{W}^1 \oplus \mathfrak{W}^2$ über $\mathbf{K}$ so zerfällt, dass $\rho^{Cl}_x(\mathfrak{W}^j) \subseteq \mathfrak{W}^j$ für jedes $j \in \{1, 2\}$ und alle $x \in Cl(\mathfrak{V}, \mathcal{Q})$ gilt. In diesem Fall können wir $\rho^{Cl} = (\rho^{Cl})^1 \oplus (\rho^{Cl})^2$ schreiben, wobei $(\rho^{Cl})^j_x \equiv (\rho^{Cl})_x|_{\mathfrak{W}^j}$ für jedes $j \in \{1, 2\}$ und alle $x \in Cl(\mathfrak{V}, \mathcal{Q})$ gilt.
Eine Darstellung heißt *irreduzibel*, falls sie nicht reduzibel ist.

Sind ρ^{Cl} und $\widehat{\rho}^{Cl}$ *zwei* $\mathbf{K}$*-Darstellungen* von $Cl(\mathfrak{V}, \mathcal{Q})$ auf $\mathfrak{W}$ und $\mathfrak{W}'$, so nennt man diese *äquivalent*, falls ein $\mathbf{K}$-linearer Isomorphismus $\mathcal{F} : \mathfrak{W} \to \mathfrak{W}'$ mit $\mathcal{F} \circ \rho^{Cl}_x \circ \mathcal{F}^{-1} = \widehat{\rho}^{Cl}_x$ für alle $x \in Cl(\mathfrak{V}, \mathcal{Q})$ existiert.

Wie §4 aus [LM89] zu entnehmen ist, haben für $\mathfrak{V} = \mathbb{R}^m$ die Clifford-Algebren bezüglich der quadratischen Form $\mathcal{Q}_{\text{eukl}}$ des euklidischen Skalarprodukts die Gestalt von Matrix-Algebren über $\mathbb{K} \in \{\mathbb{R}, \mathbb{C}, \mathbb{H}\}$. Folgender Satz bestimmt die irreduziblen $\mathbb{R}$-Darstellungen dieser Algebren.

A.1.7 Satz (Darstellungen von $\mathbb{K}^{m\times m}(\oplus\mathbb{K}^{m\times m})$).
Sei $\mathbb{K} \in \{\mathbb{R}, \mathbb{C}, \mathbb{H}\}$. *Bis auf Äquivalenz ist*

$$\mathcal{L} : \mathbb{K}^{m\times m} \to \mathrm{End}(\mathbb{K}^m), M \mapsto \mathcal{L}_M , \qquad \textit{wobei} \qquad \mathcal{L}_M(v) := M v \quad \textit{für alle } v \in \mathbb{K}^m ,$$

die einzige irreduzible $\mathbb{R}$*-Darstellung von* $\mathbb{K}^{m\times m}$.
Es gibt bis auf Äquivalenz genau zwei irreduzible $\mathbb{R}$*-Darstellungen von* $\mathbb{K}^{m\times m} \oplus \mathbb{K}^{m\times m}$, *nämlich*

$$\mathcal{L}^1_{(N,M)} \equiv \mathcal{L}_N \qquad \textit{und} \qquad \mathcal{L}^2_{(N,M)} \equiv \mathcal{L}_M .$$

Diese operieren auf $\mathbb{K}^m$.

Theorem 5.8 aus [LM89] liefert, dass im Fall $m \equiv 3 \mod 4$ genau zwei nicht äquivalente irreduzible $\mathbb{R}$-Darstellungen von $Cl(\mathbb{R}^m, \mathcal{Q}_{\text{eukl}})$ existieren und ansonsten bis auf Äquivalenz nur genau eine.

A.2 Die getwistete adjungierte Darstellung

A.2.1 Definition (Clifford-Gruppe $\Gamma(\mathfrak{V}, \mathcal{Q})$ und getwistete adjungierte Darstellung).
Es bezeichne $Cl(\mathfrak{V}, \mathcal{Q})^*$ die Einheitengruppe der Clifford-Algebra. Für jedes $x \in Cl(\mathfrak{V}, \mathcal{Q})^*$ sei $\rho_x^{tw} : \mathfrak{V} \to \mathfrak{V}, v \mapsto \zeta(x) \cdot v \cdot x^{-1}$. Setze

$$\Gamma(\mathfrak{V}, \mathcal{Q}) := \{x \in Cl(\mathfrak{V}, \mathcal{Q})^* \, ; \, \forall v \in \mathfrak{V} \, : \, \zeta(x) \cdot v \cdot x^{-1} \in \mathfrak{V}\}.$$

Dies ist eine Untergruppe von $Cl(\mathfrak{V}, \mathcal{Q})^*$, welche unter ζ, τ und der Konjugation invariant ist. In [Gal08] wird sie als Clifford-Gruppe bezeichnet. Dann ist die Abbildung

$$\rho^{tw} : \Gamma(\mathfrak{V}, \mathcal{Q}) \to \mathrm{GL}(\mathfrak{V}), x \mapsto \rho_x^{tw}$$

eine Darstellung der Gruppe $\Gamma(\mathfrak{V}, \mathcal{Q})$ in $\mathfrak{V}$. Sie wird *getwistete adjungierte Darstellung* genannt.

GV: Sei ab sofort $\langle ., .. \rangle_{\mathcal{Q}}$ nicht ausgeartet.

Die Einschränkung der Norm ist ein Gruppenhomomorphismus

$$\aleph|_{\Gamma(\mathfrak{V},\mathcal{Q})} : \Gamma(\mathfrak{V}, \mathcal{Q}) \to \mathbb{R} \setminus \{0\} \cdot \mathbf{1}$$

mit der Eigenschaft $(\aleph \circ \zeta)|_{\Gamma(\mathfrak{V},\mathcal{Q})} = \aleph|_{\Gamma(\mathfrak{V},\mathcal{Q})}$.

A.2.2 Satz (Spiegelung an Hyperebenen).
Sei $x \in \Gamma(\mathfrak{V}, \mathcal{Q}) \cap \mathfrak{V}$ mit $\mathcal{Q}(x) \neq 0$. Dann ist ρ_x^{tw} gerade die Spiegelung an der Hyperebene von $\mathfrak{V}$, welche auf x senkrecht steht.

Beweis. Die Spiegelung s_x an der auf x senkrecht stehenden Hyperebene besitzt die Gestalt

$$s_x(v) := v - 2 \frac{\langle v, x \rangle_{\mathcal{Q}}}{\mathcal{Q}(x)} x \qquad \text{für alle } v \in \mathfrak{V}.$$

Es gelten $x \cdot x = -\mathcal{Q}(x) \, \mathbf{1}$ und $v \cdot x + x \cdot v = -2\langle v, x \rangle_{\mathcal{Q}} \, \mathbf{1}$ für alle $v \in \mathfrak{V}$. Einsetzen ergibt dann $s_x(v) = -x \cdot v \cdot x^{-1} = \zeta(x) \cdot v \cdot x^{-1}$, da $\zeta|_{\mathfrak{V}} = -\mathrm{Id}_{\mathfrak{V}}$.

□

In Satz A.2.2 liegt die Wahl der getwisteten adjungierten Darstellung anstelle der (ungetwisteten) adjungierte Darstellung $v \mapsto x \cdot v \cdot x^{-1}$ begründet: Letztere hat den Schönheitsfehler, dass die durch x induzierte Abbildung nicht die Spiegelung s_x, sondern $-s_x$ ist.

GV: Sei von nun an $\mathfrak{V} = \mathbb{R}^m$ und $\mathcal{Q} = \mathcal{Q}_{\text{eukl}}$ die quadratische Form des Standardskalarprodukts auf $\mathbb{R}^m$. Außerdem bezeichnen wir $Cl_m := Cl(\mathbb{R}^m, \mathcal{Q}_{\text{eukl}})$ und $\Gamma_m := \Gamma(\mathbb{R}^m, \mathcal{Q}_{\text{eukl}})$.

A.2.3 Lemma (ρ^{tw} induziert orthogonale Abbildungen).
Es gelten $\mathbb{R}^m \setminus \{0\} \subseteq \Gamma_m$ und $\rho_x^{tw} \in \mathbf{O}(m)$ für alle $x \in \Gamma_m$.

Beweis. Sei $x \in \Gamma_m$. Sei $v \in \mathbb{R}^m \setminus \{0\}$. Dann gilt

$$\aleph(\rho_x^{tw}(v)) = \aleph(\zeta(x) \cdot v \cdot x^{-1}) = \aleph(\zeta(x)) \cdot \aleph(v) \cdot \aleph(x^{-1}) = \aleph(x) \cdot \aleph(v) \cdot \aleph(x)^{-1} \overset{\aleph(x) \in \mathbb{R} \setminus \{0\}\,\mathbf{1}}{=} \aleph(v),$$

also $\mathcal{Q}_{\text{eukl}}(\rho_x^{tw}(v))\,\mathbf{1} = \mathcal{Q}_{\text{eukl}}(v)\,\mathbf{1}$. Damit erhält ρ_x^{tw} das Standardskalarprodukt und ist somit eine orthogonale Abbildung.

□

A.3 Die Pin- und Spin-Gruppen

A.3.1 Definition ($\mathbf{Pin}(m)$ und $\mathbf{Spin}(m)$).
Setze

$$\mathbf{Pin}(m) := \text{Kern}(\aleph|_{\Gamma_m}) \qquad \text{und} \qquad \mathbf{Spin}(m) := \mathbf{Pin}(m) \cap Cl^0(\mathbb{R}^m).$$

A.3.2 Satz (Überlagerungseigenschaft von **Pin** und **Spin**).
Die Einschränkungen $\rho^{tw}|_{\mathbf{Pin}(m)}$ bzw. $\rho^{tw}|_{\mathbf{Spin}(m)}$ sind Epimorphismen $\mathbf{Pin}(m) \to \mathbf{O}(m)$ bzw. $\mathbf{Spin}(m) \to \mathbf{SO}(m)$, deren Kern jeweils $\{-\mathbf{1}, \mathbf{1}\}$ ist. Insbesondere ist damit $\mathbf{Pin}(m)$ bzw. $\mathbf{Spin}(m)$ eine (doppelte) Überlagerung von $\mathbf{O}(m)$ bzw. $\mathbf{SO}(m)$.

Der Beweis funktioniert mit Hilfe des Satzes von Cartan-Dieudonné (zum Beispiel als Theorem 2.7 in [LM89] zu finden).

Bezüglich der Gestalt von $\mathbf{Pin}(m)$ und $\mathbf{Spin}(m)$ lässt sich nun Folgendes schließen:

$$\mathbf{Pin}(m) = \{x_1 \cdot \ldots \cdot x_r\,;\ \forall\, l \leq r\ :\ x_l \in \mathbb{R}^m\,,\ \aleph(x_l) = \mathbf{1}\}$$

und

$$\mathbf{Spin}(m) = \{x_1 \cdot \ldots \cdot x_r\,;\ r \text{ ist gerade}\,,\ \forall\, l \leq r\ :\ x_l \in \mathbb{R}^m\,,\ \aleph(x_l) = \mathbf{1}\}.$$

A.3.3 Lemma ((Einfacher) Zusammenhang von **Spin**(m)).

1. Für $m \geq 2$ ist **Spin**(m) wegzusammenhängend.

2. Für $m \geq 3$ ist **Spin**(m) einfach zusammenhängend.

A.3.4 Korollar (Universelle Überlagerung von **SO**(m)).
Falls $m \geq 3$, so ist **Spin**(m) die universelle Überlagerung von **SO**(m).

Beweise für den einfachen Zusammenhang im Fall $m \geq 3$ und damit auch für die universelle Überlagerungseigenschaft von **Spin**(m) finden sich in [Che46].

A.3.1 Spin-Darstellung

A.3.5 Definition (Reelle **Spin**-Darstellung).
Die Einschränkung einer reellen irreduziblen Darstellung von Cl_m auf **Spin**$(m) \leq Cl_m^0$ ergibt einen Homomorphismus

$$\Delta_m : \mathbf{Spin}(m) \to \mathrm{GL}(\mathfrak{W}),$$

welcher *die reelle **Spin**-Darstellung* genannt wird.

Wie nach Satz A.1.7 festgehalten wurde, existiert nur im Fall $m \equiv 3 \mod 4$ mehr als eine nicht äquivalente $\mathbb{R}$-Darstellung von Cl_m. Folgender Satz besagt unter anderem, dass in diesem Fall Δ_m nicht von der Wahl der Darstellung abhängt.

A.3.6 Satz (Proposition 5.12 in [LM89]: Einschränkung der Darstellung von Cl_m).

1. *Gilt $m \not\equiv 0 \mod 4$, so ist Δ_m irreduzibel oder lässt sich als direkte Summe zweier äquivalenter irreduzibler Darstellungen schreiben.*
   *Im Fall $m \equiv 3 \mod 4$ ergeben beide irreduziblen $\mathbb{R}$-Darstellungen von Cl_m durch Einschränken auf **Spin**(m) dieselbe irreduzible $\mathbb{R}$-Darstellung auf **Spin**(m).*

2. *Gilt $m = 4l$ für ein $l \in \mathbb{N}_0$, so zerfällt $\Delta_{4l} = \Delta_{4l}^+ \oplus \Delta_{4l}^-$, wobei $\Delta_{4l}^\pm$ zwei nicht äquivalente irreduzible Darstellungen von **Spin**$(4l)$ sind.*

Anhang B

Die hyperbolische Cayley-Ebene

Dieser Anhang beschäftigt sich ausführlicher, als es im Rahmen von Kapitel 4 möglich war, mit der hyperbolischen Cayley-Ebene.

B.1 Die reellen Divisionsalgebren $\mathbb{H}$ und $\mathbb{O}$

Unter einer *reellen Divisionsalgebra* wird hier eine unitale $\mathbb{R}$-Algebra verstanden, in der jedes von Null verschiedene Element invertierbar ist.

B.1.1 Definition (Der Schiefkörper $\mathbb{H}$ der Quaternionen).
Sei $\mathbb{H}$ ein 4-dimensionaler $\mathbb{R}$-Vektorraum, der $\mathbb{C}$ als Teilraum beinhaltet und zusätzlich Elemente $j, k \in \mathbb{H}$ so enthält, dass $(1, i, j, k)$ eine $\mathbb{R}$-Basis von $\mathbb{H}$ ist. Für jedes $x \in \mathbb{H}$ existieren somit reelle Zahlen x_0, x_i, x_j, x_k derart, dass $x = x_0 + x_i i + x_j j + x_k k$. Die Gleichungen

$$i^2 = j^2 = k^2 = -1 \qquad \text{und} \qquad ij = k = -ji\,,\ jk = i = -kj\,,\ ki = j = -ik$$

definieren eine nicht kommutative Multiplikation auf $\mathbb{H}$ mit 1 als neutralem Element, die $\mathbb{H}$ zu einer assoziativen reellen Divisionsalgebra mit Zenrum $Z(\mathbb{H}) = \mathbb{R}$ macht. Ausgestattet mit dieser Multiplikation und der komponentenweisen Addition ist $(\mathbb{H}, +, \cdot)$ ein Schiefkörper, welcher bis auf Isomorphie eindeutig bestimmt ist.

B.1.2 Definition (Die Algebra $\mathbb{O}$ der Oktonionen).
Sei $\mathbb{O}$ ein 8-dimensionaler $\mathbb{R}$-Vektorraum, der Elemente $i_1, ..., i_7$ so enthält, dass $(1, i_1, ..., i_7)$ eine $\mathbb{R}$-Basis von $\mathbb{O}$ ist. Für jedes $x \in \mathbb{O}$ gibt es somit Koeffizienten $x_0, x_1, ..., x_7 \in \mathbb{R}$ derart, dass $x = x_0 + x_1 i_1 + ... + x_7 i_7$. Durch die folgende Tabelle, bei der die Einträge der obersten

Zeile jeweils als vorderer Faktor zu nehmen sind, wird auf $\mathbb{O}$ eine nicht kommutative und nicht assoziative Multiplikation mit 1 als neutralem Element definiert, die $\mathbb{O}$ zu einer reellen Divisionsalgebra mit Zentrum $Z(\mathbb{O}) = \mathbb{R}$ macht:

	i_1	i_2	i_3	i_4	i_5	i_6	i_7
i_1	-1	$-i_3$	i_2	$-i_5$	i_4	i_7	$-i_6$
i_2	i_3	-1	$-i_1$	$-i_6$	$-i_7$	i_4	i_5
i_3	$-i_2$	i_1	-1	$-i_7$	i_6	$-i_5$	i_4
i_4	i_5	i_6	i_7	-1	$-i_1$	$-i_2$	$-i_3$
i_5	$-i_4$	i_7	$-i_6$	i_1	-1	i_3	$-i_2$
i_6	$-i_7$	$-i_4$	i_5	i_2	$-i_3$	-1	i_1
i_7	i_6	$-i_5$	$-i_4$	i_3	i_2	$-i_1$	-1

Diese Tabelle findet sich in [Bes78]. Es gibt bis auf Isomorphie nur eine solche *Oktonionenalgebra* über $\mathbb{R}$.

Seien $x, y, z \in \mathbb{O}$. Da die Multiplikation in $\mathbb{O}$ nicht assoziativ ist, bilden die Oktonionen keinen Schiefkörper. Es gilt allerdings die sogenannte „Alternativität“:

$$x\,(x\,y) = (x\,x)\,y \qquad \text{und} \qquad x\,(y\,y) = (x\,y)\,y$$

Daraus folgt $x\,(y\,x) = (x\,y)\,x$, auch „Flexibilität“ genannt.

Auf $\mathbb{H}$ und $\mathbb{O}$ ist eine *Konjugation* definiert: Zu $x = x_0 + x_i i + x_j j + x_k k \in \mathbb{H}$ heißt $\overline{x} := x_0 - x_i i - x_j j - x_k k \in \mathbb{H}$ und zu $x = x_0 + \sum_{l=1}^{7} x_l i_l \in \mathbb{O}$ heißt $\overline{x} := x_0 - \sum_{l=1}^{7} x_l i_l \in \mathbb{O}$ die Konjugierte von x. Die Konjugation ist ein Antiautomorphismus, d.h. es gilt $\overline{x\,y} = \overline{y}\,\overline{x}$ für alle $x, y \in \mathbb{H}$ bzw. $\mathbb{O}$.
Als $\mathbb{R}$-Vektorraum sind $\mathbb{H}$ und $\mathbb{O}$ mit dem Standardskalarprodukt bezüglich der Basis $(1, i, j, k)$ bzw. $(1, i_1, ..., i_7)$ versehen. Somit sind $\mathbb{H}$ und $\mathbb{O}$ sogar normierte Divisionsalgebren über $\mathbb{R}$. Es gelten $|x|^2 := \langle x, x\rangle = x\,\overline{x} \in \mathbb{R}$, $\frac{1}{|x|^2}\overline{x} = x^{-1}$ für $x \neq 0$, sowie $|x\,y| = |x||y|$. Bezeichne jeweils mit $\Re(x) := \frac{1}{2}(x + \overline{x})$ den *Realteil* und mit $\Im(x) := \frac{1}{2}(x - \overline{x})$ den *Imaginärteil* von x.

B.1.1 Die Cayley-Dickson-Konstruktion

Die *Cayley-Dickson-Konstruktion* ist auch für nicht assoziative Algebren über kommutativen Ringen durchführbar. Der Einfachheit halber beschränken wir uns hier auf die reellen

Zahlen als „Ausgangsalgebra “.

Sei $\mathfrak{A}_0 := \mathbb{R}$.
Die Menge $\mathfrak{A}_1 := \mathbb{R} \times \mathbb{R}$ aller geordneten Paare aus reellen Zahlen wird versehen mit der komponentenweisen Addition und der Multiplikation $(u, v) \cdot (x, y) = (ux - \imath y, uy + vx)$ zu einem Körper, welcher isomorph zu $\mathbb{C}$ ist. Auf $(\mathbb{R} \times \mathbb{R}, +, \cdot)$ existiert ein involutiver Automorphismus $(u, v)^* = (u, -v)$, welcher auf $\mathbb{C}$ der komplexen Konjugation $\bar{\cdot}$ entspricht.
Sei $\mathfrak{A}_2 := \mathbb{C} \times \mathbb{C}$ mit komponentenweiser Addition ausgestattet. Für alle $(u, v), (x, y) \in \mathbb{C} \times \mathbb{C}$ sei durch

$$(u, v) \cdot (x, y) := (u\,x - \overline{y}\,v, y\,u + v\,\overline{x}) \tag{B.1}$$

eine Multiplikation auf $\mathfrak{A}_2$ definiert. Mit diesen Verknüpfungen versehen ist $\mathfrak{A}_2$ ein Schiefkörper, welcher zu den Quaternionen isomorph ist. Die Operation

$$(u, v)^* := (\overline{u}, -v) \tag{B.2}$$

definiert auf $\mathbb{H}$ die oben beschriebene quaternionale Konjugation.
Statte nun im nächsten Schritt $\mathfrak{A}_3 := \mathbb{H} \times \mathbb{H}$ mit komponentenweiser Addition und einer Multiplikation gemäß (B.1) bzw. Konjugation gemäß (B.2) aus. Auf diese Weise erhält man aus $\mathbb{H}$ eine reelle Divisionsalgebra, die zu den in Definition B.1.2 eingeführten Oktonionen $\mathbb{O}$ isomorph ist.

Diese Konstruktion liefert eine Folge von neuen Algebren $(\mathfrak{A}_n)_{n \in \mathbb{N}}$, die aber ab $\mathfrak{A}_4$ nicht länger Divisionsalgebren sind.

B.2 Die Hyperbolische Cayley-Ebene $\mathbb{O}H^2$

Aufgrund der fehlenden Assoziativität ist die durch (4.1) definierte Relation $\leftrightharpoons$ nicht transitiv und damit keine Äquivalenzrelation auf $\mathbb{O}^3$.

Beispiel. Wähle $(x_1, x_2, x_3) = (i_1, i_1, i_4)$ sowie $(y_1, y_2, y_3) = (-i_3 - i_6, -i_3 - i_6, -i_3 + i_6)$ und $(z_1, z_2, z_3) = (i_2 + i_3 + i_6 + i_7, i_2 + i_3 + i_6 + i_7, i_2 + i_3 - i_6 - i_7)$.
Dann gelten mit $c_1 = i_2 + i_7$, $c_2 = i_1 - 1$:

$$c_1(x_1, x_2, x_3) = (y_1, y_2, y_3) \qquad \text{und} \qquad c_2(y_1, y_2, y_3) = (z_1, z_2, z_3),$$

also

$$(x_1, x_2, x_3) \leftrightharpoons (y_1, y_2, y_3) \qquad \text{und} \qquad (y_1, y_2, y_3) \leftrightharpoons (z_1, z_2, z_3).$$

Aus der Gleichung $c_3\, x_1 = z_1$ ergibt sich $c_3 = -i_2 + i_3 + i_6 - i_7$. Es gilt aber

$$c_3\, x_3 = (-i_2 + i_3 + i_6 - i_7)\, i_4 = -i_2 + i_3 - i_6 + i_7 \neq z_3,$$

und somit $(x_1, x_2, x_3) \not\leftrightharpoons (z_1, z_2, z_3)$.

Die Konstruktion einer projektiven bzw. hyperbolischen Cayley-Ebene erfolgt daher über die Jordan-Ausnahme-Algebra.

GV: Sei mit $\mathfrak{M}_3$ die Menge der 3×3-Matrizen mit Einträgen aus $\mathbb{O}$ bezeichnet. Ausgestattet mit $[X, Y] := XY - YX$ für alle $X, Y \in \mathfrak{M}_3$ ist $\mathfrak{M}_3$ eine reelle Lie-Algebra. Sei $\xi = (\xi_1, \xi_3, \xi_3) \in \mathbb{R}^3 \setminus \{(0, 0, 0)\}$.

B.2.1 Konstruktion von $\mathbb{O}P^2$ und $\mathbb{O}H^2$ aus der Jordan-Ausnahme - Algebra

Die in Abschnitt B.2.1 zusammengestellten Definitionen und Resultate sind den Arbeiten von T.A. Springer, F.D. Veldkamp ([Spr59], [Spr60b], [Spr60a], [SV63]) sowie S.S. Chen ([Che73]) entnommen. Dort lassen sich auch ausführliche Beweise nachlesen.

B.2.1 Definition (Die $\star$ - Multiplikation und die Jordan-Ausnahme-Algebra $\mathfrak{J}(\xi)$).
Für alle $U, V \in \mathfrak{M}_3$ definiere

$$U \star V := \frac{1}{2}(UV + VU)\,;$$

dann ist $\star$ bilinear und kommutativ. Ausgestattet mit der Multiplikation $\star$ wird die Menge aller $X \in \mathfrak{M}_3$ der Form

$$X = \begin{pmatrix} b_1 & z & \xi_1^{-1}\xi_3\,\overline{y} \\ \xi_2^{-1}\xi_1\,\overline{z} & b_2 & x \\ y & \xi_3^{-1}\xi_2\,\overline{x} & b_3 \end{pmatrix}, \qquad \text{wobei} \quad b_1, b_2, b_3 \in \mathbb{R}\,, \ x, y, z \in \mathbb{O}\,,$$

zu einer reellen 27-dimensionalen kommutativen aber nicht assoziativen $\mathbb{R}$-Algebra mit Eins. Sie wird als *Jordan-Ausnahme-Algebra* bezeichnet und mit $\mathfrak{J}(\xi)$ notiert.
Durch

$$(X, Y) \mapsto \langle X, Y\rangle_{\mathfrak{J}} := \mathrm{Spur}(X \star Y)$$

wird eine symmetrische Bilinearform auf $\mathfrak{J}(\xi)$ definiert, deren quadratische Form $\mathcal{Q}_{\mathfrak{J}}$ reellwertig ist.

B.2.2 Definition ((Primitiv) idempotente und nilpotente Elemente in $\mathfrak{J}(\xi)$).
Ein Element $U \in \mathfrak{J}(\xi)$ heißt *idempotent*, falls $U \star U = U^2 = U$, und *primitiv idempotent*, falls U idempotent ist und $U = V + W$ Summe zweier idempotenter Elemente $V, W \in \mathfrak{J}(\xi)$ ist, für die $VW = 0$ schon $V = 0$ oder $W = 0$ impliziert.
Ein *Element* $U \in \mathfrak{J}(\xi)$ heißt *nilpotent*, falls $U^2 = 0$.

Für jedes primitiv idempotente Element $U \in \mathfrak{J}(\xi)$ zerfällt die Jordan-Ausnahme - Algebra in folgende direkte Summanden

$$\mathfrak{J}(\xi) = \mathbb{R}(I_3 - U) \oplus \mathbb{R}U \oplus \mathfrak{E}^U. \tag{B.3}$$

Hierbei ist $\mathfrak{E}^U$ das orthogonale Komplement von $\mathbb{R}(I_3 - U) \oplus \mathbb{R}U$ bezüglich $\langle .,..\rangle_{\mathfrak{J}}$. Diese Zerlegung wird *Peirce-Zerlegung bezüglich U* genannt.
Für die Elemente $X \in \mathfrak{E}^U$ gilt $U \star (U \star X) = \frac{1}{2}(U \star X)$, also gilt $(\mathcal{L}_U^\star)^2 = \frac{1}{2}\mathcal{L}_U^\star$ für die lineare Abbildung $\mathcal{L}_U^\star : \mathfrak{E}^U \to \mathfrak{E}^U, X \mapsto U \star X$. Es zerfällt $\mathfrak{E}^U$ in $\mathcal{L}_U^\star$-Eigenräume

$$\mathfrak{E}^U = \mathfrak{E}_0^U \oplus \mathfrak{E}_1^U \qquad \text{mit} \qquad \mathfrak{E}_l^U := \left\{X \in \mathfrak{E}^U \,;\, U \star X = \frac{1}{2} l\, X\right\} \qquad \text{für jedes } l \in \{0, 1\}.$$

Es gelten $\dim_{\mathbb{R}}(\mathfrak{E}_0^U) = 9$ und $\dim_{\mathbb{R}}(\mathfrak{E}_1^U) = 16$ ([Spr60a]). Durch die Bedingung

$$X \star Y = \frac{1}{4}\langle X, Y\rangle_{\mathfrak{J}}(I_3 + U) + X \bullet Y$$

wird eine weitere Multiplikation $\bullet$ auf $\mathfrak{E}_1^U$ mit Werten in $\mathfrak{E}_0^U$ definiert.

B.2.3 Lemma (Lemma 1 in [Spr60b]: Kreuzprodukt auf $\mathfrak{J}(\xi)$).
Indem wir für alle $X, Y \in \mathfrak{J}(\xi)$ definieren:

$$\begin{aligned} X \circledast Y &:= X \star Y - \frac{1}{2}\langle Y, I_3\rangle_{\mathfrak{J}} X - \frac{1}{2}\langle X, I_3\rangle_{\mathfrak{J}} Y - \frac{1}{2}\langle X, Y\rangle_{\mathfrak{J}} I_3 + \frac{1}{2}\langle X, I_3\rangle_{\mathfrak{J}}\langle Y, I_3\rangle_{\mathfrak{J}} I_3 \\ &= X \star Y - \\ &\quad \frac{1}{2}\left(\mathrm{Spur}(Y)X + \mathrm{Spur}(X)Y + \mathrm{Spur}(X \star Y)I_3 - \mathrm{Spur}(X)\,\mathrm{Spur}(Y)I_3\right), \end{aligned}$$

statten wir $\mathfrak{J}(\xi)$ zusätzlich mit einem *Kreuzprodukt* aus, welches die wichtige Eigenschaft besitzt, dass genau dann $X \circledast X = 0$ gilt, wenn X ein reelles Vielfaches eines primitiv idempotenten Elements oder nilpotent ist.

Mit Hilfe des Kreuzprodukts auf $\mathfrak{J}(\xi)$ wird gemäß Abschnitt 3 in [Spr60b] eine projektive Ebene über $\mathbb{O}$ konstruiert:

B.2.4 Definition (Die projektive Cayley-Ebene $\mathbb{O}P^2$, Geraden in $\mathbb{O}P^2$).
Ein Punkt der *projektiven Cayley-Ebene* $\mathbb{O}P^2$ ist die Menge aller reellen Vielfachen eines Elements $X \in \mathfrak{J}(\xi)$ mit $X \neq 0$ und $X * X = 0$, d.h.

$$\mathbb{O}P^2 := \{\mathbb{R}X\,;\ X \in \mathfrak{J}(\xi) \setminus \{0\}\,,\ X * X = 0\}.$$

Im Folgenden identifizieren wir stets $\mathbb{R}X$ mit X.
Zu jedem $X \in \mathbb{O}P^2$ sei die Menge $\overrightarrow{X} := \{Y \in \mathbb{O}P^2\,;\ \langle X, Y\rangle_{\mathfrak{J}} = 0\}$ eine Gerade in $\mathbb{O}P^2$ genannt. Es heißt $\overrightarrow{X}$ nilpotent bzw. idempotent, falls X nilpotent bzw. idempotent ist. Die Gerade $\overrightarrow{X * Y}$ ist genau diejenige, die zwei Punkte $X, Y \in \mathbb{O}P^2$ mit $X \neq Y$ verbindet.

B.2.5 Bemerkung (Eindeutigkeit dieser Konstruktion).
Sei $\xi' \in \mathbb{R}^3 \setminus \{(0,0,0)\}$. Dann sind $\mathfrak{J}(\xi)$ und $\mathfrak{J}(\xi')$ isomorph. Desweiteren hängt die projektive Cayley-Ebene nicht von der Wahl von ξ ab. Vergleiche hierzu Theoreme 1 und 2 in [Spr60b].

GV: Bis zum Ende des Unterabschnitts B.2.1 beschränken wir uns daher auf $\xi_1 = \xi_2 = 1$ und $\xi_3 = -1$.

Einige Zusammenhänge zwischen nilpotenten bzw. idempotenten Geraden und Punkten, fassen wir in folgendem Lemma zusammen:

B.2.6 Lemma (Nilpotente und idempotente Geraden ([SV63] Abschnitt 12)).
Seien $X, Y \in \mathbb{O}P^2$ und $X \neq Y$.

1. Seien X, Y beide nilpotent. Dann sind $\overrightarrow{X * Y}$ und der Schnittpunkt der Geraden $\overrightarrow{X}$ und $\overrightarrow{Y}$ idempotent.
2. Sei X nilpotent. Dann gibt es genau eine nilpotente Gerade die X enthält, nämlich $\overrightarrow{X}$. Außerdem ist X dann der einzige nilpotente Punkt auf $\overrightarrow{X}$.
3. Ist X idempotent, so gibt es entweder keine oder mindestens zwei nilpotente Geraden durch X. Umgekehrt enthält $\overrightarrow{X}$ entweder keinen oder mindestens zwei nilpotente Punkte.

B.2.7 Definition (Innere und äußere idempotente Punkte, Kegel ([SV63] Abschnitt 12)).
Die Menge $\mathbf{K}(\mathbb{O}P^2) := \{X \in \mathbb{O}P^2\,;\ X^2 = 0\}$ aller nilpotenten Punkte heißt *Kegel* von $\mathbb{O}P^2$. Ein idempotenter Punkt $X \in \mathbb{O}P^2$ heißt *innerer Punkt*, falls es keine nilpotente Gerade $\overrightarrow{Y}$ mit $X \in \overrightarrow{Y}$ gibt. Existieren nilpotente Geraden durch X, so heißt X *äußerer Punkt*.

B.2.8 Definition (Die hyperbolische Cayley-Ebene $\mathbb{O}H^2$).
Die Menge aller inneren Punkte der projektiven Cayley-Ebene heißt *hyperbolische Cayley-Ebene*:

$$\mathbb{O}H^2 := \{X \in \mathbb{O}P^2 ;\ \forall Y \in \mathbf{K}(\mathbb{O}P^2) : X \notin \overrightarrow{Y}\}.$$

Der Kegel $\mathbf{K}(\mathbb{O}P^2)$ ist der Rand $\partial\,\mathbb{O}H^2$. Geraden in $\mathbb{O}H^2$ sind projektive Geraden, welche $\partial\,\mathbb{O}H^2$ in mindestens zwei Punkten schneiden, und damit nach Lemma B.2.6 idempotent.

B.2.2 Darstellung von $\mathbb{O}H^2$ als homogener Raum

Hans Freudenthal zeigt mit Satz 4.11 aus [Fre85], dass die Ausnahmegruppe $\mathbf{F}_4$ isomorph zu der Automorphismengruppe der Jordan-Ausnahme-Algebra $\mathfrak{J}(\xi)$ ist.
Zusätzlich operiert $\mathbf{F}_4$ transitiv auf den äußeren Punkten von $\mathbb{O}P^2$, auf $\mathbf{K}(\mathbb{O}P^2)$ und auf $\mathbb{O}H^2$. Die Operation auf $\mathbf{K}(\mathbb{O}P^2)$ ist sogar doppelt transitiv, das bedeutet zu allen $X_1, X_2, Y_1, Y_2 \in \mathbf{K}(\mathbb{O}P^2)$ mit $X_1 \neq X_2$ und $Y_1 \neq Y_2$ gibt es $\Phi \in \mathrm{Aut}(\mathfrak{J}(\xi)) \cong \mathbf{F}_4$ mit $\Phi(X_l) = Y_l$ für alle $l \in \{1,2\}$. Die hyperbolische Cayley-Ebene ist 2-punkt homogen unter $\mathbf{F}_4$ ([Che73]).

B.2.9 Lemma (Einschränkung der quadratischen Form auf $\mathfrak{E}_0^U$ ([SV63] Abschnitte 5, 14)).
Sei $U \in \mathfrak{J}(\xi)$ primitiv idempotent. Die Einschränkung von $\mathcal{Q}_{\mathfrak{J}}$ auf $\mathfrak{E}_0^U$ ist äquivalent zu den folgenden quadratischen Formen auf $\mathbb{R}^9$:

$$\left.\begin{array}{c}\text{zu } \mathcal{Q}_{\text{eukl}} \\ \text{zu } \eta_{8,1}\end{array}\right\} \quad \text{falls} \quad \left\{\begin{array}{l} U \text{ innerer Punkt} \\ U \text{ äußerer Punkt}\end{array}\right. .$$

Damit ist insbesondere $\mathbf{SO}(\mathfrak{E}_0^U)$ isomorph zu $\mathbf{SO}(9)$, sofern U ein innerer (primitiv idempotenter) Punkt ist.

Sei nun Θ ein Automorphismus von $\mathfrak{J}(\xi)$, der einen inneren (primitiv idempotenten) Punkt $U \in \mathfrak{J}(\xi)$ fixiert. Wie in [Spr60a] bewiesen wurde, gibt es $\Theta_0 \in \mathrm{End}(\mathfrak{E}_0^U)$ und $\Theta_1 \in \mathrm{End}(\mathfrak{E}_1^U)$ so, dass Θ von der folgenden Gestalt ist:

$$\Theta(I_3) = I_3\,, \quad \Theta(U) = U\,, \quad \Theta|_{\mathfrak{E}_0^U} = \Theta_0\,, \quad \Theta|_{\mathfrak{E}_1^U} = \Theta_1. \tag{B.4}$$

Für alle $X \in \mathfrak{E}_0^U$ und alle $Y \in \mathfrak{E}_1^U$ gelten dann außerdem:

$$\mathcal{Q}_{\mathfrak{J}}(\Theta_0(X)) = \mathcal{Q}_{\mathfrak{J}}(X)\,, \quad \mathcal{Q}_{\mathfrak{J}}(\Theta_1(Y)) = \mathcal{Q}_{\mathfrak{J}}(Y)\,, \quad \Theta_1(Y) \bullet \Theta_1(Y) = \Theta_0(Y \bullet Y). \tag{B.5}$$

Damit sind Θ_0, Θ_1 orthogonale Abbildungen bezüglich der Einschränkung von $\mathcal{Q}_{\mathfrak{J}}$ auf $\mathfrak{C}^U_{0/1}$. Die dritte Bedingung liefert $\Theta_0 \in \mathbf{SO}(\mathfrak{C}^U_0)$.
Umgekehrt ist für alle $\Theta_0 \in \mathrm{End}(\mathfrak{C}^U_0)$ und $\Theta_1 \in \mathrm{End}(\mathfrak{C}^U_1)$ mit den Eigenschaften (B.5) die durch (B.4) definierte lineare Abbildung ein Automorphismus von $\mathfrak{J}(\xi)$, der U fixiert. Genauer ist zu jedem $\Theta_0 \in \mathbf{SO}(\mathfrak{C}^U_0)$ die Abbildung Θ_1 mit der Eigenschaft, dass die Bedingungen (B.5) gelten, bis auf das Vorzeichen festgelegt. Wegen $\mathbf{SO}(\mathfrak{C}^U_0) \cong \mathbf{SO}(9)$ erhält man:

B.2.10 Satz (Proposition 3 in [Spr60a]: Die Isotropie-Gruppen $(\mathbf{F}_4)_U$).
Sei $U \in \mathfrak{J}(\xi)$ ein innerer (primitiv idempotenter) Punkt. Das Zentrum der Isotropiegruppe $(\mathbf{F}_4)_U$ von U ist

$$Z((F_4)_U) = \{\mathrm{Id}_{\mathfrak{J}(\xi)}, \mathrm{Id}_{\mathbb{R}(I_3-U)\oplus\mathbb{R}U\oplus\mathfrak{C}^U_0} \oplus(-\mathrm{Id}_{\mathfrak{C}^U_1})\},$$

wobei $\mathfrak{C}^U_{0/1}$ aus der Peirce-Zerlegung (B.3) bezüglich U stammen. Es gilt

$$(\mathbf{F}_4)_U/Z((\mathbf{F}_4)_U) \cong \mathbf{SO}(9).$$

Mit Satz A.3.2 ist dann $(\mathbf{F}_4)_U \cong \boldsymbol{Spin}(9)$.

Nun liefert Satz 2.1.4 folgende Darstellung der hyperbolischen Cayley-Ebene als homogener Raum:

B.2.11 Satz ($\mathbb{O}H^2$ als Quotient von Lie-Gruppen).
Es gilt

$$\mathbb{O}H^2 \cong \mathbf{F}_4/\boldsymbol{Spin}(9).$$

B.2.3 Warum kommt $n \geq 3$ nicht vor?

Bei der Beantwortung der Frage, warum es keine hyperbolischen Räume echt größerer Dimension als 2 über den Oktonionen geben kann, waren vor allem die Bücher von Lynn E. Garner, Arthur L. Besse und Marcel Berger ([Gar81], [Bes78],[Ber87]) hilfreich.

B.2.12 Definition (Projektiver Raum).
Ein Paar $(\mathcal{P}, \mathcal{G})$, wobei $\mathcal{P}$ eine Menge ist und $\mathcal{G} \subseteq \mathfrak{Pot}(\mathcal{P})$ gilt, heißt *projektiver Raum*, falls die nachfolgenden Axiome gelten. Hierbei versteht man $\mathcal{P}$ als Menge von Punkten und $\mathcal{G}$ als Menge von Geraden.

1. Für zwei Punkte $p, q \in \mathcal{P}$ mit $p \neq q$ gibt es genau eine Gerade $\overrightarrow{pq} \in \mathcal{G}$ mit $p, q \in \overrightarrow{pq}$.

Warum kommt $n \geq 3$ nicht vor?

2. Für jede Gerade $g \in \mathcal{G}$ gibt es mindestens drei verschiedene Punkte $p_0, p_1, p_2 \in P$ mit $p_0, p_1, p_2 \in g$.

3. Für paarweise verschiedene Punkte $p_0, ..., p_3$ mit der Eigenschaft $\overrightarrow{p_0p_1} \cap \overrightarrow{p_2p_3} \neq \emptyset$ gilt auch $\overrightarrow{p_0p_2} \cap \overrightarrow{p_1p_3} \neq \emptyset$.

Sei $\mathcal{S} \subseteq \mathcal{P}$ eine Menge von Punkten im projektiven Raum $\mathcal{P}$. Dann ist $\text{span}_{\mathcal{P}}(\mathcal{S})$ der Durchschnitt über alle Mengen von Punkten $\mathcal{T} \subseteq \mathcal{P}$ mit der Eigenschaft

$$\forall p, q \in \mathcal{T}: \ \forall x \in \overrightarrow{pq} \ : x \in \mathcal{T}.$$

Die *Dimension eines projektiven Raums* ist dann um 1 kleiner als die minimale Mächtigkeit einer Menge $\mathcal{S} \subseteq \mathcal{P}$ mit $\text{span}_{\mathcal{P}}(\mathcal{S}) = \mathcal{P}$ (Abschnitt 3 in [Bae02]).

B.2.13 Satz (Theorem 1 in 6.2 von [Gar81]: Desargues's Theorem).
Sei $(\mathcal{P}, \mathcal{G})$ ein projektiver Raum der Dimension $\neq 2$. Seien $t, p, q, t', q', p' \in \mathcal{P}$ paarweise verschiedene Punkte mit der Eigenschaft, dass auch die Geraden $\overrightarrow{tt'}$, $\overrightarrow{qq'}$ und $\overrightarrow{pp'}$ paarweise verschieden sind und sich in einem gemeinsamen Punkt $s \in \mathcal{P}$ schneiden. Keine der Geraden stimme mit einer der Seiten der Dreiecke $\Delta t, q, p$ oder $\Delta t', q', p'$ überein. Dann sind die Geradenschnittpunkte $\overrightarrow{tq} \cap \overrightarrow{t'q'}$, $\overrightarrow{qp} \cap \overrightarrow{q'p'}$ und $\overrightarrow{pt} \cap \overrightarrow{p't'}$ kollinear.

Beweis. Im Fall $\dim(\mathcal{P}, \mathcal{G}) \in \{-1, 0, 1\}$ folgt die Behauptung nach „ex falso quodlibet". Sei also $\dim(\mathcal{P}, \mathcal{G}) \geq 3$. Nach Axiom 3 existieren die Geradenschnittpunkte $t'' = \overrightarrow{qp} \cap \overrightarrow{q'p'}$, $q'' = \overrightarrow{pt} \cap \overrightarrow{p't'}$ und $p'' = \overrightarrow{tq} \cap \overrightarrow{t'q'}$. Es gilt $\dim(\text{span}\{t, q, p, t', q', p'\}) \in \{2, 3\}$.
Wir betrachten zunächst den Fall, dass $\dim(\text{span}\{t, q, p, t', q', p'\}) = 3$. Aus den Schnitteigenschaften für projektive Unterräume folgt dann $\dim(\text{span}\{t, p, q\} \cap \text{span}\{t', p', q'\}) = 1$ (siehe zum Beispiel 4.6.11 in [Ber87]). Aufgrund der Eigenschaft des Aufspanns gelten außerdem $t'', q'', p'' \in \text{span}\{t, p, q\} \cap \text{span}\{t', p', q'\}$. Also liegen t'', q'', p'' auf einer Geraden.
Sei nun $\dim(\text{span}\{t, q, p, t', q', p'\}) = 2$. Seien $r \in \mathcal{P}$, $r \notin \text{span}\{t, q, p, t', q', p'\}$ und $r' \in \overrightarrow{sr}$. Dann existieren nach Axiom 3 die Geradenschnittpunkte $\underline{t} = \overrightarrow{rt} \cap \overrightarrow{r't'}$, $\underline{q} = \overrightarrow{rq} \cap \overrightarrow{r'q'}$ sowie $\underline{p} = \overrightarrow{rp} \cap \overrightarrow{r'p'}$. Nun erfüllen sowohl die Dreiecke $\Delta t, q, p$ und $\Delta \underline{t}, \underline{q}, \underline{p}$ mit $s = r$ als auch $\Delta t', q', p'$ und $\Delta \underline{t}, \underline{q}, \underline{p}$ mit $s = r'$ die Voraussetzungen des Satzes und von Fall 1. Die Schnittpunkte $\overrightarrow{qp} \cap \overrightarrow{\underline{q}\underline{p}}$, $\overrightarrow{pt} \cap \overrightarrow{\underline{p}\underline{t}}$ und $\overrightarrow{tq} \cap \overrightarrow{\underline{t}\underline{q}}$ liegen auf der Schnittgeraden $\text{span}\{t, p, q\} \cap \text{span}\{\underline{t}, \underline{p}, \underline{q}\}$ und sind gleich den Schnittpunkten der Geraden $\overrightarrow{pq}$, $\overrightarrow{pt}$ bzw. $\overrightarrow{qt}$ mit dieser. Entsprechendes folgt für t', q', p'. Außerdem gilt

$$\text{span}\{t', p', q'\} \cap \text{span}\{\underline{t}, \underline{p}, \underline{q}\} = \text{span}\{t, p, q\} \cap \text{span}\{\underline{t}, \underline{p}, \underline{q}\},$$

Warum kommt $n \geq 3$ nicht vor?

so dass die genannten Schnittpunkte genau t'', q'' und p'' sind.

□

In einem 2-dimensionalen projektiven Raum gilt Desargues's Theorem nicht zwingend. Offenbar kann man die Behauptung im zweiten Fall dadurch beweisen, dass man die von den gegebenen Punkten aufgespannte Ebene verlassen kann. Daher lässt sich folgendes Korollar ziehen:

B.2.14 Korollar (Gültigkeit von Desargues's Theorem (Abschnitt 6.2 in [Gar81])).
Sei $(\mathcal{P}, \mathcal{G})$ ein 2-dimensionaler projektiver Raum. Wenn $(\mathcal{P}, \mathcal{G})$ in einen 3-dimensionalen projektiven Raum eingebettet werden kann, gilt in $(\mathcal{P}, \mathcal{G})$ Desargues's Theorem.

Tatsächlich gilt auch die Rückrichtung, siehe hierfür Korollar 20.2.1 in [Hal68].

Projektive Ebenen und ihre Koordinaten

Ein projektiver Raum der Dimension 2 ist eine projektive Ebene im Sinne der folgenden Definition:

B.2.15 Definition (Projektive Ebene).
Ein Paar $(\mathcal{P}, \mathcal{G})$, wobei $\mathcal{P}$ eine Menge von Punkten und $\mathcal{G} \subseteq \mathfrak{Pot}(\mathcal{P})$ eine Menge von Geraden ist, heißt *projektive Ebene*, falls die nachfolgenden Axiome gelten:

1. Für zwei Punkte $p, q \in \mathcal{P}$ mit $p \neq q$ gibt es genau eine Gerade $\overrightarrow{pq} \in \mathcal{G}$ mit $p, q \in \overrightarrow{pq}$.
2. Zwei Geraden $g, h \in \mathcal{G}$ mit $g \neq h$ schneiden sich in genau einem Punkt: $|g \cap h| = 1$.
3. Es existieren $p_0, ..., p_3 \in \mathcal{P}$ derart, dass durch diese wenigstens 6 Geraden festgelegt werden.

Auf projektiven Ebenen lassen sich auf folgende Weise Koordinaten einführen ([Bes78]):

B.2.16 Definition (Koordinaten einer projektiven Ebene).
Sei $(\mathcal{P}, \mathcal{G})$ eine projektive Ebene. Seien $p_0, ..., p_3 \in \mathcal{P}$ gemäß Axiom 3 gewählt. Bezeichne die Gerade $\overrightarrow{p_2p_1}$ als Gerade im Unendlichen, und nenne alle Punkte außerhalb von $\overrightarrow{p_2p_1}$ endliche Punkte. Wir ordnen nun jedem endlichen Punkt der Geraden $\overrightarrow{p_0p_3}$ ein ausgezeichnetes Symbol $\underline{\alpha}$ zu und versehen ihn mit *Koordinaten* $(\underline{\alpha}, \underline{\alpha})$, wobei die Koordinaten von p_0 mit $(\underline{0}, \underline{0})$ und die von p_3 mit $(\underline{1}, \underline{1})$ bezeichnet werden. Sei mit $\mathcal{K}$ die Menge aller solchen Symbole $\underline{\alpha}$ bezeichnet. Sei $q \in \mathcal{P}$ nun ein endlicher Punkt. Dann soll q die Koordinaten $(\underline{\alpha}, \underline{\beta})$

besitzen, falls der Geradenschnittpunkt $\overrightarrow{p_1q} \cap \overrightarrow{p_0p_3}$ die Koordinaten $(\underline{\alpha}, \underline{\alpha})$ und $\overrightarrow{p_2q} \cap \overrightarrow{p_0p_3}$ die Koordinaten $(\underline{\beta}, \underline{\beta})$ besitzt.
Sei $o \in \overrightarrow{p_2p_1}$ ein unendlicher Punkt derart, dass der Geradenschnittpunkt $\overrightarrow{p_0o} \cap \overrightarrow{p_1p_3}$ die Koordinaten $(\underline{1}, \underline{\gamma})$ besitzt. Dann ordnen wir dem Punkt o die Koordinate $(\underline{\gamma})$ zu. Die unendlichen Punkte p_2 und p_1 tragen die Koordinaten $(\underline{0})$ bzw. $(\underline{\infty})$. Mit w sei der unendliche Punkt mit Koordinate (1) bezeichnet. Das ist der Schnittpunkt $\overrightarrow{p_2p_1} \cap \overrightarrow{p_0p_3}$.

Auf der Menge $\mathcal{K}$ lassen sich Addition und Multiplikation definieren:
Seien $\underline{\alpha}, \underline{\beta}, \underline{\gamma} \in \mathcal{K}$. Seien q, p die endlichen Punkte mit den Koordinaten $(\underline{\alpha}, \underline{0})$ bzw. $(\underline{0}, \underline{\beta})$ und o der unendliche Punkt mit der Koordinate $(\underline{\gamma})$. Dann existieren $\underline{\delta}, \underline{\epsilon} \in \mathcal{K}$ mit der Eigenschaft, dass der Geradenschnittpunkt $\overrightarrow{pw} \cap \overrightarrow{p_1q}$ die Koordinaten $(\underline{\alpha}, \underline{\delta})$ und $\overrightarrow{p_0o} \cap \overrightarrow{p_1q}$ die Koordinaten $(\underline{\alpha}, \underline{\epsilon})$ besitzt. Wir setzen nun:

$$\underline{\alpha} + \underline{\beta} = \underline{\delta} \qquad \text{und} \qquad \underline{\gamma} \cdot \underline{\alpha} = \underline{\epsilon}.$$

Die in B.2.8 definierte projektive Cayley-Ebene $\mathbb{O}P^2$ ist eine projektive Ebene im Sinne von Definition B.2.15. Es gilt dabei $\mathcal{K} \cong \mathbb{O}$.

B.2.17 Satz (Thm. 3.62 [Bes78]: Gültigkeit von Desargues's Theorem abhängig von $\mathcal{K}$). *Sei $(\mathcal{P}, \mathcal{G})$ eine projektive Ebene. Genau dann, wenn die Menge $\mathcal{K}$ mit den in B.2.16 definierten Verknüpfungen ein Schiefkörper ist, gilt in $(\mathcal{P}, \mathcal{G})$ Desargues's Theorem. Insbesondere ist $(\mathcal{K}, +, \cdot)$ bis auf Isomorphie von der Wahl der Punkte $p_0, ..., p_3$ unabhängig.*

Zum Beweis siehe auch:
„$\Rightarrow$“: Theorem 1 in Kapitel 3.1 und Theorem 5 in Kapitel 3.3 von [Gar81].
„$\Leftarrow$“: Theoreme 1 und 2 in Kapitel 3.3 von [Gar81].

Satz B.2.17 besagt insbesondere, dass Desargues's Theorem in $\mathbb{O}P^2$ nicht gilt. Dann liefert aber Korollar B.2.14, dass es keinen projektiven Raum über $\mathbb{O}$ mit Dimension echt größer als 2 geben kann.

B.3 Orthogonale Lie-Automorphismen von $\mathfrak{f}_{\mathbb{O}}$: Spin(7)

Wie in [Pan89] bewiesen wurde, ist die Gruppe der orthogonalen Automorphismen von $\mathfrak{f}_{\mathbb{O}}$ isomorph zu der Drehgruppe **Spin**(7) $\leq \Gamma_7 \leq Cl_7^*$, die in Anhang A eingeführt wurde. Auf $\mathbb{O}$ operiert **Spin**(7) hierbei mittels der **Spin**-Darstellung Δ_7 und verhält sich auf $\Im(\mathbb{O})$ wie

Die orthogonalen Lie-Automorphismen von $\mathfrak{f}_{\mathbb{O}}$: $\mathbf{Spin}(7)$

$\mathbf{SO}(7)$.

Wir identifizieren $\mathbb{R}^7 \cong \Im(\mathbb{O})$ und $\mathbb{R}^8 \cong \mathbb{O}$. Für alle $x, y \in \Im(\mathbb{O})$ gilt unter dieser Identifikation $\mathcal{Q}_{\text{eukl}}(x) = x\,\overline{x}$ bzw. $\langle y, x\rangle_{\text{eukl}} = \Re(y\,\overline{x})$, wobei hier Multiplikation und Konjugation in $\Im(\mathbb{O}) \subseteq \mathbb{O}$ gemeint sind. Da die Normabbildung der Clifford-Algebra Cl_7 auf $\Im(\mathbb{O})$ mit $\mathcal{Q}_{\text{eukl}}\,\mathbf{1}$ übereinstimmt, gilt (Abschnitt A.3)

$$\text{(B.6)}\qquad \mathbf{Spin}(7) \;=\; \{\underbrace{x_1 \cdot \ldots \cdot x_r}_{\text{Cliff.mult.}};\ r\,\text{gerade}\,,\ \forall\, l \le r \,:\, x_l \in \Im(\mathbb{O})\,,\ x_l\overline{x_l} = \mathbf{1}\}.$$

Zunächst betrachten wir die Wirkung von $\mathbf{Spin}(7)$ auf dem direkten Summanden $\mathbb{O}$ genauer: Für jedes $x \in \Im(\mathbb{O})$ wird durch $v \mapsto x\,v$ ein $\mathbb{R}$-Vektorraumendomorphismus $\mathcal{L}_x : \mathbb{O} \to \mathbb{O}$ definiert, für welchen $(\mathcal{L}_x)^2 = -x\,\overline{x}\cdot \mathrm{Id}_{\mathbb{O}}$ erfüllt ist (Alternativität (4.5)). Nach Satz A.1.2 lässt sich die lineare Abbildung $\mathcal{L} : \Im(\mathbb{O}) \to \mathrm{End}(\mathbb{O})$ auf eindeutige Weise zu einer $\mathbb{R}$-Darstellung $\widehat{\mathcal{L}}$ der Clifford-Algebra Cl_7 in $\mathbb{O}$ fortsetzen. Man erhält eine weitere $\mathbb{R}$-Darstellung $\widehat{\mathcal{R}}$ von Cl_7 in $\mathbb{O}$, indem man auf die gleiche Weise mit $\mathcal{R}_x : \mathbb{O} \to \mathbb{O}, v \mapsto -x\,v$ verfährt.
Die $\mathbb{R}$-Darstellungen $\widehat{\mathcal{L}}$ und $\widehat{\mathcal{R}}$ sind nicht äquivalent und mit Satz A.1.7 irreduzibel. Nach Satz A.3.6 liefern sie durch Einschränken auf $\mathbf{Spin}(7)$ dieselbe $\mathbf{Spin}$-Darstellung

$$\Delta_7 : \mathbf{Spin}(7) \to \mathrm{GL}(\mathbb{O}) \quad \text{mit} \quad (\Delta_7)_x(v) \;=\; (\Delta_7)_{x_1\cdot\ldots\cdot x_r}(v) \;=\; \underbrace{x_1(x_2(\ldots(x_r\,v)\ldots))}_{\text{Multipl. in}\,\mathbb{O}}.$$

Desweiteren operiert $\mathbf{Spin}(7)$ transitiv auf S^7 (Theorem 8.2 in [LM89]).

Auf $\Im(\mathbb{O})$ operiert $\mathbf{Spin}(7)$ mittels der getwisteten adjungierten Darstellung ρ^{tw} (A.2.1): Seien $x = x_1 \cdot \ldots \cdot x_r \in \mathbf{Spin}(7)$ und $l \in \{1, \ldots, r\}$. Dann gilt $x_l^{-1} = \overline{x_l} = -x_l$ und es folgen $(\rho^{tw}_{x_l})^{-1} = \rho^{tw}_{\overline{x_l}}$ und $\rho^{tw}_{x_l}(y) = (-x_l)\cdot y \cdot \overline{x_l} = x_l \cdot y \cdot (-\overline{x_l}) = -\overline{x_l}\cdot y \cdot x_l = \rho^{tw}_{\overline{x_l}}(y)$ für alle $y \in \Im(\mathbb{O})$.
Satz A.2.2 liefert, dass $\rho^{tw}_{x_l}$ die Spiegelung s_{x_l} an der zu x_l senkrechten Hyperebene in $\Im(\mathbb{O})$ ist. Damit gilt für alle $y \in \Im(\mathbb{O})$:

$$\begin{aligned}\rho^{tw}_{x_l}(y) \;&=\; s_{x_l}(y) \;=\; y - 2\frac{\Re(y\,\overline{x_l})}{x_l\,\overline{x_l}}x_l \;=\; y\,\overline{x_l}\,x_l - 2\Re(y\,\overline{x_l})\,x_l \overset{(4.5)}{=} (-y\,x_l)\,x_l - 2\Re(y\,\overline{x_l})\,x_l \\ &=\; (y\,\overline{x_l} - (y\,\overline{x_l} + x_l\overline{y}))x_l \;=\; -(x_l\overline{y})\,x_l \;=\; (x_l\,y)\,x_l.\end{aligned}$$

Es folgt

$$\rho^{tw}_x(y) \;=\; \left(\rho^{tw}_{x_1} \circ \ldots \circ \rho^{tw}_{x_r}\right)(y) \;=\; (x_1((x_2((\ldots((x_r\,y)\,x_r))\ldots))x_2)x_1.$$

Die orthogonalen Lie-Automorphismen von $\mathfrak{f}_{\mathbb{O}}$: $\mathbf{Spin}(7)$

Insbesondere gelten $\rho_x^{tw} = \rho_{\overline{x_r \cdot \ldots \cdot x_1}}^{tw}$ und $(\rho_x^{tw})^{-1} = \rho_{\overline{x}}^{tw}$.
Nach Satz A.3.2 ist $\rho^{tw}|_{\mathbf{Spin}(7)}$ surjektiv auf $\mathbf{SO}(7)$. Damit findet man zu jeder positiv orientierten $\mathbb{R}$-Orthonormalbasis $\mathfrak{Y} = (w_1, \ldots, w_7)$ von $\Im(\mathbb{O})$ ein $x \in \mathbf{Spin}(7)$ mit der Eigenschaft, dass ρ_x^{tw} die Basis $\mathfrak{Y}$ auf $(i_1, \ldots, i_7)$ abbildet.

Setze

$$\Psi_x(a+v+y) := a + (\Delta_7)_x(v) + \rho_x^{tw}(y) \qquad \text{für alle} \qquad a+v+y \in \mathfrak{f}_{\mathbb{O}}.$$

Das Resultat von [Pan89] liefert dann: $\mathrm{Aut}_a(\mathfrak{f}_{\mathbb{O}}) \cap \mathbf{O}(\mathfrak{f}_{\mathbb{O}}) = \{\Psi_z\,;\ z \in \mathbf{Spin}(7)\}$.

Literaturverzeichnis

[ABCS01] José María Ancochéa-Bermúdez and Rutwig Campoamor-Stursberg. A Note on the classification of naturally graded Lie algebras with linear characteristic sequence. *arXiv:math/0106258v1 [math.RA]*, 2001.

[ABCS02] José María Ancochéa-Bermúdez and Rutwig Campoamor-Stursberg. On certain families of naturally graded Lie algebras. *Journal of Pure and Applied Algebra*, 170, no.1, 2002.

[ABG89] José María Ancochéa-Bermúdez and Michel Goze. Classification des algèbres de Lie nilpotentes complexes de dimension 7. *Archiv der Mathematik*, 52, no. 2, 1989.

[ABS64] M. F. Atiyah, R. Bott, and A. Shapiro. Clifford modules. *Topology*, 3, suppl. 1, 1964.

[AD03] Dmitri V. Alekseevskii and Antonio J. DiScala. Minimal homogeneous submanifolds of symmetric spaces. In *Lie groups and symmetric spaces*, volume 210 of *Amer. Math. Soc. Transl. Ser. 2*, pages 11–25. Amer. Math. Soc., Providence, RI, 2003.

[Ale71] Dmitri V. Alekseevskii. Conjugacy of polar factorizations of lie groups. *Mat. Sb. (englische Übersetzung: Math. USSR-Sb., 13)*, 84, 1971.

[Bae02] John C. Baez. The Octonions. *Bulletin of the American Mathematical Society*, 39, 2002.

[BB01] Jürgen Berndt and Martina Brück. Cohomogeneity one actions on hyperbolic spaces. *J. Reine Angew. Math.*, 541, 2001.

[Ber87] Marcel Berger. *Geometry I*. Springer-Verlag, 1987.

[Ber98] Jürgen Berndt. Homogeneous hypersurfaces in hyperbolic space. *Math. Z.*, 229, 1998.

[Bes78] Arthur L. Besse. *Manifolds all of whose Geodesics are Closed*. Springer-Verlag, 1978.

[Boo75] William M. Boothby. *An Introduction to Differentiable Manifolds and Riemannian Geometry*. Academic Press, 1975.

[Bor50] Armand Borel. Le plan projectif des octaves et les sphéres commes espaces homogens. *Comptes rendus de l'Académie des scienes*, 230, 1950.

[BT07] Jürgen Berndt and Hiroshi Tamaru. Cohomogeneity one actions on noncompact symmetric spaces of rank one. *Transactions of the American Mathematical Society*, 359, 2007.

[BTV95] Jürgen Berndt, Franco Tricerri, and Lieven Vanhecke. Generalized Heisenberg-Groups and Damek-Ricci Harmonic Spaces. *Lecture Notes in Mathematics*, 1598, 1995.

[CDKR91] M Cowling, A.H. Dooley, A. Korányi, and F. Ricci. H-type groups and iwasawa decompositions. *Advances in Mathematics*, 87, 1991.

[CG89] S.S. Chen and L. Greenberg. Hyperbolic Spaces. *Contribution to Analysis*, 129 Ser.2, 1989.

[Che46] Claude Chevalley. *Theory of Lie Groups I,*. Princeton Mathematical Series No.8, Princeton University Press, 1946.

[Che73] Su Shing Chen. On subgroups of the noncompact real exceptional Lie group F_4^*. *Math. Ann.*, 204, 1973.

[CS03] John H. Conway and A: Smith, Derek. *On Quaternions and Octonions: Their Geometry, Arithmetic and Symmetry.* A K Peters Ltd., 2003.

[DL57] J. Dixmier and W.G. Lister. Derivations of nilpotent Lie algebras. *Proceedings of the American Mathematical Society*, 8, 1957.

[Dru01] M.J. Druetta. $\mathfrak{C}$ - spaces of iwasawa type and damek-ricci spaces. *Contemp. Math.*, 228, 2001.

[Dru02] M.J. Druetta. $\mathfrak{P}$ - spaces of Iwasawa type and algebraic rank one. *Rend. Sem. Mat. Univ. Politec. Torino*, 60, no.2, 2002.

[DS02] Antonio J. Di Scala. Minimal homogeneous submanifolds in Euclidean spaces. *Ann. Global Anal. Geom.*, 21, no.1, 2002.

[DSO01] Antonio J. Di Scala and Carlos Olmos. The geometry of homogeneous submanifolds of hyperbolic space. *Math. Z.*, 237, no.1, 2001.

[Ebe82] Patrick Eberlein. Isometry groups of simply connected manifolds of nonpositiv curvature II. *Acta mathematicae*, 149, 1982.

[Ebe96] P. Eberlein. *Geometry of nonpositively curved manifolds.* The University of Chicago Press, 1996.

[Fre85] Hans Freudenthal. Oktaven, Ausnahmegruppen und Oktavengeometrie. *Geom. Dedicata*, 19, no.1, 1985.

[Gal08] Jean Gallier. *Clifford Algebras, Clifford Groups, and a Generalization of the Quaternions: The **Pin** and **Spin** Groups.* 2008arXiv0805.0311G, 2008.

[Gar81] Lynn E. Garner. *An Outline of Projective Geometry.* North Holland, 1981.

[GHL87] Sylvestre Gallot, Dominique Hulin, and Jacques Lafontaine. *Riemannian Geometry.* Springer-Verlag, 1987.

[Hal68] Marshall Hall. *Theory of Groups.* Chelsea Publishing Company, 1968.

[Heb91] Jens Heber. *Tits-Metrik und geometrischer Rang homogener Räume nicht-positiver Krümmung.* Dissertation, Augsburg, 1991.

[Heb93] Jens Heber. On the geometric rank of homogeneous spaces of nonpositiv curvature. *Inventiones Mathematicae*, 112, 1993.

[Heb97] Jens Heber. *Geometric and algebraic structure of noncompact homogeneous Einstein spaces.* Habilitationsschrift, Augsburg, 1997.

[Hei74] Ernst Heintze. On Homogeneous Manifolds of Negative Curvature. *Mathematische Annalen*, 211, 1974.

[Hel01] Sigurdur Helgason. *Differential Geometry and Symmetric Spaces.* AMS Chelsea Publishing, 2001.

[HN91] Joachim Hilbert and Karl-Hermann Neeb. *Lie-Gruppen und Lie-Algebren.* Vieweg Verlag, 1991.

[Jac62] Nathan Jacobson. *Lie-Algebras.* Interscience Publishers, 1962.

[Kli82] Wilhelm Klingenberg. *Riemannian Geometry.* Walter de Gruyter, 1982.

[KN63] Shoshichi Kobayashi and Katsumi Nomizu. *Foundations of Differential Geometry I.* Interscience Publishers, 1963.

[Kuz99] Olga Kuzmich. Graded nilpotent Lie-algebras in low dimensions. *Lobachevskii J. Math.*, 3, 1999.

[LM89] H.Blaine Lawson and Marie-Louise Michelsohn. *Spin Geometrie.* Princeton University Press, 1989.

[Mag86] L. Magnin. Sur les algèbres de Lie nilpotentes de dimension ≤ 7. *Journal of Geometric Physics*, 3, 1986.

[Mal45] A. Malcev. On solvable Lie algebras. *Proceedings of the USSR Academy of Sciences, Serija matematiceskaja*, 9, 1945.

[Mic08] Peter W. Michor. *Topics in Differential Geometry.* AMS Bookstore, Graduate Studies in Mathematics Volume 93, 2008.

[MS39] S.B. Myers and N.E. Steenrod. The group of isometries of a riemannian manifold. *The Annals of Mathematics*, 40, no.2, 1939.

[Pan89] Pierre Pansu. Métriques de Carnot-Carathéodory et quasiisométries des espaces symétriques de rang un. *Ann. of Math. (2)*, 129, no.1, 1989.

[Por69] Ian R. Porteous. *Topological Geometry.* Cambridge University Press, 1969.

[SBG+95] H. Salzmann, D. Betten, T. Grundhöfer, H. Hähl, R. Löwen, and M. Stroppel. *Compact Projective Planes.* Walter de Gruyter (Expositions in Mathematics 21), 1995.

[Spr59] T.A. Springer. On a class of Jordan algebras. *Indagationes Mathematicae* 21, 1959.

[Spr60a] T.A. Springer. The classification of reduced exceptional simple Jordan algebras. *Indagationes Mathematicae*, 22, 1960.

[Spr60b] T.A. Springer. The projective octave plane I,II. *Indagationes Mathematicae*, 22, 1960.

[SV63] T.A. Springer and F.D. Veldkamp. Elliptic and hyperbolic octave planes I,II, III. *Indagationes Mathematicae*, 25, 1963.

[Tam08] Hiroshi Tamaru. Noncompact homogeneous Einstein manifolds attached to graded Lie algebras. *Mathematische Zeitschrift*, 259, 2008.

[Var74] V.S. Varadarajan. *Lie-Groups, Lie Algebras and their Representations.* Prentice-Hall, Inc., 1974.

[vG00] Olaf von Grudzinski. Differentierbare Mannigfaltigkeiten. Vorlesungsskript, 2000.

[vG01] Olaf von Grudzinski. Lie-Gruppen I und II. Vorlesungsskripte, 2001.

[Wol63] J.A. Wolf. Elliptic Spaces in Grassmann manifolds. *Illinois Journal of Mathematics*, 7, 1963.

[Wol64] J.A. Wolf. Homogeneity and bounded isometries in manifolds of negative curvature. *Illinois Journal of Mathematics*, 8, 1964.

[Wol91] T. H. Wolter. Einstein metrics on solvable groups. *Math. Z.*, 206, no.3, 1991.

MIX
Papier aus verantwortungsvollen Quellen
Paper from responsible sources
FSC® C105338

Printed by Books on Demand GmbH, Norderstedt / Germany